铁路职业教育铁道部规划教材

（高职）

数　　学

邹淑桢　主　编

周素芳　副主编

曾庆柏　主　审

U0316431

中国铁道出版社

2019年·北京

内 容 简 介

本书为铁路职业教育铁道部规划教材系列丛书中的一本.

主要讲授了空间图形、排列组合、二项式定理、概率论、集合与函数、极限与连续、导数与微分、不定积分、定积发、行列式、矩阵和线性方程组。每一章章前有学习目标，章后附有小结和习题，供学生预习和复习之用.

本书主要作为高等职业学院数学课程的教材(带 * 号的内容为选学内容)，也可供成人教育学院数学课程的教材.

图书在版编目(CIP)数据

数学/邹淑桢主编. —北京:中国铁道出版社,2007.8(2019.1 重印)
铁路职业教育铁道部规划教材.高职
ISBN 978-7-113-08259-8

Ⅰ.数… Ⅱ.邹… Ⅲ.数学－高等学校:技术学校－教材 Ⅳ.01

中国版本图书馆 CIP 数据核字(2007)第 129927 号

书　名:数　　学

作　者:邹淑桢　主编　周素芳　副主编

责任编辑:刘红梅　　　电话:010－51873133　　　电子信箱:mm2005td@126.com
封面设计:陈东山
责任校对:张玉华
责任印制:金洪泽

出版发行:中国铁道出版社(100054,北京市西城区右安门西街8号)
网　　址:www.tdpress.com
印　　刷:中国铁道出版社印刷厂
版　　次:2007 年 8 月第 1 版　2019 年 1 月第 8 次印刷
开　　本:787 mm×1 092 mm　1/16　印张:11.5　字数:287 千
书　　号:ISBN 978－7－113－08259－8
定　　价:32.00 元

前　言

　　本教材根据全国铁路职业教育建筑工程专业教学指导委员会三届二次会议精神,并参照 2000 年教育部颁布的《高等职业学校数学大纲(试行)》教学要求,借鉴国外先进的职业教育理念和模式,按照以能力培养为本位,以"必需,够用"为度的基本原则编写的.

　　本教材有以下特点:

　　1. 有较强的选择性. 本教材着力于教材内容的削枝强干,贯彻少而精原则,不贪多求全,不攀高求深,文字叙述力求通俗,以易于接受和记忆的方式叙述一些重要结论. 在内容的编排上对课程体系进行了模块化处理,选择各专业公共的、最基本的教学内容作为基础模块,要求所有专业必修. 在基础模块上再设置若干模块,供不同专业选用.

　　2. 突出了与信息技术的有机结合. 我们认为,有效地利用计算器来帮助学员学会从数学的角度思考问题十分重要,因此,书中能用计算器进行计算的地方尽可能地使用. 这样可以减少学员的学习负担,将学习重点放到学习数学方法上去.

　　3. 有较强的可读性. 我们认为,数学课程既要激发基础好的学生多思考,同时也要使那些基础薄弱的学生容易理解. 因此本书采用形象生动、通俗易懂的语言进行表述,突出可读性,以符合学生的心理特征和认知规律.

　　4. 突出了应用性. 注意从实例引入概念,并以典型例题来巩固和强化所学理论. 在例题和习题的选用上,尽可能采用在生产、生活实际中的例子,以激发学生的求知欲.

　　本教材中每一小节后面都配备了习题,以巩固相应小节的教学内容,供课内外作业用;每章最后配有一组复习题,供复习全章用.

　　本书共 9 章,书中加"＊"号的为选学内容. 高职各专业根据专业需要,可从中选择适合本专业的内容. 各章内容和参考课时如下:

＊	空间图形	20
＊	排列、组合、二项式定理	8
＊	概率论	12
	集合、函数	12
	极限与连续	12
	导数与微分	16
	不定积分	10
	定积分	10
	行列式、矩阵、线性方程组解法	16

　　本教材由湖南交通工程职业技术学院邹淑桢副教授担任主编,周素芳担任副主编. 湖南对外经济贸易职业学院曾庆柏副教授担任主审. 参加编写的有湖南交通工程职业技术学院的聂学建、罗弟国、王建社、曹向平、唐亚娜. 各部分编写分工如下:邹淑桢编写第 1 章和第 7 章,聂

学建编写第 2 章和第 8 章,王建社编写第 3 章和第 9 章,罗弟国编写第 4 章,同×× ×

章,曹向平、唐亚娜共同编写第 6 章;其中唐亚娜还负责了全部的文字输入工作,曹向平负责 ,

本书排版及图表校定工作;本校建筑工程系的张长科负责了本书插图的绘制工作,在此表示感

谢!

　　由于成书仓促,不足之处在所难免,恳请广大师生提出宝贵意见.

编　者

2007 年 7 月

目　录

＊第1章

空间图形

学习目标

1. 理解空间直线、平面的概念和平面的基本性质,并会画出平面图形在水平平面内的直观图.

2. 理解空间的直线和直线、直线和平面、平面和平面的位置关系,了解它们的性质定理和判定定理.

3. 理解异面直线所成的角,直线和平面所成的角,直线垂直平面,二面角等概念,理解三垂线定理及其逆定理,并能应用这些概念和定理进行简单的计算.

4. 了解多面体和旋转体的概念,能利用公式进行柱、锥、台、球表面积和体积的计算.

5. 通过本章教学,逐步帮助学生建立空间概念,培养和提高学生的空间想象能力和逻辑推理能力.

在平面几何里,研究了平面图形的概念、性质及应用. 构成平面图形的基本元素是点、线. 在科技生产中还会遇到另外的几何图形,这些图形上的点不完全在同一个平面内,称为空间图形(或立体图形). 构成空间图形的基本元素是点、线、面. 本章将从这些基本元素入手,研究基本空间图形的概念、性质和应用.

1.1　平　　面

1.1.1　平面及其表示法

平面是广阔无垠,可以无限伸展的几何图形. 它没有边界,没有厚度;它将空间分成两个部分. 我们日常见到的桌面、黑板面、窗玻璃面及平静的水面等,都可看作平面的一部分. 几何里的平面就是从这样的一些物体抽象出来的.

直线两端是无限延伸的. 通常我们画出直线的一部分来表示直线. 同样地,也可以画出平面的一部分来表示平面. 当我们站在适当的位置观察桌面或黑板时,感到它很像平行四边形,因此,通常用平行四边形来表示平面.

在画水平放置的平面时,通常把平行四边形的一组对边画成水平的,并将其锐角画成45°,横边画成邻边的2倍长(如图1-1). 平面通常用希腊字母 $\alpha,\beta,\gamma,\delta\cdots$ 来表示,如平面 α、平面 β. 也可用平行四边形顶点的字母来表示,如平面 $ABCD$ 或平面 AC.

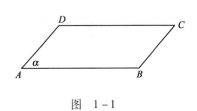

图　1-1

两个相交平面的画法:如图 1-2 所示,先画两个平面的两边和交线,再画表示两个平面的平行四边形;当一个平面的一部分被另一个平面遮住时,被遮住部分用虚线表示或不画,这样看来立体感就强一些.

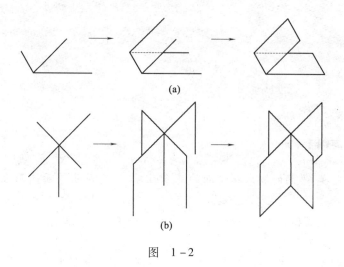

图 1-2

1.1.2 平面的基本性质

平面有三个基本性质,我们把它当作公理(即不加证明而直接选用),作为进一步推理的基础.

公理1 如果一条直线上的两点在一个平面内,则这条直线上所有的点都在这个平面内(图 1-3).

公理 1 给出了判定直线在平面内、判定点在平面内的方法.依据公理 1,要判定一条直线是否在一个平面内,只要直线上有任意两点在这个平面内即可.同时,一条直线在一个平面内,也可以说成"平面通过这条直线".

点 A 在直线 a 上,记作 $A \in a$;点 A 在平面 α 内,记作 $A \in \alpha$;直线 a 在平面 α 内,记作 $a \subset \alpha$.

由图 1-3,我们有

$$\left.\begin{array}{l} \text{点 } A, B \in \text{直线 } a \\ \text{点 } A, B \in \text{平面 } \alpha \end{array}\right\} \Rightarrow a \subset \alpha$$

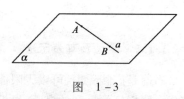

图 1-3

公理2 如果两个平面有一个公共点,则它们有且仅有一条通过这个点的公共直线(图 1-4).

公理 2 是判断两个平面是否相交的根据.只要两个平面有一个公共点,就可以判断它们一定相交于过这点的一条直线.也可以利用这个公理,判定某点是否在相交平面的交线上.

由图 1-4,我们有

$$\left.\begin{array}{l} \text{点 } A \in \text{平面 } \alpha \\ \text{点 } A \in \text{平面 } \beta \end{array}\right\} \Rightarrow \left\{\begin{array}{l} \alpha \cap \beta = a \\ A \in a \end{array}\right.$$

公理3 经过不在同一直线上的三点,有且仅有一个平面(图 1-5).

这时,我们也说,"不共线的三点确定一平面".

例如,一扇门用两个枢轴和一把锁就可以固定了. 由图1-5,我们还可以说,若点 A,B,C 不在同一条直线上,则 A,B,C 点共属于某平面 α,且 α 是唯一的.

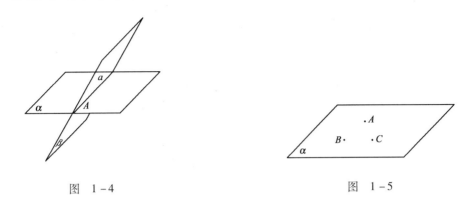

图 1-4   图 1-5

根据上述公理,可以得出下面的推论:

推论1 经过一直线和这条直线外的一点,有且仅有一个平面[图1-6(a)].

如图1-6(a),A 是直线 a 外的一点,在直线 a 上任取不同的两点 B,C,经过这三点有且只有一个平面 α. 因 B,C 在 α 内,所以直线 a 在平面 α 内. 因此,经过直线 a 和直线外一点 A 有且仅有一个平面.

同样,可以得出下面两个推论:

推论2 过两条相交直线有且仅有一个平面[图1-6(b)].

推论3 过两条平行直线有且仅有一个平面[图1-6(c)].

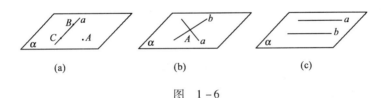

(a)   (b)   (c)

图 1-6

公理3及其三个推论给出了确定平面的条件. 其中,"有且仅有一个平面",也可以说成 "确定一个平面"."确定"二字包括两个方面,即"存在性"与"唯一性".

例1 证明两两相交且不过同一点的三条直线,必在同一个平面内(共面).

已知 直线 AB、BC、CA 两两相交,交点分别为 A,B,C(图1-7).

求证 直线 AB、BC、CA 共面.

证明 因为直线 AB 和 CA 相交于点 A,

所以 直线 AB 和 CA 确定一个平面 α(推论2).

因为 $B \in AB, C \in AC$,

所以 $B \in \alpha, C \in \alpha$,

所以 $BC \subset \alpha$(公理1),

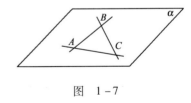

图 1-7

因此,直线 AB、BC、CA 都在平面 α 内,即它们共面.

1.1.3 平面图形直观图的画法

我们知道,在水平平面内画矩形不是画它的真实形状,而是画成平行四边形,这个平行四边形通常称为矩形的直观图,一般地,我们把平面图形(或空间图形)在水平平面内所画成的图形称为该图形的直观图. 下面举例说明平面图形的直观图的画法.

例 2　在水平平面 α 内画已知正方形 $ABCD$ 的直观图(图 1 - 8).

画法　(1)在平面 α 内画水平线段 A_1B_1,使 $A_1B_1 = AB$.

(2)作 $\angle B_1A_1D_1 = 45°$,并且取 $A_1D_1 = \dfrac{1}{2}AD$.

(3)作 $D_1C_1 \parallel A_1B_1$,并且取 $D_1C_1 = A_1B_1$.

(4)连接 B_1C_1,则 $\Box A_1B_1C_1D_1$ 就是正方形 $ABCD$ 的直观图.

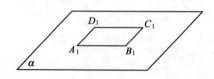

图　1 - 8

例 3　在水平平面 α 内画已知三角形 ABC 的直观图(图 1 - 9).

画法　(1)在 $\triangle ABC$ 内作高 CD.

(2)在平面 α 内画水平线段 A_1B_1,使 $A_1B_1 = AB$.

(3)在 A_1B_1 上取 $A_1D_1 = AD$,作 $\angle C_1D_1B_1 = 45°$,且取 $D_1C_1 = \dfrac{1}{2}DC$.

(4)分别连接 A_1C_1 和 B_1C_1,则 $\triangle A_1B_1C_1$ 就是三角形 ABC 的直观图.

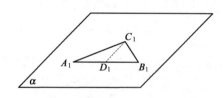

图　1 - 9

归纳上面的例子可以知道,在水平平面内画平面图形的直观图一般可遵循下面原则:

(1)选择已知图形的水平方向线段(或作辅助的水平线段);

(2)凡水平方向的线段仍画成水平方向,其长度不变(即实长);

(3)凡与水平方向垂直的线段画成与水平方向成 45°角(或 135°)的线段,其长度为实长的一半.

习题 1.1

1. 三角形一定是平面图形吗? 为什么?

2. 经过三点的平面是否只有一个? 为什么?

3. 空间三条直线两两平行,最多能确定几个平面?

4. 过一条直线可以作多少个平面? 过一条直线的一个已知点,可以作多少条直线和这条已知直线垂直?

5. 一条直线与两条平行直线都相交,这三条直线在同一平面内吗?

6. 一条直线与两条相交直线都相交,这三条直线在同一平面内吗?

7. 画水平放置的等腰三角形的直观图.

1.2　直线和直线的位置关系

1.2.1　两条直线的位置关系

我们知道,同一平面内的两条直线的位置关系有两种:相交或平行. 也可以说成相交或平行的两直线是共面直线. 但是,在空间的两条直线的位置关系却存在着不在同一平面内的情况. 例如,教室中黑板的边缘的一条横线与下垂的电灯线,它们既不相交又不平行. 对这样的两条直线给出如下的定义:

定义1　不在同一平面内的两条直线称为**异面直线**.

空间的两条不重合直线的位置关系有以下三种:

$$\left.\begin{array}{l}(1)相交直线——只有一个公共点\\(2)平行直线——没有公共点\end{array}\right\}在同一平面内;$$

(3)异面直线——既没有公共点,也不在在同一平面内.

注意,在异面直线定义1中,两条直线不在同一平面内的含义是:无法找到一个平面,使得这两条直线同在此平面内. 因此,它们既不相交,也不平行.

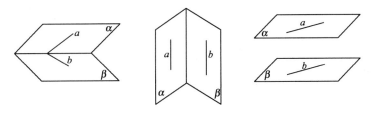

图　1－10

如图1－10所示,虽然直线 a、b 分别在平面 α 和 β 内,但是如果它们是相交或平行的,那么 a 和 b 仍可以同在某一平面内. 因此,a 和 b 并不是异面直线. 也就是说,分别在两个平面内的两条直线不一定是异面直线.

画异面直线时,常用平面衬托法,如图1－11那样,以突出 a、b 不共面的特点.

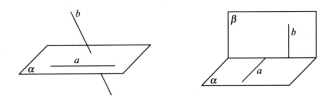

图　1－11

两条直线 a、b 相交于点 A,记作 $a\cap b=A$;两条直线 c、d 平行,记作 $c/\!/d$.

1.2.2　空间直线的平行关系

为了研究空间直线的平行关系,我们引入下面的公理.

公理4　平行于同一条直线的两条直线互相平行.

如图1－12所示,$AA_1/\!/BB_1$,$BB_1/\!/CC_1$,则 $AA_1/\!/CC_1$.

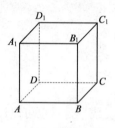

图 1-12

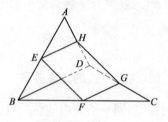

图 1-13

例 1 已知 $ABCD$ 为空间四边形，E、F、G、H 分别为 AB、BC、CD、DA、的中点（图 1-13），连接 EF、FG、GH、HE，求证 $EFGH$ 是一个平行四边形.

证明 因为 EH 是 $\triangle ABD$ 的中位线，所以 $EH \underline{\underline{\parallel}} \frac{1}{2}BD$，同理有 $FG \underline{\underline{\parallel}} \frac{1}{2}BD$.

根据公理 4 可知 $EH \underline{\underline{\parallel}} FG$，即 $EFGH$ 是一个平行四边形.

我们知道，在平面内，对应边平行并且方向相同的两个角相等. 在空间也有类似的结论.

定理 不在同一平面内的两个角，如果其中一个角的两边和另一个角的两边分别平行并且方向相同，那么这两个角相等.

已知 $\angle ABC \subset \alpha$，$\angle DEF \subset \beta$，$BA \parallel ED$，$BC \parallel EF$，并且方向相同（图 1-14）.

求证 $\angle ABC = \angle DEF$.

证明 在 BA、ED、BC、EF 上分别截取 $BM = EN$，$BP = EQ$，连接 BE、MN、PQ、MP、NQ.

因为 $BM \parallel EN$，即 $BMNE$ 是平行四边形，所以 $BE \parallel MN$；同理有 $BE \parallel PQ$. 根据公理 4 可知，$MN \parallel PQ$，即 $MNQP$ 是平行四边形，$MP = NQ$.

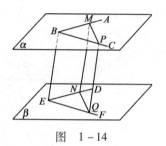

图 1-14

于是 $\triangle BMP \cong \triangle ENQ$，所以 $\angle ABC = \angle DEF$.

1.2.3 两条异面直线所成的角

如图 1-15(a) 所示，a、b 为两条异面直线，经过空间任一点 O，分别作直线 $a' \parallel a$、$b' \parallel b$，于是我们得到相交直线 a' 和 b' 所成的锐角（或直角）θ，θ 的大小仅由直线 a、b 的位置决定，而与点 O 的位置无关. 为简便考虑，点 O 常取在两条异面直线中的一条上[图 1-15(b)]. 从而我们有如下定义：

定义 2 经过空间任意一点分别作与两条异面直线平行的直线，这两条直线相交所成的锐角（或直角）称为两条异面直线所成的角. 如果所成的角是直角，则称这两条异面直线垂直，记为 $a \perp b$.

在图 1-15(c) 中，θ 就是异面直线 a、b 所成的角.

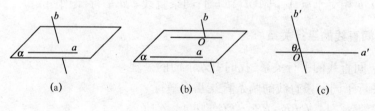

(a) (b) (c)

图 1-15

例2 如图 1 - 16 所示的长方体，$\angle BAB_1 = 30°$，求下列直线所成的角：

(1) AB 和 CC_1；   (2) AB_1 和 D_1C_1.

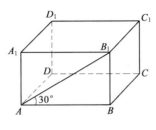

图 1 - 16

解 (1) 因为 AB 和 CC_1 是异面直线，而 $BB_1 // CC_1$，$AB \perp BB_1$，根据异面直线所成的角的定义，所以 AB 和 CC_1 成直角.

(2) 因为 AB_1 和 D_1C_1 是异面直线，而 $D_1C_1 // AB$，$\angle BAB_1 = 30°$，所以 AB_1 和 D_1C_1 所成的角是 $30°$.

习题 1.2

1. 两条直线互相垂直，它们一定相交吗？

2. 垂直于同一直线的两条直线，有几种位置关系？

3. 一条直线和两条异面直线相交，一共可以确定几个平面？

4. 已知 a 和 b 是异面直线，直线 $c // a$，直线 b 和 c 不相交，求证：b、c 是异面直线.

5. 如图 1 - 16 所示的长方体，$AB = 10\text{cm}$，$BC = 5\text{cm}$，$BB_1 = 15\text{cm}$. 求下列直线所成的角：

(1) BB_1 和 DC_1；   (2) AA_1 和 B_1C_1；   (3) AC_1 和 DC.

1.3 直线和平面的位置关系

1.3.1 直线和平面的相关位置

我们观察教室的墙面和地面，它们的交线在地面上；两墙面的交线与地面只相交于一点；墙面和天花板的交线与地面没有交点，它反映出直线与平面之间存在着不同的位置关系，我们对于后面两种情况，给出下面的定义：

定义1 如果一条直线 l 和一个平面 α 没有公共点，则称直线 l 和平面 α 平行，记作 $l // \alpha$；如果一条直线和一个平面只有一个公共点，那么称这条直线和这个平面相交.

由此可知，一条直线和一个平面的位置关系有三种：

(1) 直线在平面内——有无数个公共点；

(2) 直线和平面平行——没有公共点；

(3) 直线和平面相交——只有一个公共点.

画直线和平面平行时，要把直线画在表示平面的平行四边形的外面，并且与平行四边形的一条边平行 (图 1 - 17).

画直线和平面相交时，要把直线延伸到表示平面的平行四边形的外面 (图 1 - 18).

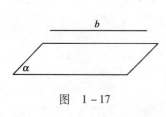

图　1 - 17

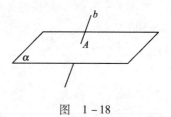

图　1 - 18

1.3.2　直线和平面平行

1. 直线和平面平行的判定定理

直线和平面平行,除可以根据定义判定外,还有以下的判定定理:

定理 1　如果平面外的一条直线平行于这个平面内的一条直线,则这条直线就和这个平面平行.

如图 1 - 19 所示,如果直线 $a // b$,而 a 在平面 α 外,$b \subset \alpha$,则 $a // \alpha$.(证明从略).

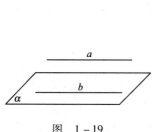

图　1 - 19

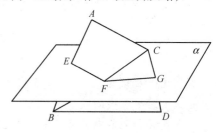

图　1 - 20

例 1　如图 1 - 20 所示,设 AB,BC,CD 是不在同一平面内的三条线段,E、F、G 分别是它们的中点,过 E、F、G 三点作平面 α,试证 $AC // \alpha$,$BD // \alpha$.

证明　在 $\triangle ABC$ 中,由于 E、F 分别是 AB 和 BC 的中点,因此 $EF // AC$.

又因 $EF \subset \alpha$,AC 在平面 α 外,根据直线和平面平行的判定定理,

我们有 $AC // \alpha$. 同理可证 $BD // \alpha$.

2. 直线和平面平行的性质定理

定理 2　如果一条直线和一个平面平行,则过这条直线的平面与已知平面的交线和这条直线平行.

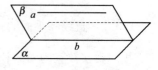

图　1 - 21

已知　$a // \alpha$,$a \subset \beta$,$\alpha \cap \beta = b$(图 1 - 21)

求证　$a // b$.

证明　因为 $a // \alpha$,所以 $\alpha \cap a = \varnothing$.

因为 $b \subset \alpha$,所以 $a \cap b = \varnothing$.

因为 $a \subset \beta$,$b \subset \beta$,所以 $a // b$.

例 2　已知 $a \subset \beta$,$a \subset \gamma$,$\alpha \cap \beta = b$,$\alpha \cap \gamma = c$ 且 $a // b$ (图1 - 22).

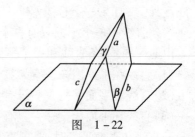

图　1 - 22

求证　$b // c$.

证明　因为 $a // b$,且 $b \subset \alpha$,所以 $a // \alpha$,

而 $\alpha \cap \gamma = c$,且 $a \subset \gamma$,所以 $a // c$,

从而 $b // c$.

1.3.3 直线和平面垂直

1. 直线和平面垂直的定义

电线杆和路面,下垂的日光灯吊线和天花板等例子,都给我们以直线和平面垂直的形象. 对直线和平面的这种位置关系给出下面的定义:

定义 2 设一条直线 l 和一个平面 α 相交:

(1)如果直线 l 和平面 α 内的任何一条直线都垂直,则称直线 l 和平面 α 相互垂直,记作 $l \perp \alpha$,称 l 为平面 α 的垂线;垂线与该平面的交点称为垂线足(或垂足).

(2)如果直线 l 和平面 α 不相互垂直,则称直线 l 为平面 α 的斜线;斜线和该平面的交点, 称为斜线足(或斜足).

画直线和平面垂直时,要把直线画成和表示平面的平行四边形的一条边垂直(图).

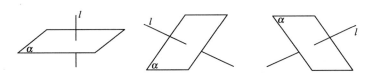

图 1-23

2. 直线和平面垂直的判定定理

判定直线和平面垂直,除根据定义外,还有下面的定理:

判定定理 1 如果一条直线和一个平面相交,并且和这个平面内两条相交直线都垂直,则这条直线和这个平面垂直.

如图 1-24 所示,直线 $L \perp a, L \perp b$,

而 $a \subset \alpha, b \subset \alpha$,且 $a \cap b = P$,则 $l \perp \alpha$(证明从略).

由上面的定理可以推出:

判定定理 2 如果两条平行直线中的一条直线垂直于一个平面,则另一条直线也垂直于这个平面.

如图 1-25 所示,$m /\!/ n, m \perp \alpha$,则 $n \perp \alpha$(证明从略).

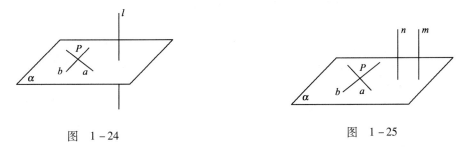

图 1-24 图 1-25

例 3 如图 1-26 所示,两线段 AB 和 CD 不在同一平面内,且 $AC = BC, AD = BD$. 求证:$AB \perp CD$.

证明 取 AB 的中点 E,连接 CE, DE.

因为 $AC = BC$. 所以 $AB \perp CE$. 因为 $AD = BD$,所以 $AB \perp DE$.

而 $CE \subset$ 平面 $CED, CE \subset$ 平面 $CED, CE \cap DE = E$,所以 $AB \perp$ 平面 CED.

而 $CD \subset$ 平面 CED,所以 $AB \perp CD$.

3. 直线和平面垂直的性质定理

性质定理 如果两条直线垂直于同一平面,则这两条直线互相平行(证明从略).

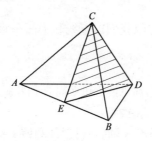

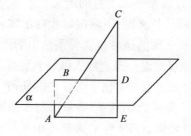

图 1-26   图 1-27

例 4 如图 1-27 所示,AB 和 CD 都是平面 α 的垂线,垂足分别为 B、D,$AB = 3$ cm,$CD = 6$ cm,$BD = 4$ cm,求 AC 的长.

解 因为 $AB \perp \alpha$,$CD \perp \alpha$,所以 $AB /\!/ CD$,

因为 $BD \subset \alpha$,所以 $AB \perp BD$,$CD \perp BD$,

在平行线 AB、CD 所确定的平面内,过点 A 作 $AE /\!/ BD$,与 CD 的延长线交于 E,

则
$$AE = BD = 4, DE = AB = 3,$$
$$CE = CD + DE = 9,$$

所以 $AC = \sqrt{AE^2 + CE^2} = \sqrt{4^2 + 9^2} = \sqrt{97}$(cm).

1.3.4 直线在平面内的射影 直线和平面所成的角

定义 3 从平面外一点向平面引垂线和斜线,则称该点与垂足间的线段长为该点到这个平面的垂线长;该点与斜足间的线段长称为该点到平面的斜线长;斜足和垂足之间的线段称为斜线在平面内的射影,斜线与它在平面内的射影所成的角称为该斜线与平面所成的角.

如图 1-28 所示,AC 是平面 α 外一点 A 到平面 α 的垂线;AB,AD,AE 是从点 A 到平面 α 的斜线;CB,CD,CE 分别是 AB,AD,AE 在平面 α 内的射影,角 θ 是直线 AB 与平面 α 所成的角.

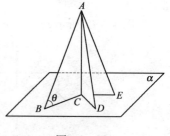

我们规定,当直线 l 垂直于平面 α 时,就说直线 l 与平面 α 所成的角是直角;当直线 l 和平面 α 平行或直线 l 在平面 α 内,我们说直线 l 和平面 α 所成的角是 $0°$.

关于平面的垂线、斜线和斜线在平面内的射影,有下面的定理:

图 1-28

三垂线定理 平面内的一条直线,如果和一条斜线在这个平面内的射影垂直,则它也和这条斜线垂直.

已知:如图 1-29 所示,$DE \subset \alpha$,AB 和 AC 分别是平面 α 的垂线和斜线,BC 是 AC 在平面 α 内的射影,$DE \perp BC$. 求证:$DE \perp AC$.

证明 因为 $AB \perp \alpha$,所以 $AB \perp DE$.

所以 $DE \perp BC$,而 $BC \cap AB = B$,

所以 $DE \perp$ 平面 ABC,于是 $DE \perp AC$.

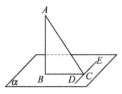 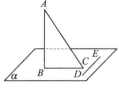 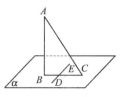

图　1-29

三垂线定理的逆定理　平面内的一条直线,如果和这个平面的一条斜线垂直,则它也和这条斜线在平面内的射影垂直(证明从略).

例 6　如图 1-30 所示,已知△ABC 在平面 α 内,∠ABC = 30°,AB = 60 cm,自顶点 A 作平面 α 的垂线 AD,AD = 40 cm,求 D 到 BC 的距离.

解　过 A 作 AE⊥BC 交 BC 于 E,连接 DE,根据三垂线定理知 DE⊥BC.

因为　AB = 60,∠ABC = 30°,所以　AE = 30.

因为　DA⊥α,所以 DA⊥AE,

所以　△DAE 为直角三角形.

于是　$DE = \sqrt{AD^2 + AE^2} = \sqrt{40^2 + 30^2} = 50 (\text{cm})$.

即点 D 到 BC 的距离为 50 cm.

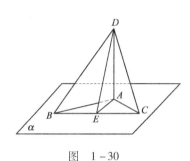

图　1-30

例 7　如图 1-31 所示,P 是△ABC 所在平面外的一点,∠ACB = 90°,PD⊥BC,PE⊥AC,PO⊥α,且垂足为 O,已知 PC = 13cm,OD = 8cm,DC = 6cm,求 PO、PE 和 PD 的长.

解　因为　PD⊥BC,PO⊥α

所以　OD⊥BC.

同理,OE⊥AC,于是 OECD 为矩形.

$$PD = \sqrt{PC^2 - CD^2} = \sqrt{133} (\text{cm}).$$

$$PO = \sqrt{PD^2 - OD^2} = \sqrt{69} (\text{cm}).$$

$$PE = \sqrt{PO^2 + OE^2} = \sqrt{133} (\text{cm}).$$

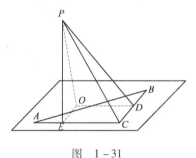

图　1-31

习题 1.3

1. 如果一条直线平行于一个平面,这条直线是不是和这平面内所有直线平行? 为什么?

2. 如果一条直线平行于另一条直线,那么它是不是和经过另一条直线的任何平面都平行? 为什么?

3. 平行于同一平面的两条直线是否相互平行? 垂直于同一平面的两条直线是否互相平行? 垂直于同一直线的两条直线是否互相平行?

4. 设 E、F、G、H 分别是空间四边形 ABCD 的边 AB、BC、CD、DA 的中点,求证:AC 和 BD 都平行于平面 EFGH.

5. 求证:如果两个相交平面分别经过两条平行直线中的一条,那么它们的交线和这两条直线平行.

6. 求证:过直角三角形的斜边中点作垂直于它所在平面的直线,这直线上任意一点到直角三角形的各顶点的距离相等.

7. 已知:PQ 是平面 α 和 β 的交线,$OA\perp\alpha$,$OB\perp\beta$,求证:$PQ\perp AB$.

8. 过 $\triangle ABC$ 的垂心 O,作它所在平面的垂线 OH,G 是 OH 上任意一点,求证:$GA\perp BC$,$GB\perp AC$,$GC\perp AB$.

9. $ABCD$ 是矩形,PA 与平面 $ABCD$ 垂直,$AB=8$ cm,$BC=6$ cm,$PA=15$ cm,求:(1) $\triangle PBC$ 的面积;(2)PC 与平面 $ABCD$ 所成的角;(3)PC 与 AB 所成的角.

1.4　平面和平面的位置关系

1.4.1　两个平面的位置关系

如图 1-32 所示的长方体,平面 A_1C_1 和平面 BC_1 相交于直线 B_1C_1,而平面 A_1C_1 和平面 AC 没有公共点,对于没有公共点的平面给出以下定义:

定义 1　如果平面 α 和平面 β 没有公共点,则称这两个平面互相平行,记作 $\alpha\parallel\beta$.

两个不重合的平面的位置关系有:

(1)两平面平行——没有公共点;

(2)两平面相交——有一条公共直线.

画两个互相平行的平面时,要注意使表示两个平面的平行四边形的对应边分别平行(如图 1-33 所示).

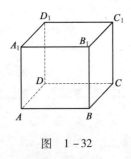

图　1-32

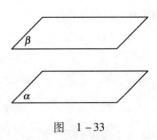

图　1-33

1.4.2　平面和平面平行

1. 平面和平面平行的判定定理

定理　如果一个平面内有两条相交直线平行于另一个平面,则这两个平面互相平行.

已知　$a\cap b\neq\varnothing$,$a\subset\alpha$,$b\subset\alpha$,$a\parallel\beta$,$b\parallel\beta$.

求证　$\alpha\parallel\beta$(图 1-34).

证明　用反证法证明.

假设 $\alpha\cap\beta=n$. 因为 $a\parallel\beta$,所以 $a\parallel n$.

又因为 $b\parallel\beta$,所以 $b\parallel n$. 于是 $a\parallel b$,这与已知 $a\cap b\neq\varnothing$ 相矛盾,从而 $\alpha\parallel\beta$.

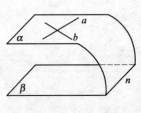

图　1-34

2. 平面和平面平行的性质定理

性质定理 1　如果两个平行平面分别和第三个平面相交,则它们的交线平行.

已知　如图 1-35 所示，$\alpha /\!/ \beta, \gamma \cap \alpha = a, \gamma \cap \beta = b$.

求证　$a /\!/ b$.

证明　因为 $\alpha /\!/ \beta, a \subset \alpha, b \subset \beta$，所以 $a \cap b = \varnothing$.

又　因为，$a \subset \gamma, b \subset \gamma$. 所以 $a /\!/ b$.

例1　如图 1-36 所示，$\alpha /\!/ \beta$，AB 和 CD 是夹在 α 和 β 之间的相交线段，它们的交点为 E，若 $BD = 18\mathrm{cm}, AC = 12\mathrm{cm}, CD = 36\mathrm{cm}$，求 CE, DE 的长.

解　由于 AB 和 CD 相交，所以 AB 和 CD 能确定一个平面与 α、β 分别相交于 BD、AC.

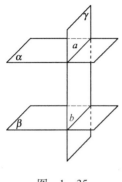

图　1-35

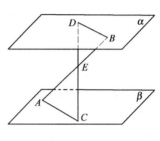

图　1-36

因为 $\alpha /\!/ \beta$，所以 $BD /\!/ AC$，显然 $\triangle AEC \backsim \triangle BED$. 于是有，$\dfrac{DB}{AC} = \dfrac{DE}{CE}, \dfrac{DB + AC}{AC} = \dfrac{DE + CE}{CE}$ 即

$\dfrac{18 + 12}{12} = \dfrac{36}{CE}$，从而 $CE = 144.4 (\mathrm{cm})$，

$CE = 36 - 14.4 = 21.6 (\mathrm{cm})$.

例2　如果平面 $\alpha /\!/ \beta$，直线 $l \perp \alpha$，求证：$l \perp \beta$.

证明　如图 1-37 所示，经过直线 l 的平面 γ 和 δ 分别与 α、β 交于 a、a' 和 b、b'.

因为 $\alpha /\!/ \beta$，所以 $a /\!/ a'$.

因为 $l \perp \alpha$，所以 $l \perp a, l \perp a'$.

同理 $l \perp b'$，所以 $l \perp \beta$.

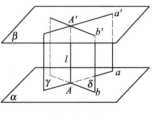

图　1-37

与两个平行平面同时垂直的直线，称为这两个平行平面的**公垂线**.

显然，夹在两平行平面之间的任意两条公垂线段

互相平行而且相等. 因此，我们给出两平行平面的距离的定义.

定义2　夹在两个平行平面之间的公垂线段的长度，称为这**两个平行平面的距离**.

如图 1-37 所示，直线 l 是平面 α 和 β 的公垂线，线段 AA' 是平面 α 和 β 的公垂线段，线段 AA' 的长度就是平面 α 和 β 的距离.

例3　如图 1-38 所示，$\alpha /\!/ \beta$，AC 和 BD 是夹在平面 α 和 β 间的两条线段，若 $AC = 13\mathrm{cm}, BD = 15\mathrm{cm}$，$AC$ 和 BD 在平面 β 内的射影的和为 $14\mathrm{cm}$，求这两条射影的长和两个平面之间的距离.

解　经过 A 和 B 两点分别作平面 β 的垂线 AA_1 和 BB_1，A_1、B_1 分别是垂足.

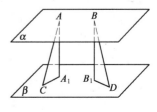

图　1-38

设射影 $A_1C = x$，则射影 $B_1D = 14 - x$.

因为　$\alpha /\!/ \beta$，所以 $AA_1 = BB_1$.

因为　$AA_1 = \sqrt{13^2 - x^2}$，$BB_1 = \sqrt{15^2 - (14 - x)^2}$，

所以　$\sqrt{13^2 - x^2} = \sqrt{15^2 - (14 - x)^2}$.

$13^2 - x^2 = 15^2 - (14 - x)^2$，解方程得 $x = 5$.

因此 $A_1C = 5(\text{cm})$，$B_1D = 9(\text{cm})$，$AA_1 = 12(\text{cm})$.

即　所求两条射影的长分别为 5 cm 和 9 cm，两个平面间的距离为 12 cm.

1.4.3　二面角

1. 二面角的定义

在修筑堤岸时，为了使它经济耐用，必须考虑河堤与地面成适当的角度，下面来研究两个平面所成的角.

定义 3　(1)一个平面内的一条直线把这个平面分成两部分，每一部分称为**半平面**；

(2)由一条直线引两个半平面所组成的图形称为**二面角**，这条直线称为**二面角的棱**，构成二面角的两个半平面称为**二面角的面**.

如图 1-39 所示，就是一个以 AB 为棱，以 α、β 为面的二面角，记作 $\alpha - AB - \beta$.

与平面内的角的定义相仿，二面角也可以看作是一条直线和从这条直线引出的一个半平面绕着这条直线旋转的初始位置和终止位置所组成的图形.

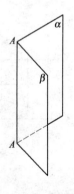

图　1-39

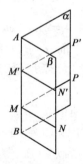

图　1-40

2. 二面角的平面角

定义 4　从二面角的棱上任意一点，分别在二面角的两个半平面内作垂直于棱的两条射线，这两条射线所组成的角称为二面角的平面角. 二面角用它的平面角来度量.

显然，二面角大小与它的平面角的顶点在棱上的位置无关，如图 1-40 所示.

平面角是直角的二面角称为**直二面角**.

例 4　如图 1-41 所示，有一山坡，它的倾角是 $30°$（即坡面 $ABCD$ 和地平面 ABB_1A_1 所成的二面角是 $30°$），山坡上有一条和斜坡底线 AB 成 $60°$ 角的小路 EF，如果某人从 E 点开始沿这条小路走了 100 m，问此人离开地平面的高度约为多少（精确到 1 m）？

解　如图 1-41 所示，设 $EF = 100$ m，过 F 作 $FG \perp AB$ 交 AB 于 G，作 FH 垂直于地面 AB_1 且 H 为垂足，连接 HG，由三垂线定理的逆定理可知，$HG \perp AB$.

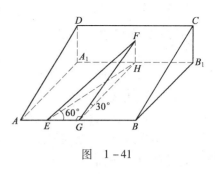

所以,∠FGH 是坡面与地平面所成的二面角的平面角,于是,∠FGH = 30°.

又连接 EH,则 EH 是小路在地平面上的射影,因此 ∠FEH 就是小路与地平面的夹角.

在直角△EGF 中,EF = 100 m,∠FEG = 60°,所以

$$FG = EF\sin 60° = 50\sqrt{3}.$$

在直角△FGH 中,EG = $50\sqrt{3}$ m,∠FGH = 30°,所以

$$FH = FG\sin 30° = 25\sqrt{3} \approx 43.$$

即每前进 100 m 升高约 43 m.

图 1-41

1.4.4 平面和平面垂直

1. 平面和平面垂直的定义

定义5 平面 α 和平面 β 相交,如果所成的二面角是直二面角,则称平面 α 和平面 β 为互相垂直,记作 α⊥β.

画互相垂直的两个平面时,一般是把直立的平面画成矩形[如图 1-42(a)],或画成平行四边形[图 1-42(b)],其特点是把直立平面的竖边(HF、FG)画成和水平平面的横边(AB、DC)垂直.

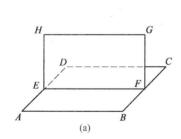
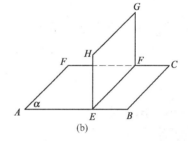

(a)   (b)

图 1-42

判定两个平面垂直除用定义外,还有下面定理:

2. 平面与平面垂直的判定定理

判定定理 如果一个平面经过另一个平面的一条垂线,则这两个平面相互垂直.

已知 如图 1-43 所示,AB⊥α,AB⊂β.

求证 α⊥β.

证明 设 AB∩α = B,α∩β = CD.

因为 AB⊂β,所以 B∈CD.

在 α 内作 BE⊥CD,又因为 AB⊥α,

所以 AB⊥CD,AB⊥BE.

由 AB⊥CD 和 BE⊥CD 可知,∠ABE 是二面角 α-CD-β 的平面角.

又 因为 AB⊥BE,所以∠ABE = 90°,

即 二面角 α-CD-β 是直二面角,因此 α⊥β.

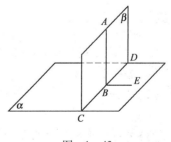

图 1-43

例6　如图 1–44，△ACB 是直角三角形，△ACB = 90°，PA 垂直于△ACB 所在的平面 α，连接 PC、PB. 求证△PBC 所在的平面垂直于△PAC 所在的平面.

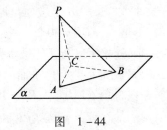

图　1–44

　　证明　因为 PA⊥α，所以 PA⊥BC.

　　　　　　因为∠ACB = 90°，AC⊥BC.

由 BC⊥AC，BC⊥PA，得 BC⊥△PAC 所在的平面.

又因为 BC⊂△PBC 所在的平面内，所以△PBC 所在的平面垂直于△PAC 所在的平面.

　　3. 平面与平面垂直的判定定理

　　性质定理　如果两个平面互相垂直，则在一个平面内垂直于它们交线的直线，必垂直于另一个平面. 如图 1–45（证明从略）.

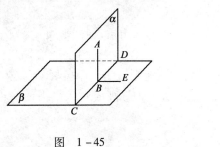

图　1–45

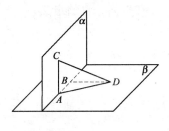

图　1–46

　　例7　如图 1–46 在两个互相垂直的平面 α 和 β 的交线上，有两个已知点 A 和 B，AC 和 BD 分别是这两个平面内垂直于 AB 的线段，已知 AC = 8 cm，AB = 7 cm，BD = 12 cm，求 CD 的长.

　　解　α⊥β，α∩β = AB，AC⊂α，AC⊥AB，

　　　　所以 AC⊥β，连接 AD，则 AC⊥AD.

　　　　因为在直角△ABD 中，$AD^2 = AB^2 + BD^2 = 49 + 144 = 193$，

　　　　所以 $CD = \sqrt{AC^2 + AD^2} = \sqrt{64 + 193} \approx 16.03（\text{cm}）$.

习题 1.4

　　1. 试判定下列命题是否正确.

　　(1)若一个平面内的一条直线平行于另一个平面内的一条直线，则此二平面平行.

　　(2)若一个平面内的两条平行直线与另一个平面内的两条直线平行，则此二平面平行.

　　(3)若一个平面内的两条相交直线与另一个平面内的两条直线平行，则此二平面平行.

　　(4)若两个平面相互平行，则在其中一个平面内的任意直线都平行另一个平面.

　　(5)若两个平面相互平行，则分别在这两个平面内的直线都相互平行.

　　2. 求证：如果两个平面分别平行于第三个平面，那么这两个平面相互平行.

　　3. 求证：如果两个平面都垂直于同一直线，那么这两个平面相互平行.

　　4. 求证：若不在同一平面内的三条直线相交于一点，并且它们都和两个平行平面相交，那么在每一个平面内以交点为顶点的两个三角形相似.

5. 平面 α // 平面 β, α 和 β 间的距离为 10 cm, 直线 l 与 α、β 相交成 30° 的角, 求夹在 α、β 间的线段的长.

6. 在 60° 的二面角的一个面内有一个已知点, 它到另一个面内的距离是 10 cm, 求这点到棱的距离.

7. 从二面角内一点分别向两个面引垂线, 求证: 它们所成的角与二面角的平面角互补.

8. 自二面角 $\alpha - AC - \beta$ 的棱上一点 A, 在半平面 β 内引一条射线 AB 和棱成 45° 角, 和 α 平面成 30° 角, 求此二面角的度数.

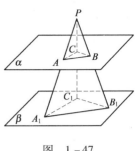

图 1-47

1.5 空间几何体的结构特征和画法

我们生活周围存在着各种各样的几何体, 它们具有各种不同的几何结构特征. 最常见的空间几何体有柱、锥、台、球, 下面我们来分析它们的结构特征, 并给出它们的画法.

1.5.1 棱　柱

如图 1-48, 有两个面互相平行, 其余每相邻的两个面的交线都互相平行的几何体叫做**棱柱**. 互相平行的两个面叫做**棱柱的底面**, 简称底; 其余各面叫做棱柱的**侧面**; 两个侧面的公共边叫做**棱柱的侧棱**; 侧面和底面的公共顶点叫做**棱柱的顶点**; 两底面间的距离叫做**棱柱的高**. 棱柱用底面各顶点的字母来表示, 如图 1-48 中的棱柱, 记作棱柱 $ABCDE - A_1B_1C_1D_1E_1$.

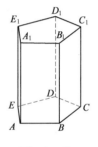

侧棱与底面垂直的棱柱叫做**直棱柱**, 底面是正多边形的直棱柱叫做**正棱柱**.

棱柱按底面多边形的边数可分为三棱柱, 四棱柱, 五棱柱等. 底面是平行四边形的四棱柱叫做平行六面体; 侧棱与底面垂直的平行六面体叫做直平行六面体; 底面是矩形的直平行六面体叫做长方体; 棱长都相等的长方体叫做正方体.

图 1-48

怎样画棱柱的平面直观图呢? 常用的有斜二侧画法, 下面举例说明斜二侧画法的步骤.

例 1 用斜二侧画法画出长、宽、高分别为 6 cm、4 cm、3 cm 的长方体 $ABCD - A_1B_1C_1D_1E_1$ 的直观图.

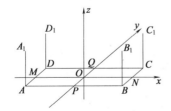 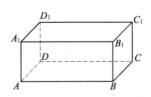

图 1-49

画法 (1)画轴. 如图 1-49, 画 x 轴、y 轴、z 轴, 三轴相交于 O 点, 且 x 轴和 y 轴相交成 45° 角, x 轴和 z 轴垂直.

（2）画底面．以 O 点为中点，在 x 轴上取线段 ON、OM，使得 $ON = OM = 3$ cm，即 MN 的长度为实长；在 y 轴上取线段 OP、OQ，使得 $OP = OQ = 1$ cm，即使 PQ 的长度为实长的一半，分别过 M、N 作 y 轴的平行线，过 P、Q 作 x 轴的平行线，所得交点分别为 A、B、C、D，则四边形 $ABCD$ 就是长方体的底面．

（3）画侧棱．过 A、B、C、D 分别作 z 轴的平行线，并在这些平行线上分别截取 3 cm 的线段 AA_1、BB_1、CC_1、DD_1．

（4）成图．顺次连接 A_1、B_1、C_1、D_1，并加以整理（去掉辅助线，将被遮挡住的线条改为虚线），即得长方体的直观图．

1.5.2 棱 锥

如图 1-50，有一个面是多边形，其余各面是有一个公共顶点的三角形，由这些面所围成的几何体，叫做棱锥．多边形面叫做棱锥的底面或底；其余各面叫做棱锥的侧面；相邻侧面的公共边叫做棱锥的侧棱；各侧面上的公共顶点叫做棱锥的顶点；顶点到底面的距离叫做棱锥的高．

棱锥用顶点和底面各顶点的字母来表示，如图 1-50 中的棱锥可表示为棱柱 $S - ABCDE$．

棱锥按底面多边形的边数可分为三棱锥，四棱锥，五棱锥等．

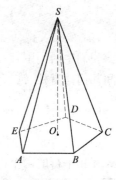

图 1-50

如果一个棱锥的底面是正多边形，并且顶点在地面的射影是底面中心，那么这样的棱锥叫做正棱锥．

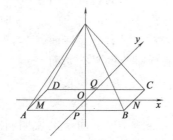 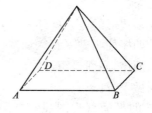

图 1-51

画正棱锥的直观图的方法如图 1-51 所示．

1.5.3 棱 台

如图 1-52，用一个平行于棱锥底面的平面去截棱锥，底面与截面之间的部分叫做**棱台**．原棱锥的底面和截面分别叫做**棱台的下底面和上底面**；其余各面叫做**棱台的侧面**；相邻的公共边叫做**棱台的侧棱**；上下底面之间的距离叫做**棱台的高**．

棱台用上下底面各顶点的字母来表示，例如图 1-52 的棱台可表示为棱台 $ABCDE - A'B'C'D'E'$．

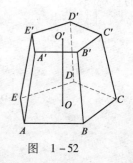

图 1-52

由三棱锥，四棱锥，五棱锥截得的棱台分别叫做三棱台，四棱台，五棱台等．由正棱锥截得的棱台叫做**正棱台**．

画正棱台的直观图的方法如图 1-53 所示.

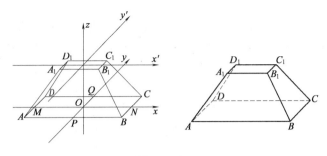

图 1-53

1.5.4 圆柱、圆锥、圆台

如图 1-54,以矩形的一边,直角三角形的一直角边,直角梯形的垂直于底边的腰所在的直线为旋转轴,旋转一周所形成的几何体分别叫做**圆柱**、**圆锥**、**圆台**. 旋转轴叫做它们的**轴**;垂直于轴的边旋转一周后形成一个圆面,叫做它们的**底面**;不垂直于轴的边旋转一周后形成的一个曲面,叫做它们的**侧面**;无论轴旋转到什么位置,不垂直于轴的边都叫做它们侧面的**母线**;在旋转轴上这条边的长度叫做它们的**高**.

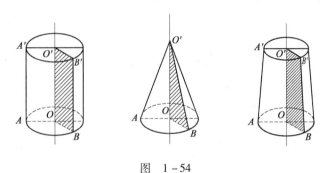

图 1-54

很明显,圆台也可以看成是用平行于圆锥底面的平面截这个圆锥而得到的.

圆柱、圆锥、圆台可以用它们的轴的字母表示,如图 1-54 中的圆柱、圆锥、圆台可分别表示为圆柱 OO',圆锥 OO',圆台 OO'.

圆柱和棱柱统称**柱体**;圆锥和棱锥统称**锥体**;圆台和棱台统称**台体**.

画圆柱的直观图的方法如图 1-55 所示,类似地,可以画出圆锥和圆台的直观图.

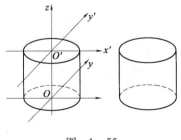

图 1-55

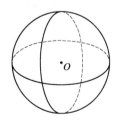

图 1-56

1.5.5　球

如图 1-56,一个半圆绕着它的直径旋转一周所得的曲面叫做**球面**. 球面所围成的几何体叫做**球体**,简称**球**. 半圆的圆心 O 叫做**球心**;连接球心和球面上任意一点的线段叫做球的**半径**;连接球面上的两点并且经过球心的线段叫做球的**直径**. 一个球可用表示它的球心的字母来表示,例如球 O.

习题 1.5

1. 判断题.

(1)棱柱的侧面是平行四边形,而底面不是平行四边形.　　　　(　　)

(2)一条侧棱垂直于底面两边的棱柱是直棱柱.　　　(　　)

(3)底面是正多边形的棱锥是正棱锥.　　　(　　)

(4)各条侧棱长都相等的棱锥是正棱锥.　　　(　　)

(5)四条侧棱都相等的棱台是正棱台.　　　(　　)

2. 用斜二测画法画出正五棱锥的平面直观图.(尺寸自定)

3. 用斜二测画法画出正六棱台的平面直观图,底面边长为 4 cm,高为 5 cm.

4. 用厚纸片做一个正三棱锥的模型.

1.6　空间几何体的表面积和体积

1.6.1　棱柱、棱锥和棱台的表面积

棱柱、棱锥、棱台是由多个平面图形围成的几何体,它们的面积是各个面的面积的和. 因此,我们可以把它们展开成平面图形,利用平面图形求面积的方法,求空间图形的表面积.

图 1-57 中分别给出了直四棱柱、正六棱锥、正六棱台的展开图. 由此我们可推得直棱柱、正棱锥、正棱台的侧面积和全面积,如表 1-1.

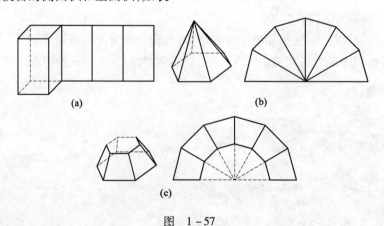

(a)　　　　　　　　　　(b)

(c)

图　1-57

表1－1　直棱柱、正棱锥、正棱台的侧面积和全面积

几何体	侧　面　积	全　面　积	说　明
直棱柱	$S_{侧}=ch$	$S_{全}=S_{侧}+S_{底}$	c 为底面周长，h 是高
正棱锥	$S_{侧}=\dfrac{1}{2}ch'$	$S_{全}=S_{侧}+S_{底}$	c 为底面周长，h' 是侧面三角形的高（称为斜高）
正棱台	$S_{侧}=\dfrac{1}{2}(c+c')h'$	$S_{侧}=S_{侧}+S_{上底}+S_{下底}$	c,c' 为上、下底面周长，h' 是侧面梯形的高（称为斜高）

例1　已知正四棱台的高是 10 cm，两底面的边长分别是 4 cm 和 12 cm，求侧棱的长及斜高.

解　如图 1－58 所示，设正四棱台的两个底面的中心分别是 O 和 O_1，连接 OO_1、OB、O_1B_1，过 B_1 作 B_1E 垂直于下底面交 OB 于 E，作 $B_1F\perp BC$ 交 BC 于 F，则 OO' 是棱台的高，且 $OO_1=B_1E$，B_1F 是棱台的斜高，$\triangle B_1EB$、$\triangle B_1FB$ 是两个直角三角形，由于边长为 a 的正方形的对角线一半的长为 $\dfrac{\sqrt{2}}{2}a$，所以在直角 $\triangle B_1EB$ 中，侧棱

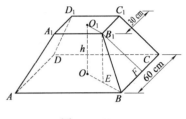

图　1－58

$$BB_1=\sqrt{B_1E^2+EB^2}=\sqrt{10^2+(4\sqrt{2})^2}=2\sqrt{33}\,(\text{cm})$$

在直角 $\triangle B_1FB$ 中，斜高

$$B_1F=\sqrt{B_1B^2-BF^2}=\sqrt{132-16}=2\sqrt{29}\,(\text{cm})$$

即这个棱台的侧棱为 $2\sqrt{33}$ cm，斜高为 $2\sqrt{29}$ cm.

例2　已知正四棱锥 $V-ABCD$ 的底面边长为 6 cm，侧面与底面所成的角为 45°，求它的侧面积.

解　如图 1－59，连接顶点 V 和底面中心点 O，则 VO 是棱锥的高．又作 $VM\perp AB$ 于 M，VM 是棱锥的斜高，连接 OM，由三垂线定理的逆定理知，$OM\perp AB$．因此，$\angle VMO$ 是侧面与底面所成的二面角的平面角，即 $\angle VMO=45°$.

因为底面 $ABCD$ 是边长为 6 cm 的正方形，所以 $OM=3$ cm，于是，在直角三角形 VMO 中，$VO=MO=3$ cm，所以

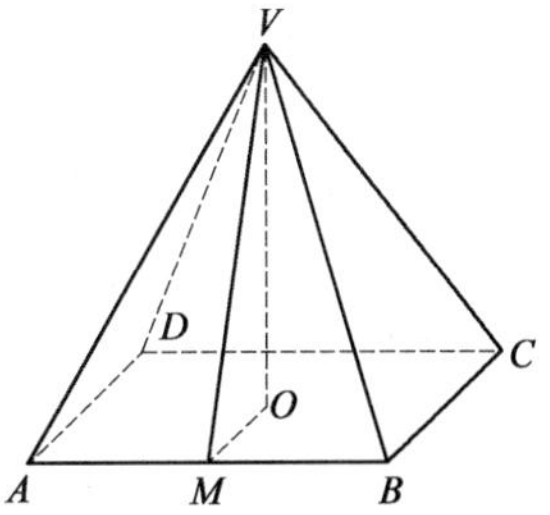

$$VM=\sqrt{VO^2+MO^2}=\sqrt{3^2+3^2}=3\sqrt{2}$$

图　1－59

故　$S_{侧}=\dfrac{1}{2}\times 6\times 3\sqrt{2}\times 4=36\sqrt{2}\,(\text{cm}^2)$

即正四棱锥的侧面积是 $36\sqrt{2}$ cm².

1.6.2　圆柱、圆锥和圆台的表面积

图 1－60 中，分别给出了圆柱、圆锥、圆台的展开图，由此我们可推得它们的侧面积和全面积如表 1－2.

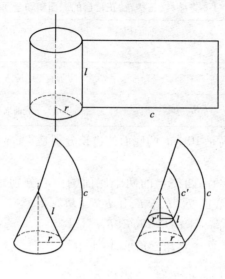

图　1－60

表1－2　圆柱、圆锥、圆台的侧面积和全面积

几何体	侧面积	全面积	说明
圆柱	$S_{侧}=cL=2\pi rL$	$S_{全}=S_{侧}+S_{底}$	c 为下底面周长，L 是母线长，r 是下底面圆的半径，r' 为上底面圆的半径，c' 是上底面周长
圆锥	$S_{侧}=\dfrac{1}{2}cL=\pi rL$	$S_{全}=S_{侧}+S_{底}$	
圆台	$S_{侧}=\dfrac{1}{2}(c+c')L$ $=\pi(r+r')L$	$S_{全}=S_{侧}+S_{上底}+S_{下底}$	

例3　如图1－61，一个圆台形花盆的直径为 20 cm，盆底直径为 15 cm，底部渗水圆孔直径为 1.5 cm，盆壁长 15 cm，那么花盆的表面积约为多少（ π 取 3.14，结果精确到 1 cm²）？

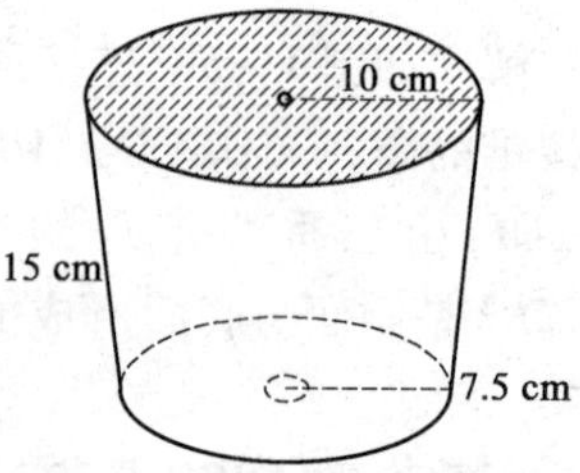

解　依题意，花盆的表面积由侧面积和下底面面积（除去渗水孔的面积）构成，

即　$S=\pi(10+7.5)\times15+\pi\times7.5^2-\pi\times\left(\dfrac{1.5}{2}\right)^2\approx999(\text{cm}^2)$

答：花盆的表面积约为 999 cm.

图　1－61

1.6.3　柱体、锥体和台体的体积

我们已经学习过长方体的体积公式为

$$\boxed{V_{柱}=Sh}$$

其中，S 为底面积，h 为高．上述公式对一般的柱体也是成立的．经过探索发现，锥体的体积是同底等高的柱体体积的 $\dfrac{1}{3}$，于是得锥体的体积公式为

$$\boxed{V_{锥}=\dfrac{1}{3}Sh}$$

台体是由锥体截成的，因此可利用两个锥体的体积差得到台体的体积公式为

$$V_台 = \frac{1}{3}h(S + \sqrt{SS'} + S')$$

其中,S'是上底面积,S是下底面积,h是台体的高.

例 4 钢制垫圈的外直径为 56 mm,内口直径为24 mm,高为 2.5 mm. 已知钢的密度为 7.8 g/cm³,求钢垫圈的质量.

解 如图 1-62,钢垫圈的体积是两个圆柱的体积的差,即

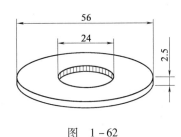

$$V = \pi\left(\frac{5.6}{2}\right)^2 \times 0.25 - \pi\left(\frac{2.4}{2}\right)^2 \times 0.25$$
$$= 0.25\pi(2.8^2 - 1.2^2) \approx 5.024(\text{cm}^3)$$

于是,垫圈的质量

$$W = 7.8 \times 5.024 = \approx 39.2(\text{g})$$

图 1-62

答:钢垫圈的质量约为 39.2g.

1.6.4 球的表面积和体积

球的表面积公式是 $\boxed{S = 4\pi R^2}$

球的体积公式是 $\boxed{V = \frac{4}{3}\pi R^3}$

其中,R 为球的半径. 今后,我们通过高等数学的方法,可以证明上述公式.

例 5 某街心花园有许多钢球,每个钢球重145 kg,并且外径为50 cm,试判断钢球是实心的还是空心的? 如果是空心的,它的内径是多少(钢的密度为 7.8 g/cm³,π 取 3.14,结果精确到 1 cm)?

解 外径为 50 cm 的实心钢球的质量为

$$\frac{4}{3} \times 3.14 \times \left(\frac{50}{2}\right)^2 \times 7.8 \approx 517\ 054(\text{g})$$

而街心花园的钢球质量为 145 000 g,因为 517 054 > 145 000,所以钢球是空心的.

设球的内径为 $2x$,则

$$7.8 \times \left[\frac{4}{3} \times 3.14 \times \left(\frac{50}{2}\right)^3 - \frac{4}{3} \times 3.14 \times \left(\frac{2x}{2}\right)^2\right] = 145\ 000$$

解得 $x^3 \approx 11\ 239.42$, $x \approx 22.4$, $2x \approx 45$.

答: 钢球是空心的,其内径约为 45 cm.

例 6 某公园计划用鲜花做一个花柱,花柱的下面是一个直径为 1 m,高为 3 m 的圆柱形,上面是半球形,如图 1-63. 如果每平方米大约需要鲜花 150 朵,那么装饰这个花柱,大约需要多少朵鲜花(π 取 3.1)?

解 据题意,圆柱形的侧面积为 $S_1 \approx 3.1 \times 1 \times 3 \approx 9.3(\text{m}^2)$;

半球形的表面积为 $S_2 \approx 2 \times 3.1 \times \left(\frac{1}{2}\right)^2 \approx 1.6(\text{m}^2)$;

于是,花柱的表面积为 $S = S_1 + S_2 = 9.3 + 1.6 = 10.9(\text{m}^2)$;

所以 $10.9 \times 150 = 1\ 635(朵)$

图 1-63

答:装饰这个花柱大约需要 1 635 朵鲜花.

习题 1.6

1. 已知正四棱柱的侧面积为 $32\ \mathrm{cm}^2$，全面积为 $40\ \mathrm{cm}^2$，求它的高.

2. 一个正三棱锥的侧面积都是直角三角形，底面边长为 $2a$，求它的侧面积.

3. 已知正六棱台的两底面边长分别为 $3\ \mathrm{cm}$ 和 $6\ \mathrm{cm}$，高为 $3\ \mathrm{cm}$，求其侧面积.

4. 圆台的上、下底面面积分别为 π、4π，高是上底半径的 $\sqrt{3}$ 倍，求其侧面积.

5. 要做一个底面直径为 $30\ \mathrm{cm}$，母线长为 $20\ \mathrm{cm}$ 的圆锥形漏斗，问应该准备半径多长，圆心角多少度的扇形材料？

6. 已知圆台的上、下底面半径分别为 r、$2r$，侧面积等于两底面面积的和，求圆台的高？

7. 如图 $1-64$，将一个正方体沿相邻三个面的对角线截出一个棱锥，求棱锥的体积和剩下的几何体体积的比.

8. 有一堆规格相同的铁制六角螺母，共重 $5.8\ \mathrm{kg}$，已知底面是正六边形（如图 $1-65$ 所示）. 边长为 $12\ \mathrm{mm}$，内孔直径为 $10\ \mathrm{mm}$，高为 $10\ \mathrm{mm}$，铁的密度为 $7.8\ \mathrm{kg/cm}^3$，问这堆螺母大约有多少个（π 取 3.14）？

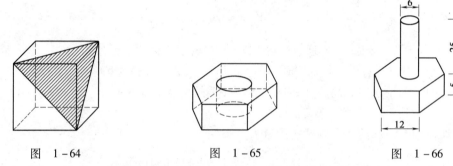

图　$1-64$　　　　　　　图　$1-65$　　　　　　　图　$1-66$

9. 如图 $1-66$ 是一种机器零件，零件下面是正六棱柱形，上面是圆柱形（尺寸如图 $1-66$，单位:mm），电镀这种零件需要用锌，已知每平方米用锌 $0.01\ \mathrm{kg}$，问电镀 $10\ 000$ 个这样的零件需锌多少（结果精确到 $0.01\ \mathrm{kg}$）？

10. 将一个气球的半径扩大一倍，它的体积增大到原来的几倍？

11. 一个正方形的顶点都在球面上，它的棱长是 a，求球的体积.

12. 一个球的体积是 $100\ \mathrm{cm}^3$，试计算它的表面积（π 取 3.14，结果精确到 $1\ \mathrm{cm}^2$）.

本章小结

1. 本章主要内容为:平面的基本性质;空间直线、平面之间的位置关系;空间两异面直线、直线和平面、平面和平面所成的角;三垂线定理及其逆定理. 正棱柱、正棱锥、正棱台、圆柱、圆锥、圆台、球的概念、表面积、体积计算公式.

2. 平面的基本性质(三条公理和两个推论)是研究空间直线、平面的位置关系的理论基础;利用平面内直线与直线平行或垂直的关系可以研究空间的直线与直线、直线与平面、平面与平面之间的平行或垂直的关系. 因此,在学习中要注意把空间图形与平面图形的知识联系起来,使学过的知识得到综合应用.

3. 本章基本概念和定理都较多,学习时要抓住重点,掌握异面直线的定义和两异面直线所成的角的规定,直线和平面所成角的规定,二面角及其平面角的概念,三垂线定理及其逆定理等. 这些概念和定理在生产实践问题中常要用到.

4. 柱、锥、台三种空间图形的侧面积、全面积、体积计算公式之间各有一定的联系,它们在一定的条件下可以转化.

复习题一

1. 判断题.

(1)平行四边形是一个平面.

(2)过直线外一点,只能作一条直线和该直线垂直.

(3)平行于同一直线的两直线平行.

(4)垂直于同一个平面的两直线平行.

(5)各侧棱都相等的棱锥是正棱锥.

(6)有两个面平行的几何体是棱台.

2. 如图 1-67,正方体的棱长是 a,C、D 分别是两条棱的中点,

(1)证明四边形 $ABCD$ 是梯形.

(2)求四边形 $ABCD$ 的面积.

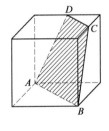

图　1-67

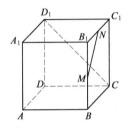

图　1-68

3. 如图 1-68,在正方体中,M、N 分别是 BB_1、C_1B_1 的中点,求

(1)MN 与 CD_1 所成的角的度数.

(2)MN 与 AD 所成的角的度数.

4. 如图 1-69,两条平行线 AB、CD 分别在相交于 l 的两个平面 α、β 内,$AE \perp l$,垂足为 E,$EF \perp CD$,垂足为 F.

求证:$AB \perp$ 平面 AEF.

5. 已知 P 是直角三角形 ABC 所在平面 α 外一点,P 到直角顶点 C 的距离是 24 cm,到两条直角边的距离都是 $6\sqrt{10}$ cm,求点 P 到平面 α 的距离.

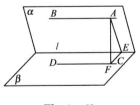

图　1-69

6. 已知 PA 垂直于矩形 $ABCD$ 所在平面 $PB = 6$ cm,$PC = 9$ cm,$PD = 7$ cm,求 PA 的长.

7. 已知二面角 $\alpha - AB - \beta$ 等于 $90°$,$P \in AB$,$PQ \not\subset \alpha$,$PR \not\subset \beta$,$\angle QRB = \angle RPB = 45°$,求 $\angle QPR$.

8. 如图 1-70, 在正四棱锥 $V-ABCD$ 中, 底面边长为 a, 侧棱长为 $\sqrt{5}$, 试画出二面角 $V-AB-C$ 的平面角, 并求它的度数.

9. 如图 1-71, 圆柱内有一个正三棱柱, 如果圆柱的体积为 V, 底面直径与母线长相等, 求三棱柱的体积.

10. 如图 1-72 是一个漏斗形铁管接头, 它的母线长是 35 cm, 两底面直径分别是 50 cm 和 20 cm. 制作 1 万个这样的接头需要多少铁皮 (π 取 3.14, 结果精确到 1 cm^2)?

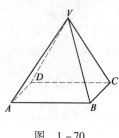

图　1-70

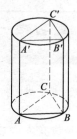

图　1-71

图　1-72

11. 如图 1-73, 在仓库一角有稻谷一堆, 呈 $\frac{1}{4}$ 圆锥形, 量得底面弧长为 2.8 m, 母线长为 2.2 m, 这堆谷有多重 (谷的密度为 720 kg/m^3)?

12. 小铅球的直径为 2 cm, 现有质量为 1 kg 的铅, 问能铸成多少个这样的小铅球 (铅的密度是 11.4 g/cm^3)?

13. 水泥构件厂的工人制作如图 1-74 所示的混凝土桥桩 (尺寸单位: m). 问每根桥桩约需多少混凝土 (混凝土的密度为 2.25 t/m^3)?

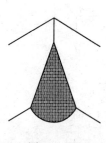

图　1-73

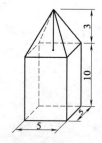

图　1-74

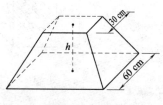

图　1-75

14. 有一个正四棱台形储油槽, 如图 1-75 所示, 可以装煤油 1 471 L, 假如它的两个底面边长分别为 60 cm 和 30 cm, 求这个油槽的深度.

*第2章

排列、组合、二项式定理

学习目标

1. 掌握加法原理与乘法原理.
2. 理解排列、组合的概念,知道它们的联系和区别.
3. 掌握排列、组合的计算方法,能用排列和组合的概念和公式解决一些简单的问题.

2.1 两个基本原理

2.1.1 两个基本原理

引例1 如图2-1所示;问:从甲地到乙地共有多少种不同走法?

分析:因为有三类交通工具(火车、汽车、轮船);任选其中一类"从甲地到乙地"这件事都可完成,因此,不同走法种数应是各类中班次次数之和:

$$N = 5 + 2 + 3 = 10.$$

以上分析结果不是偶然的,它遵循下列规律:

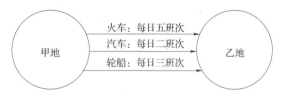

图 2-1

如果完成一件事情有 k 类方式.第一类方式中有 n_1 种方法,第二类方式中有 n_2 种方法,…,第 k 类方式中有 n_k 种方法.任选一种方式,这件事便可完成;那么完成这件事的所有不同方法种数为

$$N = n_1 + n_2 + \cdots + n_k \qquad (2-1)$$

该原理称为加法原理.

引例2 如图2-2所示;问:从学校到丙地共有多少种不同走法?

直观从图上分析总共有12种不同的走法.

为了找到计算规律,经分析,"从学校到达丙地"这件事可以分成以下三个行动步骤:

(1)从学校到达甲地;

(2)从甲地到达乙地;

(3)从乙地到达丙地.

完成各个步骤分别有3、2、2种走法,而 $3 \times 2 \times 2$ 正好等于12;

所以它遵循下列规律:

如果完成一件事情要经过 k 个步骤.完成第一个步骤有 n_1 种方法,完成第二个步骤有 n_2

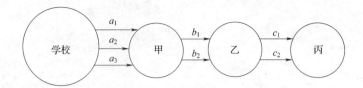

图 2-2

种方法，…，完成第 k 个步骤有 n_k 种方法．在依次完成这 k 个步骤后，这件事才能完成；那么完成这件事的所有不同方法种数为：

$$N = n_1 \times n_2 \times \cdots \times n_k \tag{2-2}$$

该原理称为乘法原理．

例1 书架有上、中、下三层，上层放有 6 本不同的语文书，中层放有 5 本不同的数学书，下层放有 4 本不同的外语书，现从书架上任取一本书，有多少种不同的取法？

解 完成"从书架上任取 1 本书"这件事有三类方式：第一类是从 6 本语文书中任取一本，有 6 种取法；第二类是从 5 本数学书中任取一本，有 5 种取法；第三类是从 4 本外语书中任取一本，有 4 种取法．根据加法原理，得到不同取法种数是：

$$N = 6 + 5 + 4 = 15.$$

例2 从北京乘坐火车、汽车、轮船、飞机 4 种交通工具之一，到达上海（停留数天），再乘坐火车、汽车两种交通工具之一，到达杭州，共有多少种不同的走法？

解 如图 2-3 所示，完成"从北京到杭州"这件事分两步：第一步从北京到上海，有 4 种走法；第二步从上海到杭州，有 2 种走法．根据乘法原理，共有 $N = 4 \times 2 = 8$ 种不同的走法．

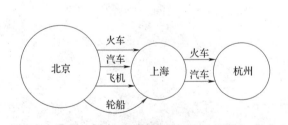

图 2-3

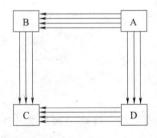

图 2-4

例3 如图 2-4 所示，某人乘公交车从 A 站到 C 站（中转需下车），有多少种不同的搭乘方法？

解 此题首先分下列两类方式：

(1)从 A 站经由 B 站到 C 站；(2)从 A 站经由 D 站到 C 站；

在第(1)类中，又分两个步骤，按乘法原理，得方法数 $N_1 = 4 \times 3$；在第(2)类中，也分两个步骤，按乘法原理，得方法数 $N_2 = 3 \times 4$；

所以方法种数应为　$N = N_1 + N_2 = 12 + 12 = 24.$

例4 由 1、2、3、4、5 可组成多少个没有重复数字的三位数？

解 组成三位数这件事可以分成以下三个步骤来完成：

(1)从 5 个数中选一个作为百位数，有 5 种选法；

(2)从余下的 4 个数中选一个作为十位数，有 4 种选法；

(3)从余下的 3 个数中选一个作为个位数,有 3 种选法;

根据乘法原理可知,完成组成三位数这件事共有 $N = 5 \times 4 \times 3 = 60$ 种选法,即有 60 个不同的三位数.

习题 2.1

1. 某地区召开运动会,需要推选一名入场式旗手,已经从各地报送上来 3 名优秀田径运动员、7 名优秀球类运动员、5 名优秀游泳运动员候选,一共有多少种不同的选法?

2. 现有红、黄、绿三种颜色的信号弹各一枚,如果将它们按不同顺序向天空连续发射,一共可发出多少种不同的信号?

3. 一个口袋内装有 7 个小球,另一个口袋内装有 5 个小球,除了所有小球的编号都互不相同之外,其它(如大小、形状、重量、表面光洁度等)都完全相同,问:

(1)从两个袋子里各取一个小球,有多少种不同取法?

(2)从两个袋子里任取一个小球,有多少种不同取法?

4. 甲、乙、丙、丁 4 人随机入住宾馆的 5 个单人间(当然会空出一间来),一共有多少种不同的入住方法?

2.2 排　列

2.2.1 排列的概念

观察下面的两个简单的问题:

问题 1　北京、上海、广州三个民航站之间的直达航线,需要准备多少种不同的飞机票?

考察对象:三个机场:北京、上海、广州

研究问题:需要准备几种飞机票?

特　　点:一种机票不仅与两个机场有关,而且与两个机场的顺序有关.

解决办法:每种飞机票都有起点、终点;而"起点在前,终点在后"的一个有序排列对应的是一张机票,即可以按先确定起点、后确定终点两个步骤来准备一种飞机票;故飞机票种数可用乘法原理计算. 共需准备 $N = 3 \times 2 = 6$ 种飞机票.

问题 2　从 4 张标有数字 3、4、5、6 的卡片中任取 3 张,可以构成多少个不同的三位数?

考察对象:4 张数字卡片 3、4、5、6

研究问题:可以构成几个不同的三位数?

特　　点:一个三位数不仅与 3 个数字有关,而且与 3 个数字的顺序有关.

解决办法:每个三位数都有百位、十位、个位;"百位在前,十位居中、个位在后"的一个有序排列对应的是一个三位数;即可以按先确定百位、接着确定十位、最后确定个位 3 个步骤来构成一个三位数;故所有三位数的个数可用乘法原理计算出来. 可构成 $N = 4 \times 3 \times 2 = 24$ 个三位数.

以上两个问题都与顺序有关,解题办法都是分几个步骤完成的,对此我们给出下列定义:

从 n 个不同的元素中,任取 m 个 $(m \leqslant n)$ 不同元素,按照一定的顺序排成一列,叫做从 n 个不同的元素中取出 m 个元素的一个排列.

根据定义中"从 n 个不同的元素中取出 m 个元素"的要求,m 不可能大于 n.

当 $m < n$ 时所得的排列叫做选排列;

当 $m = n$ 时所得的排列叫做全排列.

上面的问题 1 是从 3 个不同的元素中任取 2 个元素;问题 2 是从 4 个不同的元素中任取 3 个元素,然后按照一定的顺序排成一列,求共有多少个不同的排列,这类问题叫做排列问题.

2.2.2　排列数的计算公式

从 n 个不同的元素中,每次取出 m 个 $(m \leqslant n)$ 元素的所有排列的个数,叫做从 n 个不同的元素中取出 m 个元素的排列数,记作 P_n^m.

例如,从 3 个不同元素中取出 2 个元素的排列数表示为 P_3^2.

前面已求得问题 1 中从 3 个不同的元素中取出 2 个元素的排列数为 $3 \times 2 = 6$,即

$$P_3^2 = 3 \times 2 = 6.$$

下面讨论排列数的一般算法:

如图 2-5 所示:一行空穴表示将从 n 个不同的元素中,任取 m 个 $(m \leqslant n)$ 不同元素,按照从左至右的顺序(步骤)排成一列(实为排成一行),根据乘法原理,推导所有的不同排列种数 P_n^m 的计算公式;其中空穴上方一行数字为编号,空穴下面一行数字为所对应穴位的可选择元素的个数;

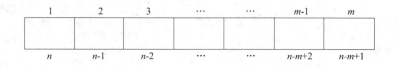

图　2-5

公式推导:从 n 个元素中任取 m 个填入空穴,可从左至右分成 m 个步骤来完成(每个空穴只能填一个元素,m 个空穴的每一种填法对应一种排列);根据乘法原理,所有不同排法种数就是:

$$P_n^m = n \times (n-1) \times (n-2) \times \cdots \times (n-m+1) \tag{2-3}$$

即从 n 个不同的元素中,任取 m 个 $(m \leqslant n)$ 不同元素的排列种数 P_n^m,等于从 n 开始的 m 个逐一递减的、连续自然数的乘积;例如:$P_{10}^4 = 10 \times 9 \times 8 \times 7 = 5\,040$;

当 $m = n$ 时,记 P_n^m 为 P_n,且

$$P_n = n \times (n-1) \times (n-2) \times \cdots \times 3 \times 2 \times 1 = n! \tag{2-4}$$

其中,"$n!$"读作 n 的阶乘.

例如:$P_6 = 6! = 720$;　$P_7 = 7! = 5\,040$;　$P_{12} = 12! = 479\,001\,600$.

由计算 $P_{12} = 12! = P_{12}^5 P_7 = P_{12}^5 P_{12-5}$ 推知 $P_n = p_n^m P_{n-m}$,从而

$$p_n^m = \frac{P_n}{P_{n-m}} \tag{2-5}$$

公式(2-5)有利于用计算器的阶乘键 $[n!]$ 作选排列运算.

例 1　利用计算器计算:(1) P_7^4;(2) $P_8^4 - 2P_6^3$.

解　(1) $P_7^4 = \dfrac{P_7}{P_{7-4}} = \dfrac{5\,040}{6} = 840$;

$(2) P_8^4 - 2 P_6^3 = \dfrac{P_8}{p_{8-4}} - 2 \dfrac{P_6}{p_{6-3}} = \dfrac{40\,320}{24} - 2 \times \dfrac{720}{6} = 1\,440.$

例 2　用 10 以内的质数可组成多少个无重复数字的三位数?

解　因为一个三位数与 3 个数的顺序有关,所以是排列问题;10 以内的质数有 2、3、5、7 四个数,故根据排列种数计算公式知,这四个数可组成 $P_4^3 = 4 \times 3 \times 2 = 24$ 个无重复数字的三位数.

例 3　从 9 面不同颜色的旗子中任取 4 面,从上到下依次挂在旗杆上,一共可表示多少种不同的信号?

解　因为从上到下 4 面旗子表示的信号与它们的顺序有关,所以是排列问题;根据排列种数计算公式可知:一共可表示 $P_9^4 = 9 \times 8 \times 7 \times 6 = 3\,024$ 种不同的信号.

例 4　由 0、1、2、3、4 五个数字可以组成多少个无重复数字的三位数?

解　此题有下列三种做法:

方法一　"0"不能作百位数字,从 4 个非零数字中任取一个放在百位,有 P_4^1 种取法;再从余下的 4 个数中任取 2 个放在十位和个位,有 P_4^2 种排法;两个步骤组成一个三位数,故由乘法原理,所求三位数的个数应有

$$N = P_4^1 \times P_4^2 = 4 \times 4 \times 3 = 48(个).$$

方法二　先不考虑"0 不能作百位",有 P_5^3 种排法;然后考虑"0 作百位数字"的种数,有 P_4^2 种排法;从所有排法中剔除"0 作百位数字"的那些排法,所求三位数的个数应有

$$N = P_5^3 - P_4^2 = 5 \times 4 \times 3 - 4 \times 3 = 48(个).$$

方法三　分成"无数字 0"、"数字 0 在十位"、"数字 0 在个位"三类排法,它们依次的排法种数是 P_4^3、P_4^2、P_4^2,根据加法原理知:所求三位数的个数应有

$$N = P_4^3 + P_4^2 + P_4^2 = 4 \times 3 \times 2 + 2(4 \times 3) = 48(个).$$

2.2.3　重复排列

由上面的讨论可知:排列种数 P_n^m 中每一种排法中的 m 个元素是互不相同的;

在实际问题中,如从 0、1、2、…、9 这十个数字中任取 7 个,生成一个七位的电话号码,显然允许数字重复选取;例如在电话号码 8419252 中,重复选取了数字 2.

元素可重复选取的排列叫做可重复排列!

从 n 个不同的元素中,任取 m 个($m \leqslant n$)元素(取消"互不相同"的限制,可重复选取)的排列种数为:

$$\boxed{N = n \times n \times n \times \cdots \times n = n^m} \tag{2-6}$$

例 5　由 1、2、3、4、5 五个数字能生成多少个可重复数字的不同的三位数?

解　生成这样的三位数可以分以下 3 个步骤来完成:

(1)从五个数字中任选一个做百位,显然有 5 种选择;

(2)因为允许数字重复,所以仍能从五个数字中任选一个做十位数;

(3)因为允许数字重复,所以还是能从五个数字中任选一个做个位数;

故根据乘法原理,能生成 $N = 5 \times 5 \times 5 = 125$ 个有重复数字的不同的三位数.

习题 2.2

1. 由 0、1、3、5、7、9 六个数字可组成多少个无重复数字的四位数?

2. 从 8 个不同颜色的彩灯中任取 5 个,依次插在一列灯座上,一共可表示多少种不同的信号?

3. 用 7 以内的正整数可组成多少个无重复数字的四位数?

4. (1) 由 0、1、3、5、7、9 六个数字可以组成多少个有重复数字的不同的三位数?

(2) 把 3 封信投入 4 个邮箱内,共有多少种不同的投法?

5. 利用计算器计算: $\dfrac{P_9^5 + P_9^4}{P_9^5 - P_9^4}$.

2.3　组　　合

2.3.1　组合的概念

先看下面两个简单的问题:

问题 1　北京、上海、广州三个民航站之间的直达航线,有多少种不同的飞机票价?

考察对象:三机场:北京、上海、广州;

研究问题:任意两个机场之间有一种票价,有多少种不同的票价?

特　　点:一种票价只与两个机场有关,而与两个机场的顺序无关;

解决办法:每一种票价对应有两种飞机票,故票价种数 $N_1 = P_3^2/2 = 3$.

问题 2　从 3、4、5 三个数字中任取两个数字相加,有几个不同的和数?

考察对象:三个数字 3、4、5;

研究问题:任取两个数字相加,有几个不同的和数?

特　　点:一个和数只与两个数字有关,而与两个数字的顺序无关;

解决办法:每一个和数对应有两个加数,故和数的个数 $N_2 = P_3^2/2 = 3$.

以上两个问题的解决办法都是以"与所取对象顺序无关"为前题(特点)的,对此我们给出下列定义:

从 n 个不同的元素中,任取 $m(m \leqslant n)$ 个不同元素,不管顺序合并成组,叫做从 n 个不同的元素中取出 m 个元素的一个组合.

上面两个问题相当于从 3 个元素中每次取出 2 个元素,不管顺序如何,并成一组,共有多少种不同组合.

2.3.2　组合数的计算公式

从 n 个不同的元素中取出 $m(m \leqslant n)$ 个元素的所有组合的个数,叫做从 n 个不同的元素中取出 m 个元素的组合数,记为 C_n^m. 所以,以上两个问题的结果分别是:

$$N_1 = C_3^2 = P_3^2/P_2, \ N_2 = C_3^2 = P_3^2/P_2;$$

并且,由以上两个问题的结果可以推知:

一般地,组合种数　　　　$\boxed{C_n^m = \dfrac{P_n^m}{P_m}}$　　　　　　　　(2-7)

这就是说,只要将选排列数 P_n^m 与全排列数 P_m 相除,其商就是组合种数 C_n^m.

例1 计算下列组合数.

(1) C_{10}^3 ;　　(2) C_{200}^2.

解 (1)根据组合数计算公式,有 $C_{10}^3 = \dfrac{10 \times 9 \times 8}{3!} = 120$;

(2)根据组合数计算公式,有 $C_{200}^2 = \dfrac{200 \times 199}{2!} = 19\,900$.

例2 如果组织 10 个球队进行单循环比赛(任何两支球队都比到),共需安排多少场比赛?

解 这是从 10 个球队中任取两个,不管顺序分成一组,有多少种分法的组合问题,因此共需安排 $C_{10}^2 = \dfrac{10 \times 9}{2!} = 45$ 场.

例3 从 100 件产品中任取 3 件质检,已知 100 件中有 2 件次品,求抽出的 3 件中恰有一件次品的抽法种数?

解 因为已知 100 件中有 2 件次品,所以正品有 98 件,次品有 2 件;

因为抽出的 3 件中恰有一件次品,所以从 2 件次品中抽到了一件次品、从 98 件正品中抽到了两件正品;

于是恰有一件次品的抽法种数为　$N = C_{98}^2 C_2^1 = \dfrac{98 \times 97}{2!} \times 2 = 9\,506$.

例4 从 100 件产品中任取 3 件质检,已知 100 件中有 2 件次品,求抽出的 3 件中至少有一件是次品的抽法种数?

解 因为"至少有一件是次品"包括"恰有一件是次品"、"恰有两件是次品"两种独立情况;

根据例3,"恰有一件是次品"的抽法种数是 9506 种;下面讨论"恰有两件是次品"的情况;

因为抽出的 3 件中恰有两件次品,所以从 2 件次品中抽到了两件次品、从 98 件正品中抽到了 1 件正品;

于是恰有两件次品的抽法种数为　$N' = C_{98}^1 C_2^2 = 98 \times 1 = 98$,

最后,合并上述两种情况,至少有一件是次品的抽法种数为

$$N = 9\,506 + N' = 9\,506 + 98 = 9\,604(种),$$

另外,因为　$P_n^m = n(n-1)(n-2)\cdots(n-m+1)$

$$= \dfrac{n(n-1)\cdots(n-m+1)(n-m)!}{(n-m)!} = \dfrac{n!}{(n-m)!},　P_m = m!,$$

所以　$C_n^m = \dfrac{P_n^m}{P_m} = \dfrac{n(n-1)\cdots(n-m+1)}{m!} = \dfrac{n!}{m!\,(n-m)!}$;

即

$$\boxed{C_n^m = \dfrac{n!}{m!\,(n-m)!}} \tag{2-8}$$

式(2-8)使我们可方便地用计算器计算组合种数.

例5 利用计算器计算 C_{20}^{11} 的值.

解 根据公式 $C_n^m = \dfrac{n!}{m!\,(n-m)!}$,可知 $C_{20}^{11} = \dfrac{20!}{11! \times (20-11)!} = 167\,960$.

注意:为使组合种数计算公式 $C_n^m = \dfrac{n!}{m!\,(n-m)!}$ 恒成立,除了 $1! = 1$ 之外,规定: $0! = 1$,从

而 $C_n^n = \dfrac{n!}{n! \ (n-n)!} = 1$（表示从 n 个不同元素中取出 n 个合并成组，有一种组合）.

2.3.3　组合的两个性质

性质 1　　　　　　　　　　　$\boxed{C_n^m = C_n^{n-m}}$　　　　　　　　　　　（2－9）

证明：因为 $C_n^m = \dfrac{n!}{m! \ (n-m)!}$,

所以　$C_n^{n-m} = \dfrac{n!}{(n-m)! \ [n-(n-m)]!} = \dfrac{n!}{m! \ (n-m)!} = C_n^m$.

于是性质 1 成立，证毕.

性质 2　　　　　　　　　　　$\boxed{C_n^m + C_n^{m-1} = C_{n+1}^m}$　　　　　　　　　（2－10）

证明略.

例 6　利用组合的性质计算 C_{100}^{97}.

解　利用组合的性质 1：$C_n^m = C_n^{n-m}$,

有　　　　　　　$C_{100}^{97} = C_{100}^{100-97} = C_{100}^3 = \dfrac{100 \times 99 \times 98}{3 \times 2} = 161\ 700$.

例 7　利用组合的性质证明：$C_5^5 + C_6^5 + C_7^5 = C_8^6$.

证明　因为 $C_5^5 = C_6^6 = 1$，所以由组合的性质 2：$C_n^m + C_n^{m-1} = C_{n+1}^m$

有　　　　　　　　　　左边 $= (C_6^6 + C_6^5) + C_7^5$

$$= C_7^6 + C_7^5 = C_{7+1}^6 = C_8^6 = \text{右边，证毕}.$$

例 8　从 0、2、4、6 中任取 3 个数，从 1、3、5、7 中任取 2 个数，共能组成多少个无重复数字且大于 65 000 的五位数?

解　无重复数字且大于 65 000 的五位数可分为：$7 \times \times \times$、$65 \times \times \times$、$67 \times \times \times$ 三类;

在 $7 \times \times \times$ 这一类里，按题设应该考虑从 0、2、4、6 中任取 3 个数，从 1、3、5 中任取 1 个数，再将取出的 4 个数全排列，所以这一类的个数应为

$$N_1 = C_4^3 C_3^1 P_4 = 4 \times 3 \times 4! = 288;$$

在 $65 \times \times \times$ 这一类里，按题设应该考虑从 0、2、4 中任取 2 个数，从 1、3、7 中任取 1 个数，再将取出的 3 个数全排列，所以这一类数的个数应为

$$N_2 = C_3^2 C_3^1 P_3 = 3 \times 3 \times 3! = 54;$$

在 $67 \times \times \times$ 这一类里，按题设应该考虑从 0、2、4 中任取 2 个数，从 1、3、5 中任取 1 个数，再将取出的 3 个数全排列，所以这一类数的个数应为

$$N_3 = C_3^2 C_3^1 P_3 = 3 \times 3 \times 3! = 54;$$

根据加法原理，无重复数字且大于 65 000 的五位数的个数应为

$$N = N_1 + N_2 + N_3 = 288 + 54 + 54 = 396(\text{个}).$$

习题 2.3

1. 计算下列组合数.

(1) C_{12}^3;　　　(2) C_{59}^4.

2. 如果 16 个人每两人之间相互通一次电话,一共需通多少次电话?

3. 从 8 件正品和 3 件次品中任取 4 件,恰好有 2 件正品和 2 件次品的取法有多少种?

4. 从 8 件正品和 3 件次品中任取 4 件,至少有 2 件次品的取法有多少种?

5. 利用计算器计算 C_{15}^9 的值.

6. 利用组合的性质计算 C_{59}^{55}.

7. 利用组合的性质证明:$C_n^{m+1} + C_n^{m-1} + 2C_n^m = C_{n+2}^{m+1}$.

8. 用数字 1、2、3、4、5 能组成多少个比 34 521 大的、没有重复数字的五位数?

2.4　二项式定理

2.4.1　二项式定理

$$(a+b)^3 = (a+b)(a+b)(a+b) = aaa + (aab + aba + baa) + (abb + bab + bba) + bbb$$
$$= a^3 + 3a^2b + 3ab^2 + b^3$$

观察上式右端的四项,都是先从三个只含有 a、b 两项的相同括号 $(a+b)$、$(a+b)$、$(a+b)$ 中分别任取一项,然后把它们相乘,最后再合并同类项而得到的;其系数规律为:

a^3 的系数等于:在三个括号中,全不取 b 的组合数:$C_3^0 = 1$

a^2b 的系数等于:在三个括号中,有一个取 b 的组合数:$C_3^1 = 3$

ab^2 的系数等于:在三个括号中,有二个取 b 的组合数:$C_3^2 = 3$

b^3 的系数等于:在三个括号中,全取 b 的组合数:$C_3^3 = 1$

从而可将 $(a+b)^3$ 按组合系数规律展开成:$(a+b)^3 = C_3^0 a^3 + C_3^1 a^2 b + C_3^2 ab^2 + C_3^3 b^3$;

一般地,可将 $(a+b)^n$ 按组合系数规律写成:

$$\boxed{(a+b)^n = C_n^0 a^n + C_n^1 a^{n-1}b + \cdots + C_n^r a^{n-r}b^r + \cdots + C_n^n b^n} \tag{2-11}$$

式 $(2-11)$ 称为二项式定理,其左端称为二项式,右端($n+1$ 项之和式)称为二项展开式.

例 1　按二项式定理写出 $(a+b)^6$ 的展开式.

解　$(a+b)^6 = C_6^0 a^6 + C_6^1 a^5 b + C_6^2 a^4 b^2 + C_6^3 a^3 b^3 + C_6^4 a^2 b^4 + C_6^5 a^1 b^5 + C_6^6 b^6$.

例 2　按二项式定理展开 $(2x-3y)^5$.

解　$(2x-3y)^5 = C_5^0 (2x)^5 + C_5^1 (2x)^4 (-3y) + C_5^2 (2x)^3 (-3y)^2 + C_5^3 (2x)^2 (-3y)^3$
$$+ C_5^4 (2x)(-3y)^4 + C_5^5 (-3y)^5$$
$$= 32x^5 - 240x^4 y + 720x^3 y^2 - 1\,080x^2 y^3 + 810xy^4 - 243y^5.$$

2.4.2　二项式定理的性质

1. 展开式有 $n+1$ 项.

2. 从左往右看,a 的指数从 n 逐一递减到 0,b 的指数从 0 逐一递增到 n,并且每一项中的各个指数相加均为 n;

3. 展开式中各项的组合系数(不含 a 和 b 本身的常数因子)自左至右对称相等.

4. 我们把展开式中第 $r+1$ 项记作 T_{r+1},得

$$\boxed{T_{r+1} = C_n^r a^{n-r} b^r} \tag{2-12}$$

式 $(2-12)$ 叫做二项式定理展开式的通项公式. 许多关于二项式定理的问题都可以依靠

它来求解．

例3　求 $(2+x)^{10}$ 的展开式的第5项．

解　因为求展开式的第5项，所以 $r+1=5$，即 $r=4$；另外显然有：$a=2,b=x,n=10$，将上述值代入通项公式　$T_{r+1}=C_n^r a^{n-r}b^r$

得　　　　 $T_{4+1}=C_{10}^4 2^{10-4}x^4=\dfrac{10\times9\times8\times7}{4\times3\times2\times1}\times2^6x^4=210\times2^6x^4=13\ 440x^4.$

例4　求 $\left(\sqrt[3]{a}-\dfrac{1}{\sqrt{a}}\right)^{15}$ 的展开式中不含 a 的项．

解　设展开式里的不含 a 的项是第 $r+1$ 项；因为 $\sqrt[3]{a}=a^{\frac{1}{3}}$，$-\dfrac{1}{\sqrt{a}}=-a^{-\frac{1}{2}}$，

所以 $T_{r+1}=C_{15}^r(a^{\frac{1}{3}})^{15-r}(-a^{-\frac{1}{2}})^r=(-1)^r C_{15}^r a^{\frac{15-r}{3}}a^{-\frac{r}{2}}=(-1)^r C_{15}^r a^{\frac{15-r}{3}-\frac{r}{2}}$

因为展开式的项里不含 a，所以 $\dfrac{15-r}{3}-\dfrac{r}{2}=0$，解此方程，得 $r=6$；

故展开式里的不含 a 的项是

$$T_{6+1}=(-1)^6 C_{15}^6=\dfrac{15\times14\times13\times12\times11\times10}{6\times5\times4\times3\times2\times1}=5\ 005.$$

例5　已知 $\left(a+\dfrac{1}{a}\right)^n$ 的展开式中，第4项的系数与第5项的系数之比为 $1:2$，求 n．

解　由 $T_{3+1}=C_n^3 a^{n-3}(a^{-1})^3$；　　　$T_{4+1}=C_n^4 a^{n-4}(a^{-1})^4$；

可知，第4项的系数是 C_n^3，第5项的系数是 C_n^4，按题设条件，得：

$$\dfrac{C_n^3}{C_n^4}=\dfrac{n!}{3!\ (n-3)!}\ \dfrac{4!\ (n-4)!}{n!}=\dfrac{4}{n-3}=\dfrac{1}{2}$$

解方程 $\dfrac{4}{n-3}=\dfrac{1}{2}$，得 $n=11$，即本题所求 $n=11$．

习题2.4

1. 按二项式定理写出 $(a+b)^5$ 的展开式．

2. 求 $(3+x)^{11}$ 的展开式的第6项．

3. 按二项式定理展开 $(-2x+3y)^6$．

4. 求 $\left(x^2-\dfrac{1}{x}\right)^{12}$ 展开式中的不含 x 的项．

5. 设 $\left(\sqrt{x}+\dfrac{1}{\sqrt[3]{x^2}}\right)^n$ 展开式中第5项与第3项的系数比是 $7:2$，求展开式中含 x 的项．

本章主要内容是研究两个基本原理、排列、组合、二项式定理．

1. 两个基本原理

加法原理：如果完成一件事情有 k 类方式．第一类方式中有 n_1 种方法，第二类方式中有

n_2 种方法,$\cdots$,第 k 类方式中有 n_k 种方法. 任选一种方式,这件事便可完成;那么完成这件事共有 $N = n_1 + n_2 + \cdots + n_k$ 种不同的方法.

乘法原理:如果完成一件事情要经过 k 个步骤. 完成第一个步骤有 n_1 种方法,完成第二个步骤有 n_2 种方法,$\cdots$,完成第 k 个步骤有 n_k 种方法. 在依次完成这 k 个步骤后,这件事才能完成;那么完成这件事共有 $N = n_1 \times n_2 \times \cdots \times n_k$ 种不同的方法.

2. 排列的定义

从 n 个不同的元素中,任取 m 个($m \le n$)不同元素,按照一定的顺序排成一列,叫做从 n 个不同的元素中取出 m 个元素的一个排列.

根据定义中"从 n 个不同的元素中取出 m 个元素"的要求,m 不可能大于 n.

根据定义可知:m 个元素的一个排列与这 m 个元素的顺序有关!

当 $m < n$ 时所得的排列叫做选排列;

当 $m = n$ 时所得的排列叫做全排列.

选排列计算公式为 $P_n^m = n \times (n-1) \times (n-2) \times \cdots \times (n-m+1)$;

全排列计算公式为 $P_n = n \times (n-1) \times (n-2) \times \cdots \times 3 \times 2 \times 1 = n!$ ("$n!$"读作 n 的阶乘).

元素可重复选取的排列叫做可重复排列!

3. 组合的定义

从 n 个不同的元素中,任取 m 个($m \le n$)不同元素,不管顺序合并成组,叫做从 n 个不同的元素中取出 m 个元素的一个组合.

根据定义可知:m 个元素的一个组合与这 m 个元素的顺序无关!

组合种数计算公式为 $C_n^m = \dfrac{P_n^m}{P_m}$;

组合的两个性质:

性质1　$C_n^m = C_n^{n-m}$;　　　　性质2　$C_n^m + C_n^{m-1} = C_{n+1}^m$.

4. 一般地,可将 $(a+b)^n$ 按组合系数规律写成:

$$(a+b)^n = C_n^0 a^n + C_n^1 a^{n-1} b + \cdots + C_n^r a^{n-r} b^r + \cdots + C_n^n b^n;$$

上式称为二项式定理,其左端称为二项式,右端($n+1$ 项之和式)称为二项展开式.

我们把展开式中第 $r+1$ 项记作 T_{r+1},即得二项展开式的通项公式:$T_{r+1} = C_n^r a^{n-r} b^r$.

复习题二

1. 判断题.

(1)从 1、2、3、4 四个数中任取两个,可以组成 P_4^2 个不同的和数. 　　　　(　　)

(2)3 本不同的书分给甲、乙、丙 3 人,共有 $C_3^1 C_2^1 C_1^1$ 种不同的方法. 　　　　(　　)

(3)某地区电话号码是 8 位数,那么以 2456 为局号的电话最多可以安装 10^4 门. (　　)

(4)$(x-y)^8$ 展开式中第五项是 $-C_8^5 x^3 y^5$. 　　　　(　　)

2. 选择题.

(1)从 52 张扑克牌中选取点数为 2、4、6、8 的牌各一张,共有不同选法(　　　　).

(A)16 种　　　(B)18 种　　　(C)24 种　　　(D)256 种

(2)一个火车站有 8 股岔道,现准备停放 4 列火车,不同的停放种数是(　　　　).

(A)8　　(B)1 680　　(C)4　　(D)4 096

(3)10 个人平均分成两队进行篮球比赛,不同的分法有(　　).

(A)C_{10}^5　　(B)P_{10}^5　　(C)$\frac{1}{2}C_{10}^5$　　(D)$\frac{1}{2}P_{10}^5$

(4)现有三名插班生准备编入三个班中,不同的安排方法为(　　).

(A)P_3 种　　(B)C_3^3 种　　(C)3×3 种　　(D)3^3 种

(5)$\left(-\frac{a}{\sqrt{x}}+\frac{\sqrt{x}}{a^2}\right)^7$ 展开式的第三项是(　　).

(A)$-21a\frac{\sqrt{x}}{x^2}$　　(B)$21a\frac{\sqrt{x}}{x^2}$　　(C)$21a^{-3}x^{\frac{3}{2}}$　　(D)$21a^8x^{\frac{3}{2}}$

(6)$\left(\sqrt[3]{a}-\frac{\sqrt{2}}{4a}\right)^8$ 展开式中的常数项是(　　).

(A)$-\frac{7}{2}$　　(B)$\frac{7}{2}$　　(C)$-\frac{5}{2}$　　(D)$\frac{5}{2}$

3. 填空题.

(1)$C_n^1+C_n^2+C_n^3+\cdots+C_n^{n-1}=$ _____ .

(2)用 1、4、7、3、6 这 5 个数字可以组成_____个没有重复数字又能被 2 整除的三位数.

(3)6 个人站成一排照相,其中有 3 人必须相邻,有_____种不同站法.

(4)一个袋内装有 15 个球,其中有红球 6 个,白球 5 个,黑球 4 个,从中任取 4 个,那么至少有 3 个黑球的取法有_____种.

(5)6 名同学参加义务植树,分配 3 人挖坑,2 人栽树,1 人浇水,共有_____种不同的分配方法.

4. 解答题.

(1)从 1~9 这九个数字中选出两个奇数、两个偶数,可以组成多少个没有重复数字的四位数?

(2)某灾区现有 8 车救灾物资,求①如果分给 4 个受灾乡,每乡两车,有多少种分法?②如果 2 车编为一组,分成 4 组运往某重灾区,有多少种编法?

(3)由 0、1、2、3、4、5 六个数字可以组成多少大于 240 000 而没有重复数字的六位数?

(4)求 $\left(2a-\frac{1}{a^2}\right)^8$ 展开式中含有 $\frac{1}{a}$ 的项.

＊第3章

概 率 论

 学习目标

1. 掌握随机事件及相关概念,随机事件的关系和运算,掌握古典概率的公式及性质. 不要求做较难的古典概率习题. 掌握概率的加法公式.

2. 掌握条件概率、乘法公式、事件的独立性,了解全概率公式和贝叶斯公式,掌握独立重复试验概型.

概率论是研究大量随机事件规律性的一门学说. 它的作用是帮助人们发现并掌握随机事件的规律性. 它以排列组合、集合论为基础. 本章将介绍概率论中最基本的知识. 学习时首先要弄清什么叫随机事件进而研究概率论.

3.1 随机事件及随机事件的概率

3.1.1 试 验

对自然现象或社会现象的观察或科学实验称之为试验. 如(1)观察中午12点钟的气温;(2)观察某人射击的情况;(3)观察某人掷硬币的情况;(4)观察自由落体运动等都叫做试验. 我们所观注的是随机试验,即在相同的条件下可以重复进行,每次试验结果事先不可预言. 如上述(1)至(3)都是随机试验,(4)不是.

3.1.2 事件及分类

事件即试验的每一个可能结果. 如掷硬币"正面向上",又如某人射击"击中9环"等都是事件. 事件分为三类:

第一类:在一定的条件下,必然出现的现象,叫必然事件. 用 U 或 Ω 表示. 如"同性磁铁相斥""太阳从东边出""抛硬币两面至少出现一面"等都是必然事件.

第二类:在一定的条件下,必然不出现的现象,叫做不可能事件. 用 $\varnothing$ 表示. 如"异性磁铁相斥""太阳从西边出""抛硬币两面都不出现"等是不可能事件.

第三类:在一定的条件下,可能出现也可能不出现的现象,叫做随机事件. 用 A、B、C 等表示. 如"抛硬币正面向上""抽彩票抽到特等奖""打靶击中十环""打靶至少击中八环"等都是随机事件.

3.1.3 基本事件、复合事件、基本事件空间

基本事件即不能再分的事件,复合事件即由若个基本事件所组成的事件. 基本事件空间

即由一次随机试验的全部基本事件组成的集合,常用 Ω 表示.

例1 某考生考大学考了6门课程,数学、物理、化学、语文、英语、体育. 试写出该问题的基本事件空间并指出下列事件哪些是复合事件.(1)数、理、化三门及格.(2)数学不及格而其他各门都及格.(3)物理及格.

解 因为一次试验是观察各门课的及格情况,所以基本事件空间是 $\Omega = \{$数学及格、物理及格、化学及格、语文及格、英语及格、体育及格、数学不及格、物理不及格、化学不及格、语文不及格、英语不及格、体育不及格$\}$

(1)和(2)都是复合事件,(3)是基本事件.

注:Ω 中含有12个基本事件.(1)由3个基本事件组成是复合事件.(2)由6个基本事件组成也是复合事件.

3.1.4 事件的关系与运算

这一内容与集合相应内容完全类似.

1. 包含关系 事件 A 发生必然导致事件 B 发生则称事件 B 包含事件 A 或称 A 包含于 B,记 $B \supset A$ 或 $A \subset B$.

2. 相等关系 如 $A \subset B$ 且 $B \subset A$ 则称 $A = B$ 它表示两个事件在本质上相同.

3. 事件的和 事件 A 和 B 至少发生一个称为事件 A 和事件 B 的和.记 $A + B$.

类似地"n 个事件 $A_1, A_2, \cdots, A_n$ 中至少一个发生"记为 $\sum_{i=1}^{n} A_i$,即 $\sum_{i=1}^{n} A_i = A_1 + A_2 + \cdots + A_n$.

亦即 $\sum_{i=1}^{n} A_i =$ "n 个事件 $A_1, A_2, \cdots, A_n$ 中至少一个发生".

显然有:$A \subset A + B, B \subset A + B, A + A = A, A + \Omega = \Omega, A + \varnothing = A$.

4. 事件的积 事件 A 与事件 B 同时发生这一件事件,称为事件 A 和 B 的积.记作 AB. 类似地 n 个事件 $A_1, A_2 \cdots A_n$ 同时发生记为 $\bigcap_{i=1}^{n} A_i$ 即 $\bigcap_{i=1}^{n} A_i = A_1 A_2 \cdots A_n =$ "n 个事件 $A_1, A_2, \cdots, A_n$ 同时发生".

显然 $AB \subset A, AB \subset B, AA = A, A\Omega = A, A\varnothing = \varnothing$.

5. 互斥关系 若事件 A 和 B 不能同时发生,则说 A 与 B 互斥,记 $AB = \varnothing$ 或称 A 与 B 互不相容. 所谓 n 个事件互不相容是指其中任意两个事件都是互不相容的.

6. 事件的差 事件 A 发生而事件 B 不发生这一事件,称为事件 A 与事件 B 的差,记作 $A - B$.

7. 对立事件 如果两个事件 A 和事件 B 满足:$A + B = \Omega, AB = \varnothing$,则称 A 和 B 互为对立事件. 记 A 的对立事件为 $\bar{A}$.

显然(1) $\bar{\bar{A}} = A$;(2) $A - B = A\bar{B}$;(3) $\bar{A} = \Omega - A$.

不难验证事件有以下运算规律:

交换律 $A + B = B + A$ $AB = BA$

结合律 $A + (B + C) = (A + B) + C$ $(AB)C = A(BC)$

分配律 $A(B + C) = AB + AC$

对偶律 $\overline{A + B} = \bar{A}\bar{B}$ $\overline{AB} = \bar{A} + \bar{B}$

例2 检查某圆柱型产品时要求它的长度和直径都合格时才算合格. 令 $A = \{$长度合

格},$B = \{直径合格\}$,$C = \{产品合格\}$,试问下列式子是什么意思? 哪些成立?

(1) $AB \subset C$;　　　(2) $\overline{A} + \overline{B} = \overline{C}$;　　　(3) $\overline{A} \subset \overline{C}$;　　　(4) $C = AB$.

解 (1)长度和直径都合格产品才合格. 正确.

(2)长度和直径至少有一项不合格,该产品就不合格,反之不合格产品意味着长度和直径至少有一样不合格. 正确.

(3)长度不合格时该产品就不合格了. 正确.

(4)产品合格即该产品的长度和直径都合格. 反之亦然. 正确.

例3 三个同学同时解一道题. 试用事件的运算表示下列过程:

(1)至少有一个同学解出该题.

(2)只有一个同学解出该题.

(3)三个同学同时解出该题.

(4)没有人解出该题.

解 设 $A = \{甲同学解出该题\}$,$B = \{乙同学解出该题\}$,$C = \{丙同学解出该题\}$,依题意得:(1)至少有一个同学解出该题 $= A + B + C$.

(2)只有一个同学解出该题 $= \overline{A} B C + A \overline{B} \, \overline{C} + A \overline{B} \, \overline{C}$.

(3)三个同学同时解出该题 $= ABC$.

(4)没有人解出该题 $= \overline{A} \, \overline{B} \, \overline{C} = \overline{A + B + C}$.

3.1.5 随机事件的概率、古典概率

历史上很多研究概率论的科学家做过硬币的试验,重复地抛一枚硬币观察其结果可以发现,随着次数的增多,"出现正面"的次数约占整个抛硬币次数的一半,即我们可以认为,抛一枚硬币"出现正面"这一事件的概率为 0.5,这个数体现了"出现正面"这一事件发生可能性的大小. 实际上概率就是反映随机事件 A 在一次试验中发生可能性大小的这样一个数. 如果我们通过做大量重复试验来确定概率的大小,一方面它是一个估计值,另一方面在很多情况下试验是不合算的,如一些破坏性的试验,要浪费很多人力和物力. 如果我们想不需要进行大量重复试验就能精确地求出事件 A 发生的概率,可用下面的古典概型解决.

概率的古典定义:如果事件 A 满足两个条件(1)观察的对象基本事件空间中所含基本事件数有限.(2)每一个基本事件发生的可能性相同. 则事件 A 发生的概率为

$$P(A) = \frac{事件 A 包含的基本事件数}{基本事件空间所含基本事件总数} = \frac{m}{n} \qquad (3-1)$$

由定义可知:(1)对任意事件 A,$0 \leqslant P(A) \leqslant 1$;

(2) $P(\Omega) = 1$;

(3) $P(\varnothing) = 0$.

例4 单位新建一栋住宅楼有 7 层楼 4 个单元,每个单元 3 套房,第一个单元分别编号为 1101、1102、1103,1201,1202,1203,$\cdots$,1701,1702,1703,现有 21 位想入住第一单元的职工抽号,求(1)第一位抽号的职工抽到三层楼的概率.(2)第一位职工抽尾数是 3 的概率.(3)第一位职工抽到 1301 号的概率.

解 "到第一单元抽号",因为第一单元共有 21 户,所以基本事件总数为 21,即 $n = 21$. 设 A、B、C 分别表示一单元三层楼、尾数为 3 的住房、1301 号住房. 则

$m_A = 3, m_B = 7, m_C = 1$,由公式$(3-1)$知所求概率分别为：

$$P(A) = \frac{3}{21}, P(B) = \frac{7}{21}, P(C) = \frac{1}{21}.$$

例 5　掷一枚正六面体的骰子,试问(1)出现 1 点的概率是多少？(2)出现的点数大于 3 的概率是多少？(3)出现的点数小于 1 的概率是多少？

解　"掷一枚骰子",可能出现点数 1、2、3、4、5、6,可知基本事件空间所含基本事件总数为 6,即 $n = 6$.

设 $A = \{$出现 1 点$\}$,$B = \{$出现的点数大于 3$\}$,$C = \{$出现的点数小于 1$\}$,所以

$$m_A = 1, m_B = 3, m_C = 0.$$

根据式$(3-1)$有

(1) $P(A) = \frac{1}{6}$;　　　(2) $P(B) = \frac{3}{6} = 0.5$;　　　(3) $P(C) = 0.$

例 6　100 件产品中有 5 件次品,从中任取 3 件,试求(1)取出的 3 件都是次品的概率.(2)取出的 3 件中有 2 件是正品的概率.(3)至少有一件次品的概率.

解　从 100 件产品中任取 3 件,共有 C_{100}^3 种取法,所以基本事件空间所含基本事件总数为 C_{100}^3,即 $n = C_{100}^3$.

(1)设 $A = \{$取出的 3 件都是次品$\}$,因为在 100 件产品中有 5 件次品,所以取到 3 件次品数为 C_5^3,即 $m_A = C_5^3$. 因此　$P(A) = \frac{C_5^3}{C_{100}^3} = \frac{10}{161\ 700} = \frac{1}{16\ 170}$;

(2)设 $B = \{$取出的 3 件中有 2 件是正品$\}$,所以取到 2 件正品和 1 件次品数为 $C_{95}^2 \cdot C_5^1$,即 $m_B = C_{95}^2 \cdot C_5^1$. 因此 $P(B) = \frac{C_{95}^2 C_5^1}{C_{100}^3} = \frac{22\ 325}{161\ 700} = \frac{893}{6\ 468} \approx 0.138$;

(3)设 $C = \{$至少有一件次品$\}$,所以 $P(C) = \frac{C_5^1 C_{95}^2 + C_5^2 C_{95}^1 + C_5^3}{C_{100}^3} \approx 0.144.$

习题 3.1

1. 考查某学生的成绩,要求数学、语文、英语三门成绩及格才算合格. 现令 $A = \{$数学及格$\}$;$B = \{$语文及格$\}$;$C = \{$英语及格$\}$;$H = \{$成绩合格$\}$. 试说明下列式子的意义并指出其对错.

(1) $ABC \subset H$;　　　(2) $\overline{A} \subset \overline{H}$;　　　(3) $\overline{A} + \overline{B} + \overline{C} = \overline{H}$;　　　(4) $ABC = \varnothing$.

2. 口袋中有 10 个小球分别编有 1 至 10 个号码,从中任取一个球. 令 $A_i (i = 1, 2, \cdots, 10)$ 表示取出的球号分别 1 至 10,(1)试写出该问题基本事件空间 Ω;(2)取出的球号大于 7;(3)取出的球号小于 15;(4)取出的球号小于 0;(5)指出该问题中哪些是基本事件,哪些是复合事件? 哪些是随机事件? 哪些是不可能事件和必然事件?

3. 三名警察同时向一名正在杀人的罪犯射击,试用事件的运算表示下列事件.

(1)至少有一名警察击中该罪犯.

(2)只有一名警察击中该罪犯.

(3)三名警察同时击中该罪犯.

(4)没有人击中该罪犯.

4. 判断下列说法对与错.

(1)事件即试验的每一个可能结果.(　　)

(2)在一定的条件下,可能出现也可能不出现的现象,叫做随机事件.(　　)

(3)基本空间即由全部基本事件组成的集合.(　　)

5. 抛两枚正六面体的骰子,试问(1)出现两个3点的概率是多少? (2)出现的点数之和为6的概率是多少? (3)出现的点数之和小于1的概率是多少?

6. 100件产品中有6件次品,从中任取3件,试求(1)取出的3件都是次品的概率;(2)取出的3件中有2件是正品的概率;(3)至少有一件次品的概率.

7. 一组同学9人任意站成一列,求(1)某4位同学站在一起的概率. (2)如果4位同学只能站在前面,求4位同学站在一起的概率.

8. 把一枚硬币连续抛3次,试求(1)3次都出现字的概率;(2)恰有1次出现字的概率.

3.2　概率的加法公式

3.2.1　互不相容事件的加法公式

先看一个简单的例子. 把编有1到9号不同数字的9个小球放入口袋,从中任取一个,求(1)取到的小球号为1的概率;(2)求取得的球号小于3的概率;(3)求取得的球号小于6的概率.

解 (1) $P = \dfrac{1}{9}$; 　　　(2) $P = \dfrac{1}{9} + \dfrac{1}{9} = \dfrac{2}{9}$; 　　　(3) $P = \dfrac{1}{9} + \dfrac{1}{9} + \dfrac{1}{9} + \dfrac{1}{9} + \dfrac{1}{9} = \dfrac{5}{9}$.

此例告诉了我们概率的加法公式

设事件 A 和事件 B 互不相容,则

$$P(A + B) = P(A) + P(B) \qquad (3-2)$$

特殊地若 $\overline{A}$ 是 A 的对立事件,则有

$$P(\overline{A}) = 1 - P(A) \qquad (3-3)$$

这是因为 $\overline{A} + A = \Omega, \overline{A}A = \varnothing$,所以 $P(\overline{A} + A) = P(\overline{A}) + P(A) = P(\Omega) = 1$.

推广　设 n 个两两互不相容的事件 $A_1, A_2, \cdots, A_n$,则

$$P(A_1 + A_2 + \cdots + A_n) = P(A_1) + P(A_2) + \cdots + P(A_n) \qquad (3-4)$$

例1　中国某大学一年级学生男生中,能与外国人对话讲英语的学生占5%,女生中能与外国人对话讲英语的学生有10%,现从该校任取一名学生,求该名学生能与外国人对英语的概率?

解　设 $A = \{$男生能与外国人英语对话$\}$, $B = \{$女生能与外国人英语对话$\}$, $C = \{$该名学生能与外国人英语对话$\}$. 显然 A 与 B 互不相容,且 $C = A + B$.

有　　　　　　$P(C) = P(A + B) = P(A) + P(B) = 5\% + 10\% = 15\%$.

例2　工厂一般把产品分为一等品,二等品和三等品,一、二等品为合格品,三等品为不合格品,现设某产品的一、二等品率分别为0.65与0.3,试求该产品的合格品率和不合格品率.

解　设 $A_1 = \{$一等品$\}$, $A_2 = \{$二等品$\}$, $A = \{$合格品$\}$,则 A_1 和 A_2 互不相容,且 $A = A_1 + A_2$,

$$P(A) = P(A_1 + A_2) = P(A_1) + P(A_2) = 0.65 + 0.30 = 0.95.$$

$$P(\overline{A}) = 1 - P(A) = 1 - 0.95 = 0.05.$$

例3　9只乒乓球中,有3只是旧球,从中任取2只,求至少有一只为旧球和没有旧球的概率.

解　设 $A_1 = \{$恰有一只旧球$\}$，$A_2 = \{$有 2 只旧球$\}$，$A = \{$没有旧球$\}$，依题意有 $A_1 + A_2 = \{$至少有一只球为旧球$\}$，A_1 和 A_2 互不相容，则

$$P(A_1 + A_2) = P(A_1) + P(A_2) = \frac{C_3^1 C_6^1}{C_9^2} + \frac{C_3^2}{C_9^2} = \frac{7}{12},$$

$$P(A) = 1 - P(\overline{A}) = 1 - P(A_1 + A_2) = 1 - \frac{7}{12} = \frac{5}{12} 或 P(A) = \frac{C_6^2}{C_9^2} = \frac{15}{36} = \frac{5}{12}.$$

3.2.2　任意事件的加法公式

先看一个例子，设某城市订日报住户的概率为 0.5，订晚报住户的概率为 0.65，同时订这两种报纸住户的概率为 0.3，求至少订这两种报纸中的一种的住户的概率.

解　设 $A = \{$订日报的住户$\}$，$B = \{$订晚报的住户$\}$，因为 A 和 B 相容，我们自然想到应该按下列方法做：$P(A+B) = P(A) + P(B) - P(AB) = 0.5 + 0.65 - 0.3 = 0.85$.

设 A、B 为任意两个事件，则

$$\boxed{P(A+B) = P(A) + P(B) - P(AB)} \tag{3-5}$$

证明　因为 $A + B = A + B\overline{A}$　$B\overline{A} + AB = B$ 且 A 与 $B\overline{A}$，$B\overline{A}$ 与 BA 互不相容.

即 $P(B\overline{A}) + P(BA) = P(B)$，$P(B\overline{A}) = P(B) - P(AB)$，所以

$$P(A+B) = P(A + B\overline{A}) = P(A) + P(B\overline{A}) = P(A) + P(B) - P(AB).$$

对于三个任意事件 A、B、C 我们有

$$\boxed{P(A+B+C) = P(A) + P(B) + P(C) - P(AB) - P(AC) - P(BC) + P(ABC)} \tag{3-6}$$

例 4　某大学一年级 102 班学生会使用 word 软件的学生有 50%，会使用 excel 软件的学生 46%，这两种软件至少会用其中一种的学生 30%，求这两种软件都会使用和这两种软件都不会使用的概率.

解　设 $A = \{$会使用 word 软件的学生$\}$，$B = \{$会使用 excel 软件的学生$\}$，$AB = \{$两种软件都会用的学生$\}$，$\overline{A}\,\overline{B} = \{$两种软件都不会用的学生$\}$.

由 $P(A+B) = P(A) + P(B) - P(AB)$ 得

$$P(AB) = 50\% + 46\% - 30\% = 66\%.$$

又　　　　$P(\overline{A}\,\overline{B}) = P(\overline{A+B}) = 1 - P(A+B) = 1 - 30\% = 70\%.$

习题 3.2

1. 10 把锁匙中有 3 把能开门，今取 2 把，求能打开门的概率？

2. 某社区共有 400 住户，拥有宽带网的用户占 25%，拥有拨号上网的用户 15%，试求已上网用户的百分比和未上网用户的百分比.

3. 某校教职工家庭只有 2 种电气设备占有率为 0.2，只有 3 种电气设备的家庭占有率为 0.3，只有 4 种电气设备的家庭占有率为 0.3，有 4 种以上电气设备家庭占有率为 0.12，求至少有 2 种电气设备家庭的占有率.

4. 某大学三年级学生会使用电脑的有 90%，会开汽车的学生 46%，这两种技术至少会用其中一种的学生有 85%，求这两种技术都会使用和这两技术都不会使用的概率.

5. 已知 $P(A)=0.6$, $P(B)=0.7$, $P(A+B)=0.9$, 求 $P(AB)$ 和 $P(\overline{A}B)$ 和 $P(A\overline{B})$.

6. 已知 $P(A)=0.5$, $P(B)=0.8$, $P(C)=0.6$, $P(AB)=0.4$, $P(AC)=0.5$, $P(BC)=0.3$, 和 $P(A+B+C)=0.8$, 求 $P(ABC)$.

7. 解放军要求每人掌握驾驶和搏斗两门技术,已知某团三个月后掌握驾驶技术战士的概率为 0.98,掌握搏斗技术战士的概率为 0.3,至少掌握这两门中一种技术的战士的概率为 0.85,求两门技术全掌握的战士的概率.

3.3 条件概率、乘法公式、事件的独立性与独立试验概型

3.3.1 条件概率

我们把在事件 A 发生的条件下,事件 B 再发生的概率称为条件概率,记作 $P(B/A)$.

当 $P(A)>0$ 时,则 $P(B/A)=P(AB)/P(A)$;

当 $P(B)>0$ 时,则 $P(A/B)=P(AB)/P(B)$.

以上公式是社会实践中总结出来的经验公式,无需证明.

例1 从 0,1,2 ,…,9 这 10 个数字任取一个. 设 $A=\{$取出的数字小于 3$\}$, $B=\{$取出的数字大于 1$\}$,求 $P(A/B)$ 和 $P(B/A)$.

解 $P(A)=\dfrac{3}{10}$, $P(B)=\dfrac{8}{10}$, $P(AB)=P($取出的数字大于 1 且小于 3$)=\dfrac{1}{10}$,

$$P(A/B)=\frac{P(AB)}{P(B)}=\frac{1/10}{8/10}=\frac{1}{8},\qquad P(B/A)=\frac{P(AB)}{P(A)}=\frac{1/10}{3/10}=\frac{1}{3}.$$

例2 一批产品中有 100 件正品和 8 件次品,现不放回地抽取两次,每次取一件,求

(1)在第一次取到次品的条件下,第二次取到次品的概率.

(2)在第一次取到正品的条件下,第二次取到次品的概率.

解一 设 $A=\{$第一次取到次品$\}$, $\overline{A}=\{$第一次取正品$\}$, $B=\{$第二次取到次品$\}$,那么

$$P(B/A)=\frac{P(AB)}{P(A)}=\frac{\frac{8\cdot7}{100\cdot99}}{\frac{8}{100}}=\frac{7}{99},\qquad P\left(B/\overline{A}\right)=\frac{P(\overline{A}B)}{P(\overline{A})}=\frac{\frac{92\cdot8}{100\cdot99}}{\frac{92}{100}}=\frac{8}{99}.$$

解二 依题意直接用古典概率公式分别可得

$$P(B/A)=\frac{7}{99},\qquad P\left(B/\overline{A}\right)=\frac{8}{99}.$$

由此可见,求条件概率有两种方法,一是直接用公式,二是从意义上按古典概率定义算.

3.3.2 乘法公式

由条件概率公式可得(1) $P(A)>0$ 时, $P(AB)=P(A)P(B/A)$.

(2) $P(B)>0$ 时, $P(AB)=P(B)P(A/B)$.

我们不难把乘法公式推广到三个事件相乘情况有

$$P(ABC)=P(A)P(B/A)P(C/AB).$$

例3 设某地区刮大风的概率为 0.3,在刮大风的条件下,下大雨的概率为 0.4,求既刮大风又下大雨的概率.

解 设 $A=\{$刮大风$\}$, $B=\{$下大雨$\}$, $AB=\{$既刮大风又下大雨$\}$,

由乘法公式得 $P(AB) = P(A)P(B/A) = 0.3 \times 0.4 = 0.12$.

例 4　已知某班学生成绩合格率为 0.95, 在合格学生中成绩优秀率为 0.3, 现从该班学生中任取一名同学, 求该同学为优秀的概率.

解　令 $A = \{$学生成绩合格$\}$, $B = \{$学生成绩优秀$\}$, $AB = \{$学生成绩优秀$\}$. 因为事件 A 包含 B 有 $AB = B$, 所以有

$$P(B) = P(AB) = P(A)P(B/A) = 0.95 \times 0.3 = 0.285.$$

3.3.3　事件的独立性

1. 两个事件的独立性

若 $P(B/A) = P(B)$ 或 $P(A/B) = P(A)$ 则称事件 A 与事件 B 独立.

注意: 事件的独立性无需按定义判定, 在实际中都是按经验判断, 如有放回取样, 重复射击等. 下面独立性的有关等价性质比较容易理解, 我们只证明前面部分, 类似结论读者自证.

事件 A 与事件 B 独立 $\Leftrightarrow P(AB) = P(A)P(B) \Leftrightarrow A$ 与 $\bar{B}$, $\bar{A}$ 与 B, $\bar{A}$ 与 $\bar{B}$ 相互独立.

证明　若事件 A 和 B 中有一个事件的概率为 0, 则显然有 $P(AB) = P(B)P(A)$, 不妨设 $P(A) > 0$, 事件 A 和事件 B 独立, 有 $P(B/A) = P(B)$ 或 $P(A/B) = P(A)$, 当然有 $P(AB) = P(A)P(B)$, 反之 $P(A) > 0$ 时, $P(AB) = P(A)P(B)$

另一方面有乘法公式 $P(AB) = P(A)P(B/A)$ 所以 $P(B/A) = P(B)$. 即事件 A 和事件 B 独立;

又
$$
\begin{aligned}
P(A\bar{B}) &= P(A - B) = P(A) - P(AB) \\
&= P(A) - P(A)P(B) \\
&= P(A)[1 - P(B)] \\
&= P(A)P(\bar{B}).
\end{aligned}
$$

同理可证定理的其他部分.

例 5　两人同时解一道数学题, 甲解出的概率为 0.8, 乙解出的概率为 0.7, 求

(1) 两人同时解出这道题的概率.

(2) 题目被解出的概率.

(3) 两人恰有一人解出的概率.

解　设 $A = \{$甲解出该题$\}$, $B = \{$乙解出该题$\}$, 显然 A 与 B 独立, 所以

(1) $P(AB) = P(A)P(B) = 0.8 \times 0.7 = 0.56$.

(2) $P(A + B) = P(A) + P(B) - P(AB) = P(A) + P(B) - P(A)P(B)$
$\qquad = 0.8 + 0.7 - 0.56 = 0.94$.

(3) $P(A\bar{B} + \bar{A}B) = P(A)P(\bar{B}) + P(\bar{A})P(B) = 0.8 \times 0.3 + 0.2 \times 0.7 = 0.38$.

2. n 个事件的独立性定义

如果事 $A_1, A_2, \cdots, A_n$ 中任一事件的发生, 都不受其他因素的影响, 即对一切 $1 \leqslant i < j < k < \cdots \leqslant n$ 都有

$$P(A_i A_j) = P(A_i)P(A_j)$$
$$P(A_i A_j A_k) = P(A_i)P(A_j)P(A_k)$$
$$\cdots$$
$$P(A_1 A_2 \cdots A_n) = P(A_1)P(A_2) \cdots P(A_n)$$

则称 $A_1 A_2, \cdots, A_n$ 相互独立.

例6 3 个篮球队员投篮的命中率分别为 0.8, 0.9, 0.8,在一次测验中求

(1)他们都投中的概率.   (2)求他们至少有一人投中的概率.

解 设 A_1, A_2, A_3 分别表示甲、乙、丙三人投篮的命中,显然依 A_1, A_2, A_3 相互独立,依题意得

(1) $P(A_1 A_2 A_3) = P(A_1) P(A_2) P(A_3) = 0.8 \times 0.9 \times 0.8 = 0.576.$

(2) $P(A_1 + A_2 + A_3) = 1 - P \overline{(A_1 + A_2 + A_3)} = 1 - P(\overline{A_1} \overline{A_2} \overline{A_3})$

$$= 1 - 0.2 \times 0.1 \times 0.2 = 1 - 0.004 = 0.996.$$

3.3.4 独立重复试验

例7 掷一枚匀称的分币,独立重复掷五次,求其中恰有两次正面朝上的概率.

解 独立掷五次,每次都有两种结果,故所含基本事件总数为 $2^5 = 32$.

设 $A = \{$重复掷五次恰有两次正面向上$\}$,则 A 中所含基本事件数为 C_5^2.

则 $P(A) = \dfrac{C_5^2}{2^5} = C_5^3 \left(\dfrac{1}{2}\right)^2 \left(1 - \dfrac{1}{2}\right)^3 = C_5^3 (P)^2 (1-P)^3.$

写成后面的形式便于从该例发现规律,我们知道掷一次硬币出现正面的概率为 $p = \dfrac{1}{2}$,两次出现正面正好是 p 的 2 次方,出现反面的概率是 $1 - p = \dfrac{1}{2}$,三次出现反面,正好是 $(1-p)$ 的 3 次方.

一般来讲若试验是如例所示类似的重复独立试验且事件 A 发生的概率为 $p(0 < p < 1)$,则在 n 次重复独立试验中,

$$P(事件 A 恰好发生 k 次) = C_n^k p^k (1-p)^{n-k} (k = 0, 1, 2, \cdots, n).$$

注意 重复独立试验必须满足两点:

(1)每次试验的条件相同,试验的结果个数只有两种可能:A 或 $\overline{A}$,而且 $P(A) = p$,$P(\overline{A}) = 1 - p$.

(2)每次试验的结果与其他各次结果互不相干.

例7 某武术学校会南拳的学生的比率为 60%,现从中任取 6 名学生,求这 6 名学生中恰有 1 名会南拳的概率,恰有 2 名学生会南拳的概率,恰有 3 名学生会南拳的概率和这 6 名学生无一人会南拳的概率.

解 令 A、B、C、H 表示恰有 1、2、3 学生会南拳和无一人会南拳,显然,这个问题可以看成独立事件概型,所求概率分别是

$$P(A) = C_6^1 0.6^1 0.4^5 \qquad\qquad P(B) = C_6^2 0.6^2 0.4^4$$

$$P(C) = C_6^3 0.6^3 0.4^3 \qquad\qquad P(H) = C_6^0 0.6^0 0.4^6$$

例8 设某人打靶,命中率为 0.7,现独立地重复地射击 6 次,求(1)恰好命中 2 次、3 次、4 次的概率.(2)6 次都不中的概率和至少命中一次的概率.

解 (1)设 $A_k = \{$恰好命中 k 次$\}$ $(k = 2, 3, 4)$,则

$$P(A_2) = C_6^2 0.7^2 0.3^4, \qquad P(A_3) = C_6^3 0.7^3 0.3^3, \qquad P(A_4) = C_6^4 0.7^4 0.3^2.$$

(2)设 $A = \{$至少命中一次$\}$,则 $\overline{A} = \{6$ 次都不中$\}$,$P(\overline{A}) = C_6^0 0.7^0 0.3^6 = 0.3^6.$

所以有 $P(A) = 1 - P(\overline{A}) = 1 - 0.3^6.$

习题 3.3

1. 一批产品中有 M 件正品和 N 件次品,现不放回地抽取两次,每次取一件,求

(1)在第一次取到次品的条件下,第二次取到次品的概率;

(2)在第一次取到次品的条件下,第二次取到正品的概率.

2. 两人同时对一目标射击,甲击中的概率为 0.8,乙击中的概率为 0.7,求

(1) 两人同时击中目标的概率;(2)目标被击中的概率;(3)两人恰有一人击中的概率.

3. 已知某产品的合格率为 0.9,现对其进行取样检查,从中任取 5 件,求

(1)5 件都取得合格品的概率;　　　　(2)全部取得次品的概率.

4. 某种彩电的次品率为 0.001,现从该产品中任意抽取 8 台彩电检查,求没有次品、恰有一台次品、恰有两台次品、恰有 3 台次品、恰有 4 台、5 台、6 台次品的概率.

5. 办公室有 3 台电脑,一天内需要工作人员看管的概率分别为 0.1、0.2、0.25,求在一天内不需要人看管的概率.

6. 已知某种 U 盘的次品率为 0.1%,每次任取一个 U 盘,连续抽查 3 次,求至少一次是为正品的概率.

7. 已知某校小学学生学习目地明确,思想品德优秀学生的比率为 0.90,这些学生中其他各门成绩也很优秀的比率为 0.85,现从该校学生中任取一名同学,求该同学各门成绩都很优秀的概率.

8. 大学一年级某班学生过英语四级的概率为 0.9,现从该班任取 3 人,求 3 人都过了英语四级的概率和 3 人中只有 2 人过四级的概率.

9. 已知事件 A 和 B 相互独立,且 $P(A) = 0.3$, $P(B) = 0.2$,求 $P(A + B)$、$P(A\overline{B})$ 和 $P(\overline{A}B)$.

10. 已知电脑城进一批同型号同厂家的硬盘,其次品率为 0.001,现已出售给顾客 100 只,问其中恰有 1 只硬盘为次品的概率.

11. 仓库中有 100 只同型号的手机,分别编有 001,002,…,100 个不同的号,从中任取一只,设 A = 取得的手机号大于 69, B = 取得的手机号小于 89,试求 $P(A)$、$P(B)$、$P(AB)$、$P(A/B)$、$P(B/A)$.

12. 南方的冬天,温度达零度的概率为 0.3,在零度时下雪的概率为 0.9,试问南方的冬天下雪的概率.

3.4　全概率公式和贝叶斯公式

有些实际问题需要把概率的加法公式和乘法公式综合一起来用,我们先看一个例子然后找出它的规律即一般解法,这就是我们要讲的全概率公式和它反过来应用即贝叶斯公式

例 1 已知某县中学甲、乙两毕业班考大学的名额分配比率分别为 55% 和 45%,甲、乙两班考上重点本科的比率分别为 5% 和 6%,现从这两班学生中任取一名学生,问取到的学生为考上重点本科的概率是多少?

解　设 A_1 = {学生来自甲班}, A_2 = {学生来自乙班}, B = {该学生考上重点本科},

依题意有

$A_1 + A_2 = \Omega, A_1 A_2 = \varnothing$, 有 $B = B\Omega = B(A_1 + A_2) = BA_1 + BA_2$ 且 BA_1 和 BA_2 互不相容, 所以

$$P(B) = P(A_1 B) + P(A_2 B) = P(A_1) P(B/A_1) + P(A_2) P(B/A_2)$$
$$= 55\% \times 5\% + 45\% \times 6\% = 5.45\%$$

从上例可以发现, 关键步骤是

$A_1 + A_2 = \Omega, A_1 A_2 = \varnothing$, 有

$B = B\Omega = B(A_1 + A_2) = BA_1 + BA_2$, 且 BA_1 和 BA_2 互不相容.

一般地有如果事件组 $A_1, A_2 \cdots A_n$ 满足

(1) $A_1, A_2 \cdots A_n$ 互不相容且 $P(A_i) > 0 (i = 1, 2, \cdots, n)$.

(2) $A_1 + A_2 + \cdots + A_n = \Omega.$

则对于任意一事件 B, 有 $B = B\Omega = B(A_1 + A_2 + \cdots + A_n) = BA_1 + BA_2 + \cdots + BA_n.$

$$P(B) = P(A_1 B) + P(A_2 B) + \cdots + P(A_n B)$$
$$= P(A_1) P(B/A_1) + P(A_2) P(B/A_2) + \cdots + P(A_n) P(B/A_n)$$

这个公式称为全概率公式.

例 2 2007 年某大型企业新职员的 30%, 40% 和 30% 分别从中南大学, 天津大学, 南华大学招聘而来, 已知新招这三所大学的学生职员思想品德特别好的学生的比率为 8%、10%、7%, 现从中任意找一名职员, (1) 求这名职员品德特别好的概率. (2) 若这名职员品德特别好, 求他来自天津大学的概率?

解 (1) $A_1 = \{$职员来自中南大学$\}$, $A_2 = \{$职员来自天津大学$\}$, $A_3 = \{$职员来自南华大学$\}$, $B = \{$该名职员品德特别好$\}$, 依题意有

$$B = B\Omega = B(A_1 + A_2 + A_3) = BA_1 + BA_2 + BA_3.$$

根据全概率公式得 $P(B) = P(A_1) P(B/A_1) + P(A_2) P(B/A_2) + P(A_3) P(B/A_3)$
$$= 30\% \times 8\% + 40\% \times 10\% + 30\% \times 7\% = 8.5\%.$$

$$(2) P(A_2/B) = \frac{P(A_2 B)}{P(B)} = \frac{P(A_2) P(B/A_2)}{P(A_1) P(B/A_1) + P(A_2) P(B/A_2) + P(A_3) P(B/A_3)}$$
$$= \frac{40\% \times 10\%}{8.5\%} = 47\%.$$

例 2 的第 2 个问题实际上就是贝叶斯公式的一个应用, 它是借助于全概率公式解决条件概率问题一种公式.

贝叶斯公式 一般地若事件组 $A_1, A_2 \cdots A_n$ 满足

(1) $A_1, A_2 \cdots A_n$ 互不相容且 $P(A_i) > 0 (i = 1, 2, \cdots, n)$;

(2) $A_1 + A_2 + \cdots + A_n = \Omega.$

则 $P(A_j/B) = \dfrac{P(A_j) P(B/A_j)}{P(A_1) P(B/A_1) + P(A_2) P(B/A_2) + \cdots + P(A_n) P(B/A_n)}$ $(j = 1, 2, \cdots n).$

例 3 设湖南长沙平和堂商场, 每天接待老年顾客的概率为 10%, 若老年顾客购物的概率为 3%, 其他顾客购物的概率为 60%, 如果从付款记录上, 任选一名已付款购物的顾客, 求这一名顾客是老年顾客的概率.

解 设 $A = \{$老年顾客$\}$, 则 $\overline{A} = \{$其他顾客$\}$, $B = \{$已购物的顾客$\}$, 依题意有 $P(A) = 10\%$, $P(\overline{A}) = 90\%$, $P(B/A) = 3\%$, $P(B/\overline{A}) = 60\%$,

$$P(A/B) = \frac{P(AB)}{P(B)} = \frac{P(A)P(B/A)}{P(A)P(B/A) + P(\bar{A})P(B/\bar{A})}$$

$$= \frac{10\% \times 3\%}{10\% \times 3\% + 90\% \times 60\%} = 0.005\ 52.$$

例 4　设某地区因造纸业、农药、水泥等造成环境污染范围占 60%，在污染范围内人口死亡率为 0.006 2，在非污染范围内人口死亡率为 0.001 2，现从该地公安局死亡人名册中任选一人，求他是非污染范围内居民的概率.

解　设 $A = \{$环境被污染的范围$\}$，$\bar{A} = \{$环境未被污染的范围$\}$，$B = \{$此人已经死亡$\}$，依题意有 $P(A) = 60\%$，$P(\bar{A}) = 40\%$，$P(B/A) = 0.006\ 2$，$P(B/\bar{A}) = 0.001\ 2$.

$$P(\bar{A}/B) = \frac{P(\bar{A}B)}{P(B)} = \frac{P(\bar{A})P(B/\bar{A})}{P(A)P(B/A) + P(\bar{A})P(B/\bar{A})}$$

$$= \frac{40\% \times 0.001\ 2}{60\% \times 0.006\ 2 + 40\% \times 0.001\ 2} = 0.114.$$

习题 3.4

1. 某单位职工中男的占 40%，女的 60%，男士中会英语的占总数的 5%，女士中会英语的占 6%，现从中任选一名，求该生是会英语职工的概率.

2. 某工厂的有 A、B、C 三个工地，它们生产同一产品，其产品占有率分别为 20%、30% 和 50%，其不合格品分别占 5%、3%、1%. 现从中任取一件，求(1)它恰为次品的概率.(2)若它是次品求它来自 A 厂的概率.

3. A、B 两个盒子中分别放有 2 只白球一个黑球和 1 只白球 5 只黑球，现从 A 盒中任取一球放入 B 盒内. 求(1)此时从乙盒中任取 1 球为白球的概率.(2)该球不是来自 A 盒的概率.

4. 现在大学学生都喜欢按考试成绩分为四类:90 分以上为优秀，80 分至 79 分为良好，60 分至 79 分为及格，60 分以下为不及格. 已知某班学生优秀占 10%，良好占 25%，及格占 60%，不及格占 5%，以已知优秀学生中口才好的占总数的 8%，良好学生口才好的占 10%，及格学生中口才好的占 1%，不及格学生中口才好的占 0.1%，现从该班学生中任找一名学生.(1) 求该学生口才好的概率.(2)若找出的这名学生口才好，求他是来自优秀学生的概率.

5. 设某地区喝酒居民占总人数的 25%，在喝酒居民中患肝病的居民占总人数的 10%，不喝酒的居民患肝病占总人数的 2%，现从该地区任选一居民，求该居民患肝病的概率.

本章小结

本章主要介绍了随机事件及相关概念，随机事件的关系和运算. 这是本章务必要学好的基础，直接关系到后面内容能否掌握的关键，进而讲述了古典概率及简单的应用，并利用它进一步论述了条件概率　乘法公式　事件的独立性、重复独立试验概型. 为了体现大专层次，最后简单介绍了全概率公式和贝叶斯公式，每节精选了典型例题，通过对例题的剖析，达到最快掌握概念性质、公式和方法的目的.

1. 重点理解:随机事件及相关概念,随机事件的关系和运算. 其中事件的和,乘积,对立事件、互不相容,是概率论基础中用得最多的.

概率的古典定义:如果事件 A 满足两个条件

(1)观察的对象基本空间中所含基本事件数有限.

(2)每一个基本事件发生的可能性相同.

则事件 A 发生的概率 $P(A) = \dfrac{\text{事件 } A \text{ 包含的基本事件数}}{\text{基本事件空间所含基本事件总数}}$,这里的两上条件是要特别注意的.

2. 加法公式中重点是下列第 2 个公式和第 5 个公式.

设事件 A 和事件 B 互不相容,则 $P(A+B) = P(A) + P(B)$ (1)

特殊地,若 $\overline{A}$ 是 A 的对立事件,则有 $P(\overline{A}) = 1 - P(A)$ (2)

推广 设 n 个两两互不相容的事件 $A_1, A_2 \cdots A_n$ 则

$$P(A_1 + A_2 + \cdots + A_n) = P(A_1) + P(A_2) + \cdots + P(A_n)$$ (3)

设 A、B 为任意两个事件,则 $P(A+B) = P(A) + P(B) - P(AB)$ (4)

对于三个任意事件 A、B、C 我们有

$$P(A+B+C) = P(A) + P(B) + P(C) - P(AB) - P(AC) - P(BC) + P(ABC)$$ (5)

3. 在第 3.3 节中最重要的是在 n 次重复独立试验中

$$P(\text{事件 } A \text{ 恰好发生 } k \text{ 次}) = C_n^k p^k (1-p)^{n-k} \ (k = 0, 1, 2, \cdots, n).$$

注意 重复独立试验必须满足两点:

(1)每次试验的条件相同,试验的结果只有两种可能:A 或 $\overline{A}$,而且 $P(A) = p, P(\overline{A}) = 1 - p$.

(2)每次试验的结果与其他各次结果互不相干.

这个公式的记法只需记住书中的典型例题即可.

4. 全概率公式和贝叶斯公式

这两个公式只不过是加法定理和乘法公式以及条件概率的一种具体应用. 重点掌握三个事件的全概率公式:

$$P(B) = P(A_1)P(B/A_1) + P(A_2)P(B/A_2) + P(A_3)P(B/A_3)$$

复习题三

1. 电脑是否能正常运行,要求正常开机,正常关机,操作系统运行正常才算正常. 现令 A = {电脑能正常开机},B = {电脑能正常关机},C = {操作系统运行正常},H = {电脑正常运行},试说明下列式子的意义并指出其对错.

(1) $ABC \subset H$ (2) $\overline{A} \subset \overline{H}$ (3) $\overline{A} + \overline{B} + \overline{C} = \overline{H}$ (4) $ABC = \varnothing$

2. 口袋中有 100 个小球分别编有 1 至 100 个号码,从中任取一个球. 令 $A_i(i = 1, 2, \cdots, 100)$ 表示取出的球号分别 1 至 100. (1)试写出该问题基本事件空间 Ω (2)取出的球号大于 97. (3)取出的球号小于 15. (4)取出的球号小于 0. (5)指出以上问题中哪些是基本事件,哪是复合事件,哪是随机事件,哪是不可能事件和必然事件.

3. 三名考生同时报考湖南交通工程职业技术学院,试用事件的运算表示下列事件.

(1)至少有一名考生考中该院.

(2)只有一名考生考中该院.

(3)三名考生同时考中该院.

(4)没有一人考中该院.

4. 判断下列说法对与错.

(1)对任何事件 A 和 B,都有 $P(A+B) = P(A) + P(B)$. (　　　)

(2)对任何事件 A 和 B,都有 $P(A+B) = P(A) + P(B) - P(A)P(B)$. (　　　)

(3)对任何事件 A 和 B,都有 $P(AB) = P(A)P(B)$. (　　　)

5. 抛两枚正六面体的骰子,试问(1)出现一个 3 点和一个 2 点的概率是多少? (2)出现的点数之和为 10 的概率是多少? (3)出现的点数之和大于 0 的概率是多少?

6. 100 件产品中有 4 件次品,从中任取 3 件,试求(1)取出的 3 件都是次品的概率. (2)取出的 3 件中有 2 件是正品的概率. (3)至少有一件次品的概率.

7. 把 9 台新到的不同厂家的电视摆在柜台上,求(1)欧洲来的那四台电视放在一起的概率. (2)如果把欧洲来的那四台电视放在最左边,求其摆放的概率.

8. 设某人办任何事办成或办不成的概率平均各为 0.5,此人一天内连续办了三件事,试求(1)三件事都办成的概率. (2)只办成一件事的概率.

9. 10 把锁匙中有 3 把能开门,今取 2 把,求能打开门的概率?

10. 某社区居民,拥有空调的用户占 25%,拥有煤气的用户 95%,同时拥有这两种设备的用户 40%,试求至少拥有这两种设备中的一种的用户的概率.

11. 一批产品中有 20 件正品和 3 件次品,现不放回地抽取两次,每次取一件,求

(1)在第一次取到次品的条件下,第二次取到次品的概率.

(2)在第一次取到次品的条件下,第二次取到正品的概率.

12. 已知甲乙两厂生产的产品合格率分别是 0.8,0.7,现分别从甲乙两厂各取一件产品,求(1)两件产品都合格的概率. (2)两件中至少有一件合格的概率.

13. 已知某产品的合格率为 0.9,现对其进行取样检查,任意取出三件产品,求

(1)3 件都合格品的概率.　　　(2)全部取得次品的概率.

14. 某种产品次率为 p,现从该产品中任意抽取 n 件产品检查,求没有次品、恰有 1 件次品、恰有 2 件次品、恰有 3 件次品、恰有 4 件次品的概率.

15. 某市体校 60% 的学生会武术,会武术的学生成绩优秀的概率为 0.3,不会武术的学生成绩优秀的概率为 0.2,现从该体校任找一名学生,求该生成绩优秀的概率? 又若该生成绩优秀求他会武术的概率?

为了形象地表示集合,我们常常画一条封闭曲线,用它的内部来表示一个集合. 图 4-1 形象地说明了集合 B 是集合 A 的子集. 这种表示集合以及集合与集合之间的关系的图叫做韦恩图.

几个常用的数集之间有如下子集关系:

$$\mathbf{N}^* \subseteq \mathbf{N} \subseteq \mathbf{Z} \subseteq \mathbf{Q} \subseteq \mathbf{R}$$

思考　指出下面集合间的关系.

$$A = \left\{ x \mid x^2 - 4 = 0 \right\}, B = \{ -2, -1, 1, 2 \}.$$

先看下面两组集合

$$A = \{1, 2\} \text{ 与 } B = \left\{ x \mid (x-1)(x-2) = 0 \right\}$$

$$A = \{1, 2\} \text{ 与 } B = \left\{ x \mid (x^2-1)(x-2) = 0 \right\}$$

由定义 1 可知,两组集合中的都有 $A \subseteq B$,但是,不难看出在第二组中,集合 B 中有一个元素 -1 不属于 A.

定义 2　如果集合 A 是集合 B 的子集,并且 B 中至少有一个元素不属于 A,　则集合 A 叫做集合 B 的真子集. 记为 $A \subset B$(或 $B \supset A$).

注意　(1)任何一个集合 A 必是自身的子集,即 $A \subseteq A$.

(2)规定空集 $\varnothing$ 是任何一个集合的子集. 从而可得出空集 $\varnothing$ 是任何一个非空集合的真子集.

2. 集合的相等

设集合 $A = \{ -1, 1 \}, B = \left\{ x \mid |x| = 1 \right\}$. 容易验证 $A \supseteq B$ 且 $B \supseteq A$.

定义 3　对于两个集合 A 和 B,若 $A \supseteq B$ 且 $B \supseteq A$,则称集合 A 和集合 B 相等. 记作 $A = B$,读作"A 等于 B".

例如　　　　$A = \left\{ x \mid x^2 - 3x + 2 = 0 \right\}, B = \{1, 2\}$,有 $A = B$.

4.1.3　集合的运算

1. 交集

考察下列集合:$A = \{6$ 的正约数$\}$;$B = \{10$ 的正约数$\}$;$C = \{6$ 和 10 的正公约数$\}$. 用列举法表示则有 $A = \{1, 2, 3, 6\}$;$B = \{1, 2, 5, 10\}$;$C = \{1, 2\}$. 显然,集合 C 的元素正是集合 A 与 B 的所有公共元素.

定义 1　设 A 和 B 是两个集合,把属于 A 且属于 B 的所有元素组成的集合,叫做 A 与 B 的交集,记作 $A \cap B$,读作"A 交 B". 即 $A \cap B = \left\{ x \mid x \in A \text{ 且 } x \in B \right\}$. 如图 4-2.

上面的例子可表示为 $C = A \cap B$.

例 1　设 $A = \left\{ x \mid 0 < x < 3 \right\}, B = \{ -1, 0, 1, 2 \}$,求 $A \cap B$.

解　由定义 1 知,$A \cap B = \{1, 2\}$.

由交集的定义可知:对任意的集合 A 和 B,总有

$$A \cap B = B \cap A, A \cap A = A, A \cap \varnothing = \varnothing.$$

把求交集的运算叫交运算.

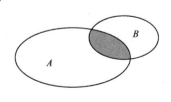

图　4-2

$$A \cap B \subseteq A, A \cap B \subseteq B.$$

2. 并集

方程 $x^2 - 1 = 0$ 的解集是 $A = \{-1, 1\}$，方程 $x^2 - 4 = 0$ 的解集是 $B = \{-2, 2\}$，而方程 $(x^2 - 1)(x^2 - 4) = 0$ 的解集 $C = \{-2, -1, 1, 2\}$。可以看到，集合 C 中的元素是由集合 A 与 B 中所有的元素合并在一起组成的。

定义 2　设集合 A 和 B 是两个集合，把属于 A 或者属于 B 的所有元素组成有集合，叫做 A 与 B 的**并集**，记作 $A \cup B$，读作"A 并 B"。即 $A \cup B = \{x \mid x \in A \text{ 或 } x \in B\}$。用韦恩图表示如图 4 - 3。

上面的例子可表示为 $C = A \cup B$。

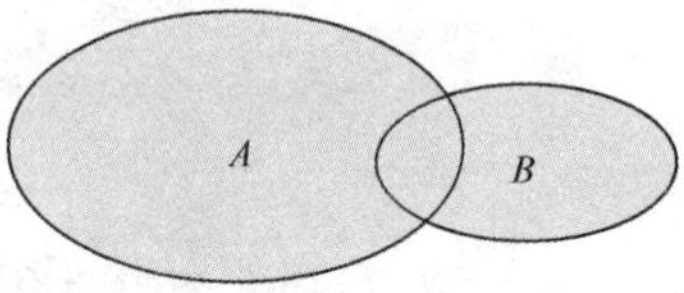

例 2　设 $A = \{x \mid -4 < x < 1\}, B = \{x \mid x \leqslant -3\}$，求 $A \cup B$。

解　由定义 2 得

$$A \cup B = \{x \mid -4 < x < 1\} \cup \{x \mid x \leqslant -3\} = \{x \mid x < 1\}.$$

例 3　设 $A = \{x \mid x > 4\}, B = \{x \mid x \leqslant 6\}$，求 $A \cup B$。

解　由定义 2 得 $A \cup B = \{x \mid x > 4\} \cup \{x \mid x \leqslant 6\} = \mathbf{R}$。

由并集的定义可知：对任意的集合 A 与 B，总有

$$A \cup B = B \cup A, A \cup A = A, A \cup \varnothing = A.$$
$$A \subseteq A \cup B, B \subseteq A \cup B, A \cap B \subseteq A \cup B.$$

3. 全集与补集

在研究集合与集合之间的关系时，这些集合往往又是某一个给定的集合的子集，换句话说，所研究的问题往往是在一个确定的范围内进行的。比如，讨论方程 $ax^2 + bx + c = 0\,(a \neq 0)$ 的实数解时，是在实数集中讨论，这时将这个给定的集合叫做**全集**，记为 Ω。

又如要考察某校学生的期末数学成绩，则该校全体学生的期末数学成绩就是全集。

从以上讨论可知，全集是相对的，与所研究的问题有关。

设集合 A 是全集 Ω 的子集，则有 $A \cup \Omega = \Omega, A \cap \Omega = A$。

定义 3　设 Ω 为全集，A 是全集 Ω 的子集，则由全集 Ω 中所有不属于 A 的元素组成的集合叫做 A 在 Ω 中的**补集**，记为 $\complement_\Omega A$。读作"A 在 Ω 中的补集"。

即 $\complement_\Omega A = \{x \mid x \in \Omega \text{ 且 } x \notin A\}$

用韦恩图表示如图 4 - 4。

由定义可知：$A \cup \complement_\Omega A = \Omega, A \cap \complement_\Omega A = \varnothing$。

注意　补集是相对于全集而言的

例如：(1) 设 $\Omega = \{1, 2, 3, 4, 5, 6\}, A = \{1, 2, 3\}$，则 $\complement_\Omega A = \{4, 5, 6\}$。

(2) 设 $\Omega = \{1, 2, 3, 4, 5, 6, 7\}, A = \{1, 2, 3\}$，则 $\complement_\Omega A = \{4, 5, 6, 7\}$。

我们把求补集的运算叫做补运算。

例 4　设 $\Omega = \mathbf{R}, A = \{x \mid x > 4\}$，求 $\complement_\Omega A$。

图　4 - 3

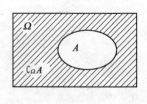

图　4 - 4

解　由定义知$\complement_\Omega A = \left\{x \mid x \leqslant 4\right\}$.

例5　设，$\Omega = \left\{某班级的同学\right\}$，$A = \left\{该班女同学\right\}$，求$\complement_\Omega A$.

解　由定义知$\complement_\Omega A = \left\{该班男同学\right\}$.

例6　设$\Omega = \left\{x \mid -3 \leqslant x \leqslant 3\right\}$，$B = \left\{x \mid -1 < x < 1\right\}$，求$\complement_\Omega B$.

解　由定义知$\complement_\Omega B = \left\{x \mid -3 \leqslant x \leqslant -1 \text{ 或 } 1 \leqslant x \leqslant 3\right\}$.

例7　设$\Omega = \left\{1,2,3,4,5\right\}$，$A = \left\{1,2,3\right\}$，求$\complement_\Omega\left(\complement_\Omega A\right)$.

解　由补集定义$\complement_\Omega A = \left\{4,5\right\}$.

再由补集定义可得$\complement_\Omega\left(\complement_\Omega A\right) = \left\{1,2,3\right\} = A$.

注意　$(1)\complement_\Omega\left(\complement_\Omega A\right) = A$；

$(2)\complement_\Omega\left(A \cap B\right) = \complement_\Omega A \cup \complement_\Omega B$；

$(3)\complement_\Omega\left(A \cup B\right) = \complement_\Omega A \cap \complement_\Omega B$.

习题 4.1

1. 作适当的符号$(\in, \notin, \subseteq, \subset, =)$填空.

$0 \underline{\quad} \varnothing$；$0 \underline{\quad} \mathbf{N}$；$\varnothing \underline{\quad} \left\{0\right\}$；$2 \underline{\quad} \left\{x \mid x - 2 = 0\right\}$；$\left\{x \mid x^2 - 5x + 6 = 0\right\} \underline{\quad} \left\{2,3\right\}$；

$(0,1) \underline{\quad} \left\{(x,y) \mid y = x + 1\right\}$.

2. 用适当的方法表示下列集合，然后说出其是有限集还是无限集.

(1)由所有非负奇数组成的集合；

(2)由所有小于20的奇质数组成的集合；

(3)平面直角坐标系内第二象限的点组成的集合；

(4)方程$x^2 + x + 1 = 0$的实根组成的集合；

(5)所有周长等于10 cm的三角形组成的集合.

3. 求方程组$\begin{cases} x + 2y = 5 \\ 3x - y = 4 \end{cases}$的解集,并指出它是求交集还是求并集.

4. 设全集$\Omega = \left\{x \mid -5 < x < 5 \text{ 且 } x \in \mathbf{Z}\right\}$，$A = \left\{0,1,2\right\}$，求$\complement_\Omega A$.

5. 已知集合$A = \left\{(x,y) \mid y = x^2 + 1, x \in \mathbf{R}\right\}$，集合$B = \left\{(x,y) \mid y = x + 1, x \in \mathbf{R}\right\}$，求$A \cap B$.

6. 设全集$\Omega = \left\{1,2,3,4,5,6,7,8\right\}$，$A = \left\{3,4,5\right\}$，$B = \left\{4,7,8\right\}$，求：$(1)\complement_\Omega A \cap \complement_\Omega B$ 与 $\complement_\Omega\left(A \cup B\right)$；

$(2)\complement_\Omega A \cup \complement_\Omega B$ 与 $\complement_\Omega\left(A \cap B\right)$.

4.2 函　数

4.2.1 变　量

在研究实际问题、观察各种现象的过程中,如果关注事物的数量侧面,就会涉及各种各样的量,如长度、面积等几何量,速度、温度等物理量,以及人数、重量等等,这些过程中有些量的取值是可变的,也有一些量则是保持恒定的.例如一列火车在离开衡阳驶向目的地的过程中,火车的运行时间,距目的地的距离,火车上的旅客人数等都是不断变化的,而车厢的总数量,每节车厢的长度及座位数则是保持恒定的.**我们将这些在考察过程中始终保持不变的量称为常量,而将能取不同数值的量称为变量**.由于在数学中常抽去常量或变量的具体意义,只从数值方面关注,这样,今后处理的就分别是实常数或实变数,但仍分别称为常量或变量.习惯上,用字母 $a,b,c,\cdots$ 等表示常量,而用 $x,y,z,\cdots$ 等表示变量.

为描述一个变量,需要指出它的变化范围,通常用集合或区间的概念.

对于区间这样的数集,常约定用以下三种方式(之一或共同)表示:括号,不等式(集合),实轴上的线段.当 $a<b$ 时,将满足不等式 $a\leqslant x\leqslant b$ 的数 x 的集合称为以 a,b 为左、右端点的闭区间,并用方括号表作 $[a,b]$,即有.

$$[a,b]=\left\{x\,\Big|\,a\leqslant x\leqslant b\right\},$$

有时也直接用不等式 $a\leqslant x\leqslant b$ 表示这一区间,或在实数轴上,给出以含端点(实心圈点)在内的线段几何表示[图 4-5(a)].将满足不等式 $a<x<b$ 的数 x 的集合称为以 a,b 为左、右端点的开区间.用圆括号表作 (a,b),即有

$$(a,b)=\left\{x\,\Big|\,a<x<b\right\},$$

或在实数轴上,给出以不含端点(空心圈点)的线段几何表示[图 4-5(b)].

图　4-5

类似地还可以有左闭右开区间 $[a,b)$ 及左开右闭区间 $(a,b]$,除了这些"有限"区间外,还可以有无穷区间:$(-\infty,+\infty)$,$(-\infty,b)$,$(-\infty,b]$,$(a,+\infty)$,$[a,+\infty)$,其中 $(-\infty,+\infty)$ 就是前面给出的实数集 **R**,这些都可用不等式描述.例如有

$$(a,+\infty)=\left\{x\,\Big|\,x>a\right\},\text{等等}.$$

4.2.2　函　　数

日常生活中,函数一词表达了这样的思想:通过某一事实的信息去推知另一事实.在数学上最重要的函数就是那些根据某一数值可推知另一数值的函数.

设在某个研究过程中,出现多个变量,而且它们以一定方式相互关联着.例如在火车依固定的班次执行运行的过程中,运行的时间 t,距目的地的距离 s,旅客的人数 w 等是依照确定关系一起变化着的量.若取运行的时间作为运行过程的自变量,则可将 s 及 w 等看作是因变量(或应变量).并分别将 s 与 t 及 w 与 t 的关系各看成它们之间的函数关系.那么有如下的函数定义:

定义 1　设 x 和 y 是同一过程中的两个变量,若当 x 取其变化范围 D 内任一值时,按某种规则 f,总能唯一确定变量 y 的一个值与之对应,则称 y 是 x 的函数,记作

$$y=f(x)$$

x 叫做自变量,y 叫做因变量(或应变量)即函数.对应法则 f 是函数的记号,D 是函数的定义域.

由定义知,定义域与对应法则是确定函数的两大要素. 对于定义域是 D 的函数 $y = f(x)$ 的集合 $M = \left\{ y \mid y = f(x), x \in D \right\}$ 叫做该函数的值域. 函数 $y = f(x)$ 中表示对应法则的记号 f 也可以改用别的字母,如 "g","φ","F" 等. 这时,函数就记成 $y = g(x)$,$y = \varphi(x)$,$y = F(x)$ 等. 当同时考察几个不同函数时,就需用不同的函数记号以示区别.

例 1 公式 $y = ax^2$.

给定了一个以 x 为自变量,y 为因变量的函数,a 为常数. 虽然这里并未明确这个函数的定义域是什么,但因为对 x 的每一具体的值,按照这个公式都可唯一确定一个对应的变量 y 的值. 故设定:凡以公式(表达式)给出的函数,在没有指明定义域时,以使公式有意义的范围作为定义域,因此例 1 的定义域为实数集 **R**.

函数 $y = \pi x^2$ 与 $A = \pi r^2$ 可认为是同一函数. 即 x 与 y 的对应法则及 r 与 A 的对应法则是一样的,但当将后一式中的 r 与 A 分别解释成圆的半径和圆的面积时,它就变成有实际意义的函数. 它的定义域由问题的实际决定,$A = \pi r^2$ 的定义域为 $(0, +\infty)$, 那么它们就不是相同函数.

例 2 下列各对函数是否相同? 为什么?

$(1) f(x) = x$;$g(x) = \dfrac{x^2}{x}$.

$(2) f(x) = 1$;$g(x) = \sin^2 x + \cos^2 x$.

$(3) f(x) = x$;$g(x) = \sqrt{x^2}$.

解 (1)不相同. 因为 $f(x)$ 的定义域为 $(-\infty, +\infty)$,$g(x)$ 的定义域为 $(-\infty, 0) \cup (0, +\infty)$. 它们的定义域不相同. 所以不是同一个函数.

(2)相同,因为 $f(x)$ 与 $g(x)$ 的定义域都是 $(-\infty, +\infty)$,且对同一个,有 $1 = \sin^2 x + \cos^2 x$,即对应法则相同. 所以 $f(x)$ 与 $g(x)$ 是同一个函数.

(3)不相同. 因为 $f(x)$ 与 $g(x)$ 的定义域都是 $(-\infty, +\infty)$,但对应法则不相同,$g(x) = |x|$.

例 3 求下列函数的定义域:

$(1) y = \sqrt{1 - x^2}$; $(2) y = \sqrt{x^2 - 1} + \dfrac{1}{x^2 + 5x + 6}$.

解 $(1) 1 - x^2 \geqslant 0 \Rightarrow x^2 \leqslant 1 \Rightarrow |x| \leqslant 1 \Rightarrow -1 \leqslant x \leqslant 1 \Rightarrow D = [-1, 1]$.

$(2) \begin{cases} x^2 - 1 \geqslant 0 \\ x^2 + 5x + 6 \neq 0 \end{cases} \Rightarrow \begin{cases} x^2 \geqslant 1 \\ (x+2)(x+3) \neq 0 \end{cases} \Rightarrow \begin{cases} |x| \geqslant 1 \\ x \neq -2 \text{ 且 } x \neq -3 \end{cases} \Rightarrow \begin{cases} x \geqslant 1 \text{ 或 } x \leqslant -1 \\ x \neq -2 \text{ 且 } x \neq -3 \end{cases} \Rightarrow D$

$= (-\infty, -3) \cup (-3, -2) \cup (-2, -1] \cup [1, +\infty)$.

例 4 国内异地邮件质量 u(单位:g)与邮资 p(单位:元)的关系为每 20 g 资费为 0.8. 若列出表达式,则可写为

$$p(u) = \begin{cases} 0.8, & 0 < u \leqslant 20 \\ 1.6, & 20 < u \leqslant 40 \\ 2.4, & 40 < u \leqslant 60 \\ \vdots & \vdots \end{cases}$$

这是异地邮件与其资费的一个函数关系式. 像这样,自变量在定义域的不同范围依不同公式确定对应因变量值的函数称为分段函数. 本例所给的就是一个分段函数.

特别指出,由表达式 $y = f(x) = \begin{cases} 1-x, & -1 \leqslant x < 0 \\ 1+x, & x \geqslant 0 \end{cases}$ 给出的分段函数,不是两个函数,而是一个函数. 分段函数要分段求值,分段作图.

规定:当 $x = a$ 时 $y = f(x)$ 对应的函数值记为 $f(a)$.

例5 $y = f(x) = \begin{cases} 1-x, & -1 \leqslant x < 0 \\ 1+x, & x \geqslant 0 \end{cases}$ 求 $f\left(-\dfrac{1}{2}\right)$, $f(0)$, $f(1)$.

解 因为 $-\dfrac{1}{2} \in [-1, 0)$,所以 $f\left(-\dfrac{1}{2}\right) = 1 - \left(-\dfrac{1}{2}\right) = \dfrac{3}{2}$;

因为 $0 \in [0, +\infty)$,所以 $f(0) = 1 + 0 = 1$;

因为 $1 \in [0, +\infty)$,所以 $f(1) = 1 + 1 = 2$.

4.2.3 函数的图像

设函数 $y = f(x)$ 的定义域为 D. 对于任意取定的 $x \in D$,对应的函数值为 $y = f(x)$,则以 x 为横坐标,y 为纵坐标就确定了平面上的一点 (x, y). 当 x 取遍 D 上的数值时,就得到点 (x, y) 的一个集合 $m = \left\{ (x, y) \,\middle|\, y = f(x), x \in D \right\}$,这个点的集合 G 叫做函数 $y = f(x)$ 的图像,如图 4-6 所示.

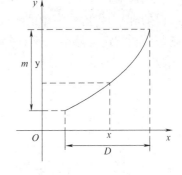

例6 求下列函数的定义域、值域,并作出其图像.

(1) $y = f(x) = 3$;　　　(2) $y = f(x) = |x|$.

图　4-6

解 (1)因为当 $x \in (-\infty, +\infty)$ 时,变量 y 都有唯一确定的值 3 和它来对应,即函数都有定义,所以这个函数的定义域 $D = (-\infty, +\infty)$,值域 $M = \{3\}$,它的图像是一条平行于 x 轴的直线,如图 4-7 所示.

(2)函数的定义域 $(-\infty, 0) \cup [0, +\infty) = (-\infty, +\infty)$,值域 $M = [0, +\infty)$,它的图像分段作出,如图 4-8 所示.

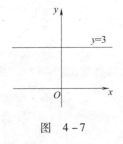

图　4-7

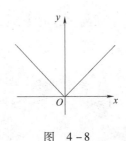

图　4-8

4.2.4 函数的几种特性

1. 函数的奇偶性

定义1 设函数 $f(x)$ 的定义域 D 关于原点对称,如果对于任意 $x \in D$, 都有

$$f(-x) = -f(x)$$

成立,则称 $f(x)$ 为奇函数,如果对任意 $x \in D$,都有

$$f(-x) = f(x)$$

成立,则称 $f(x)$ 为偶函数.

例如,函数 $f(x) = x^3$ 是奇函数,因为 $f(-x) = (-x)^3 = -x^3 = -f(x)$;函数 $f(x) = x^4$ 是偶函数,因为 $f(-x) = (-x)^4 = x^4 = f(x)$;函数 $f(x) = x^2 + x^3$ 既不是奇函数,也不是偶函数,因为它不满足定义的条件.

奇函数的图像关于原点对称,偶函数的图像关于 y 轴对称(见图 4-9).

2. 函数的单调性

定义 2　设函数 $y = f(x)$ 的定义域为 D,区间 $I \in D$. 如果对于区间 I 上任意两点 x_1 及 x_2,当 $x_1 < x_2$ 时,都有

$$f(x_1) < f(x_2)$$

则称函数 $f(x)$ 在区间 I 上是单调增加的,见图 4-10,区间 I 称为单调增加区间;如果对于区间 I 上任意两点 x_1 及 x_2,当 $x_1 < x_2$ 时,都有

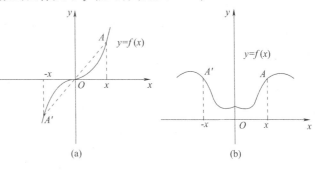

图　4-9

$$f(x_1) > f(x_2)$$

则称函数 $f(x)$ 在区间 I 上是单调减少的,见图 4-11,区间 I 称为单调减少区间. 单调增加和单调减少的函数统称为单调函数,单调增加和单调减少的区间统称为单调区间.

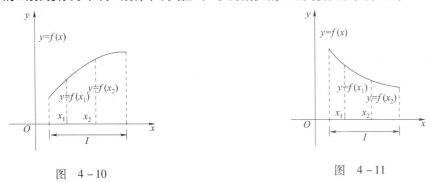

图　4-10　　　　　　　　　　　　　　图　4-11

例 1　讨论函数 $y = 3x, y = x^2$ 的单调性.

解　观察图 4-12 可知,函数 $y = 3x$ 在区间 $(-\infty, +\infty)$ 上是单调增加的;函数 $y = x^2$ 在区间 $(-\infty, 0)$ 是单调减少的,在区间 $(0, +\infty)$ 内是单调增加的,在区间 $(-\infty, +\infty)$ 内不是单调的.

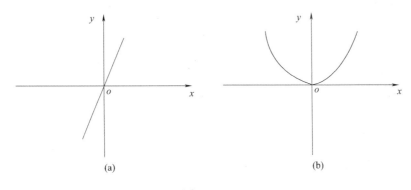

图　4-12

3. 函数的有界性

定义 3　设函数 $y = f(x)$ 在区间 I 上有意义. 如果存在正数 M,使得对于区间 I 内所有 x,都有

$$\left| f(x) \right| \leq M$$

则称函数 $y = f(x)$ 在区间 I 上有界. 如果这样的 M 不存在,则称函数 $y = f(x)$ 在区间 I 上无界.

例如,函数 $y = \sin x$ 在区间 $(-\infty, +\infty)$ 上满足 $\left| \sin x \right| \leq 1$,所以函数 $y = \sin x$ 在 $(-\infty, +\infty)$ 上是有界函数,而函数 $y = \dfrac{1}{x}$ 在 $(0, +\infty)$ 内是无界的.

4. 函数的周期性

设函数 $y = f(x)$ 的定义域为 D,如果存在一个常数 $T \neq 0$. 使得对任意的 $x \in D$ 有 $x \pm T \in D$,且 $f(x \pm T) = f(x)$,则称函数 $f(x)$ 为周期函数,T 为 $f(x)$ 的周期. 周期函数的周期通常是指它的最小正周期.

例如,函数 $y = \sin x, y = \cos x$ 都是以 2π 为周期的周期函数;函数 $y = \tan x$ 是以 π 为周期的函数,函数 $y = x^3$ 不是周期函数.

习题 4.2

1. 用区间表示下列变量的变化范围.

(1) $-2 < x < 3$;　　(2) $x \geq 2$;　　(3) $x^2 \geq 4$;　　$|x - 1| \leq 3$.

2. 在数轴上标识下列区间.

(1) $(2, 4]$;　　(2) $[-1, 5]$;　　(3) $(-1, +\infty)$.

3. 下列各对函数是否相同？为什么？

(1) $f(x) = x, g(x) = (\sqrt{x})^2$;　　(2) $f(x) = x - 1, g(x) = \dfrac{x^2 - 1}{x + 1}$;

(3) $f(x) = x, g(x) = \sqrt[3]{x^3}$;　　(4) $f(x) = \lg x^2, g(x) = 2\lg |x|$.

4. 求下列函数的定义域.

(1) $y = \dfrac{1}{x^2 - 2x}$;　　(2) $y = \sqrt{x^2 - 16}$;

(3) $y = \dfrac{1}{x + 2} + \sqrt{x - 5}$;　　(4) $y = \dfrac{1}{x - 1} + \lg(x + 1)$.

5. 设 $f(x) = \sqrt{4 + x^2}$,求 $f(0), f(1), f\left(\dfrac{1}{a}\right), f(x_0), f(x_0 + h)$.

6. 设 $y = \begin{cases} 0, & -2 < x \leq 0 \\ x^2, & 0 < x \leq 1 \\ 2 - x, & 1 < x \leq 2 \end{cases}$;求函数的定义域及函数值 $f(-1), f(0), f(\sqrt{3})$,并作出函数的图像.

7. 指出下列函数中哪些是奇函数,哪些是偶函数,哪些既不是奇函数,也不是偶函数？

(1) $f(x) = x^3 - 2x^2 + 3$;　　(2) $f(x) = x^2 \cos x$;

(3) $f(x) = \sin x + \cos x - 2$;　　(4) $f(x) = x(x - 1)(x + 1)$.

4.3 幂函数、指数函数、对数函数与三角函数

4.3.1 幂 函 数

我们学过 $y=x$,$y=x^2$,$y=x^{\frac{1}{2}}$,$y=x^{-1}$ 这样一些函数,它们的共同特点是:指数是一个常数,底数是自变量,幂是底数的函数,对于这类函数,有

定义 1 函数 $y=x^{\alpha}$(α 是常数) 叫做幂函数.

幂函数的定义域随 α 的不同而异. 例如当 $\alpha=2$ 时,$y=x^2$ 的定义域是 $(-\infty,+\infty)$;当 $\alpha=\frac{1}{2}$ 时,$y=\sqrt{x}$ 的定义域是 $[0,+\infty)$;当 $\alpha=-\frac{1}{2}$ 时,$y=x^{-\frac{1}{2}}=\frac{1}{\sqrt{x}}$ 的定义域是 $(0,+\infty)$. 可以看出,不论 α 取什么值,幂函数在 $(0,+\infty)$ 内总有定义.

我们知道,$y=x$ 的图像是一条直线[图 4-13(a)],$y=x^2$ 的图像是抛物线[图 4-13(b)],$y=x^{-1}$ 的图像是双曲线[图 4-13(c)],用描点法可以分别作出 $y=x^3$,$y=x^{\frac{1}{2}}$ 和 $y=x^{-2}$ 的图像[图 4-13(d)、(e)、(f)]

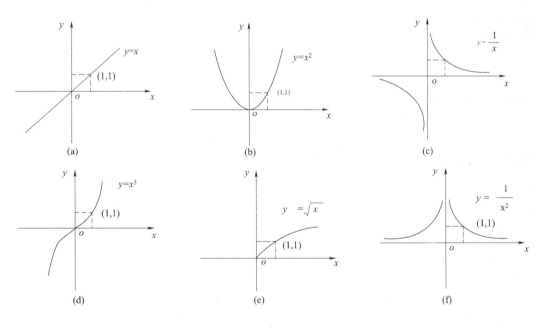

图 4-13

可以看到,幂函数 $y=x^{\alpha}$ 的图像都经过点 $(1,1)$,且当 $\alpha>0$ 时,幂函数 $y=x^{\alpha}$ 在区间 $(0,+\infty)$ 内单调增加;当 $\alpha<0$ 时,幂函数 $y=x^{\alpha}$ 在区间 $(0,+\infty)$ 内单调减少.

4.3.2 指数函数

定义 2 函数 $y=a^x$($a>0$ 且 $a\neq1$)叫做指数函数,它的定义域是 $D=(-\infty,+\infty)$. 因为当 $a>0$ 时,无论 x 取任何数值,总有 $a^x>0$,所以指数函数的图像总在 x 轴的上方. 又因为 $a^0=1(a>0)$,所以 $y=a^x$ 的图像都通过 $(0,1)$ 点(图 4-14)可以看出:当 $a>1$ 时,指数函数 $y=a^x$ 单调增加当 $0<a<1$ 时,指数函数 $y=a^x$ 是单调减少的.

4.3.3　对数函数

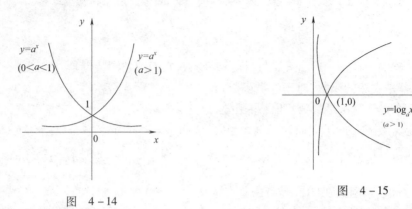

图　4 – 14

图　4 – 15

定义 3　函数 $y = \log_a x$（$a > 0$ 且 $a \neq 1$，a 是常数）叫做对数函数，它的定义域是$(0, +\infty)$. 特别，以 e 为底的对数函数 $y = \log_e x$ 叫做自然对数函数，简记为 $y = \ln x$，它在工程技术中经常用到．它的图像如图 4 – 15 所示．可以看出，$y = \log_a x$ 的图像总在 y 轴的右侧，且通过点$(1, 0)$．当 $a > 1$ 时，对数函数 $y = \log_a x$ 是单调增加的；当 $0 < a < 1$ 时，对数函数 $y = \log_a x$ 是单调减少的．

4.3.4　三角函数

定义 4　函数

$$y = \sin x ; y = \cos x , y = \tan x ; y = \cot x ; y = \sec x ; y = \csc x$$

依次叫做正弦函数、余弦函数、正切函数、余切函数、正割函数、余割函数．这六个函数统称三角函数．其中自变量都以弧度作单位来表示．

正弦函数和余弦函数的定义域都是$(-\infty, +\infty)$，值域都是 $M = [-1, 1]$，且都是以 2π 为周期的周期函数．

正弦函数是奇函数，其图像关于原点对称（图 4 – 16）．

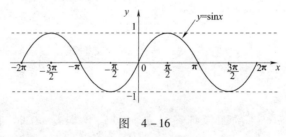

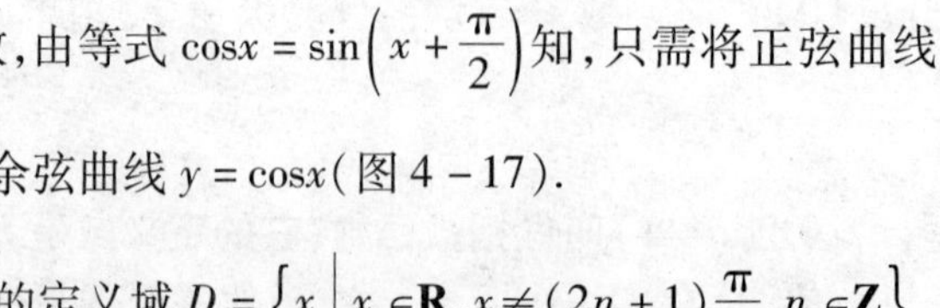

图　4 – 16

余弦函数是偶函数，由等式 $\cos x = \sin\left(x + \dfrac{\pi}{2}\right)$ 知，只需将正弦曲线 $y = \sin x$ 沿 x 轴向左移动 $\dfrac{\pi}{2}$ 个单位，即可得到余弦曲线 $y = \cos x$（图 4 – 17）．

正切函数 $y = \tan x$ 的定义域 $D = \left\{ x \,\middle|\, x \in \mathbf{R}, x \neq (2n + 1)\dfrac{\pi}{2}, n \in \mathbf{Z} \right\}$．余切函数 $y = \cot x$ 的定义域 $D = \left\{ x \,\middle|\, x \in \mathbf{R}, x \neq n\pi, n \in \mathbf{Z} \right\}$．这两个函数的值域都是$(-\infty, +\infty)$，且都是以 π 为周期的周期函数，也都是奇函数，它们的图像分别如图 4 – 18、图 4 – 19 所示．

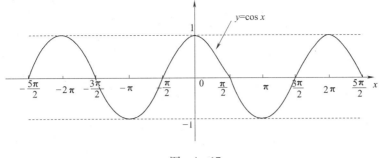

图　4－17

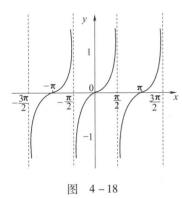

图　4－18

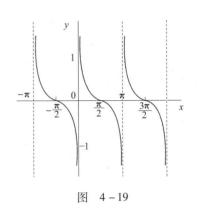

图　4－19

正割函数 $y = \sec x$ 是余弦函数的倒数,即

$$y = \frac{1}{\cos x}.$$

余割函数 $y = \csc x$ 是正弦函数的倒数,即

$$y = \frac{1}{\sin x}.$$

这两个函数都是以 2π 为周期的周期函数.

以上幂函数、指数函数、对数函数、三角函数统称为基本初等函数.

习题4.3

1. 下列函数在给出的哪个区间上是单调增加的?

$(1) \sin x \quad \left[-\dfrac{\pi}{2}, \dfrac{\pi}{2} \right], [0, \pi]; \qquad (2) \cos x \quad \left[-\dfrac{\pi}{2}, \dfrac{\pi}{2} \right], [0, \pi];$

$(3) \tan x \quad \left[-\dfrac{\pi}{2}, \dfrac{\pi}{2} \right], [0, \pi]; \qquad (4) \cot x \quad \left[-\dfrac{\pi}{2}, \dfrac{\pi}{2} \right], [0, \pi].$

2. 由 $y = \sin x$ 及 $y = \cos x$ 的图像作下列函数的图像.

$(1) y = 1 + \sin x; \qquad (2) y = \cos x - 1.$

4.4 复合函数、初等函数

4.4.1 复合函数

对于给定的两个函数,例如 $y = u^2$ 及 $u = \lg x (x > 0)$ 通过将后一函数代入前一个,就产生一个新的函数

$$y = (\lg x)^2 \qquad (x > 0)$$

称为是由前两个函数复合而成的复合函数.

一般的,有如下的复合函数概念:

定义 1 设 y 是 u 的函数 $y = f(u)$,其定义域是 U,而 u 是 x 的函数 $u = g(x)$,其定义域为 Z,若后一函数的值域 $U^* = \left\{ u \mid u = g(x), x \in Z \right\}$ 是前一个函数定义域 U 的子集,即有 $U^* \subset U$,则对于 Z 内的每一个值 x,经过中间值 $u = g(x)$,可唯一地对应一个确定的值 y,于是应变量 y 通过中间变量 u 成为自变量 x 的函数,记作

$$y = f[g(x)] \qquad x \in Z$$

称 $y = f[g(x)]$ 是函数 $y = f(u)$ 与 $u = g(x)$ 的复合函数.

例 1 写出下列函数的复合函数.

(1) $y = u^2, u = \sin x$;　　　　 (2) $y = \sin u, u = x^2$.

解 (1) 将 $u = \sin x$ 代入 $y = u^2$, 得所求复合函数是 $y = (\sin x)^2$.

(2) 将 $u = x^2$ 代入 $y = \sin u$,得所求复合函数是 $y = \sin x^2$.

上例说明,复合顺序不同, 所得的复合函数是不同的.

例 2 指出下列复合函数的复合过程.

(1) $y = \sqrt{2 + x^2}$;　　　　　 (2) $y = \sin e^x$;

(3) $y = \sqrt{1 - \sin x}$;　　　　 (4) $y = \ln \cos x^2$.

解 (1) $y = \sqrt{2 + x^2}$ 是由 $y = \sqrt{u}$ 与 $u = 2 + x^2$ 复合而成;

(2) $y = \sin e^x$ 是由 $y = \sin u$ 与 $u = e^x$ 复合而成;

(3) $y = \sqrt{1 - \sin x}$ 是由 $y = \sqrt{u}$ 与 $u = 1 - \sin x$ 复合而成;

(4) $y = \ln \cos x^2$ 是由 $y = \ln u$ 与 $u = \cos v, v = x^2$ 复合而成.

4.4.2 初等函数

定义 2 由常数及基本初等函数经过有限次四则运算或有限次复合步骤所构成,并且可以用一个式子表示的函数,称为初等函数.

例如 $y = 1 + \sqrt{x}, y = 2\sin \dfrac{x}{3}, y = x\ln x, y = a^{x^2}$ 等都是初等函数.

注意 分段函数不一定是初等函数. 例如,分段函数

$$y = \begin{cases} 1, x \geqslant 0 \\ -1, x < 0 \end{cases}$$

就不是初等函数.

4.4.3 函数关系的建立

在解决工程技术问题、经济问题等实际应用中,经常需要先找出问题中变量之间的函数关

系. 然后再利用有关的数学知识、数学方法去分析、研究、解决这些问题. 由于客观世界中变量之间的函数关系是多种多样的,往往要涉及几何、物理、经济等各门学科的知识,因此建立函数关系式没有一般规律可循,只能具体问题具体分析. 不过,一般可以这样着手解决:

(1)应先把题意分析清楚,有时也可以画出草图,借草图帮助分析和理解题意;

(2)应根据题意确定哪个是自变量,哪个是因变量,如果总体变量多于两个,还要进一步分析,找出除因变量以外的其他若干个变量之间的关系. 因为我们这里是建立的一元函数的关系式,最终应归结为一个自变量和一个因变量的关系式.

下面举几个较简单的实例来说明建立函数关系式的方法.

例 3　已知一个有盖的圆柱形铁桶容积为 V, 试建立圆柱形铁桶的表面积 S 与底面半径 r 之间的函数关系式.

解　由题意知,圆柱形铁桶容积 V 是一个常数,表面积 S 与底面半径 r 和桶高 h 都有关. 因为铁桶的容积不变,由圆柱体的体积公式 $V = \pi r^2 h$,得 $h = \dfrac{V}{\pi r^2}$. 于是,通过中间变量 h,可建立铁桶的表面积 S 与底面半径 r 的关系,其关系式为

$$S = 2\pi rh + 2\pi r^2 = 2\pi r \cdot \frac{V}{\pi r^2} + 2\pi r^2$$

$$S = \frac{2V}{r} + 2\pi r^2. \qquad (0 < r < +\infty)$$

例 4　某水渠横截面是等腰梯形,如图 4-20 所示,底边宽 2 m,边坡 1:1(即倾角为 45°). $ABCD$ 称为过水截面. 试建立过水截面的面积 S 与水深 h 的函数关系式.

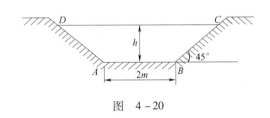

图　4-20

解　这也是一个几何方面问题. 显然过水截面是一个等腰梯形,其面积随水深 h 与上底 CD 而变化. 由题意知上底 CD 与 h 有关,CD 的长度等于 $2 + 2h$,所以过水截面的面积

$$S = \frac{1}{2}(2 + 2 + 2h) \cdot h = 2h + h^2. \qquad (0 < h < +\infty)$$

例 5　一旅馆有 200 间房间,如果每个房间的租金定价不超过 40 元,则可全部出租. 若每间定价高出 1 元,则会少出租 4 间. 设房间出租后的服务成本费 8 元,试建立旅馆的利润与房价间的函数关系.

解　设旅馆的房价为 x 元/间,旅馆的利润为 y 元. 若 $x \le 40$,出租的房间数为 200 间,旅馆的利润为 $y = 200(x - 8)$. 若 $x > 40$,出租房间数为 $200 - 4(x - 40)$ 间,旅馆的利润为 $y = [200 - 4(x - 40)](x - 8)$.

因此,旅馆利润与房价之间的函数为

$$y = \begin{cases} 200(x - 8), & x \le 40 \\ [200 - 4(x - 40)](x - 8), & x > 40. \end{cases}$$

习题 4.4

1. 将下列函数看作是由简单函数复合而成的复合函数,适当引入中间变量,写出复合步

骤:

(1) $y = \sin^2(3x + 1)$;　　　　　　(2) $y = \sqrt{\cos \dfrac{x}{4}}$;

(3) $y = \ln \sqrt{1 + x}$;　　　　　　(4) $y = (20x - 1)^{10}$.

2. 有一边长为 a 的正方形铁皮,从它的四个角裁去相等的小方块. 然后折起各边做成一个无盖的小盒子. 求它的容积与截去小方块边长之间的函数关系,并指明定义域.

3. 一物体作直线运动,已知阻力 f 的大小与物体运动的速度 v 成正比. 但方向相反. 当物体以 1 m/s 的速度运动时,阻力为 1.96×10^{-2} N. 试建立阻力与速度之间的函数关系.

本章小结

1. 本章主要内容为复习集合有关的概念和运算、函数的定义、基本初等函数. 给出了复合函数与初等函数的概念.

2. 基本初等函数是初等函数的基础,故能准确掌握各函数的特性,尤为重要. 分段函数是函数的一种,其特点为不同自变量取值区间上算 y 的方法不同. 所以求值时,应分段求值,作图时也应分段作图.

3. 复合函数是由几个基本初等函数经过叠置而成的新函数,在应用时要注意它的逆向运算,即将复合函数拆成基本初等函数. 另注意不是任何的基本初等函数都能组成复合函数.

复习题四

1. 已知 $f(x) = 2x^2 - 5x + 7$ 试求出 $f(1)$,$f(2)$,$f(x + 1)$,$f\left(\dfrac{1}{x}\right)$.

2. 试用不等式描述下列区间.

(1) $(-\infty, -2]$;　　　(2) $[5, +\infty)$;　　　(3) $(-3, 3)$.

3. 求下列函数的定义域.

(1) $y = \sqrt{3x + 4}$;　　　　　　(2) $y = \dfrac{2}{x^2 - 3x + 2}$;

(3) $y = \sqrt{2 + x} + \dfrac{1}{\lg(1 + x)}$;　　　　(4) $y = \sqrt{1 - |x|}$.

4. 设 $f(x) = \begin{cases} 0, & x < 0 \\ 2x, & 0 \leqslant x < \dfrac{1}{2} \\ 2(1 - x), & \dfrac{1}{2} \leqslant x < 1 \\ 0, & x \geqslant 1 \end{cases}$

作出它的图像,并求 $f\left(\dfrac{1}{2}\right)$,$f\left(\dfrac{1}{3}\right)$,$f\left(\dfrac{3}{4}\right)$,$f(2)$ 的值.

5. 指出下列各复合函数的复合过程.

(1) $y = \sqrt{1-x^2}$;　　　　　　　　(2) $y = \mathrm{e}^{x+1}$;

(3) $y = \sin\dfrac{3x}{2}$;　　　　　　　(4) $y = \cos^2(3x-1)$.

6. 设 $f(x) = \dfrac{1-x}{1+x}$,求 $f(-x)$, $f(x+1)$, $f\left(\dfrac{1}{x}\right)$.

7.　火车站收取行李费的规定如下:当行李不超过 50 kg 时,按基本运费计算,如从长沙到该地每千克收 0.3 元. 当超过 50 kg 时,超过部分按每千克 0.45 元收费. 试求从长沙到该地的行李费 y(元)与重量 x(kg)(假定的最大值不超过 400 kg)之间的函数关系式. 并画出函数的图像.

第5章

极限与连续

学习目标

1. 了解函数极限的描述性定义,了解无穷小、无穷大的概念及其相互关系.

2. 掌握极限四则运算法则,会用两个重要极限求极限.

3. 理解函数在一点连续的概念,会判断间断点的类型.

4. 知道初等函数的连续性,知道在闭区间上连续函数的性质(介值定理、最大值和最小值定理).

5. 会求连续函数和分段函数的极限.

5.1　极　　限

5.1.1　当 $x \to \infty$ 时函数 $f(x)$ 的极限

$x \to \infty$ 是指 $|x|$ 无限增大,包含以下两种情况:

(1) x 取正值,无限增大,记作 $x \to +\infty$;

(2) x 取负值,它的绝对值无限增大(即 x 无限减小),记作 $x \to -\infty$.

例1　讨论函数 $f(x) = \dfrac{1}{x} + 1$ 当 $x \to +\infty$ 和 $x \to -\infty$ 时的变化趋势.

解　作出函数 $f(x) = \dfrac{1}{x} + 1$ 的图像. 由图 5 - 1 可

以看出,当 $x \to +\infty$ 和 $x \to -\infty$ 时, $f(x) = \dfrac{1}{x} + 1$ 的值无

限趋近于一个确定的常数1,因此当 $x \to \infty$ 时, $f(x) = \dfrac{1}{x}$

$+1$ 的值无限趋近于一个确定的常数1.

对于这种 $x \to \infty$ 时函数 $f(x)$ 的变化趋势,给出下面的定义:

定义1　如果当 $|x|$ 无限增大(即 $x \to \infty$)时,函数 $f(x)$ 无限地趋近于一个确定的常数 A ,那么就称 $f(x)$ 当 $x \to \infty$ 时存在极限 A ,称数 A 为当 $x \to \infty$ 时函数 $f(x)$ 的极限,记作

$$\lim_{x \to \infty} f(x) = A \text{ 或 } f(x) \to A(x \to \infty).$$

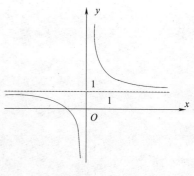

图　5 - 1

根据定义,在例1中当 $x \to \infty$ 时,函数 $f(x) = \dfrac{1}{x} + 1$ 的极限是1,可记为

$$\lim_{x \to \infty}\left(\frac{1}{x} + 1\right) = 1$$

类似地,如果当 $x \to +\infty$(或 $x \to -\infty$)时,函数 $f(x)$ 无限地趋近于一个确定的常数 A,那么就称 $f(x)$ 当 $x \to +\infty$(或 $x \to -\infty$)时存在极限 A,称数 A 为当 $x \to +\infty$(或 $x \to -\infty$)时函数 $f(x)$ 的极限. 记作

$$\lim_{x \to +\infty}f(x) = A \text{ 或 } f(x) \to A(x \to +\infty).$$

$$\left[\lim_{x \to -\infty}f(x) = A \text{ 或 } f(x) \to A(x \to -\infty)\right].$$

在例 1 中当 $x \to +\infty$ 时,函数 $f(x) = \frac{1}{x} + 1$ 的极限是 1,可记为

$$\lim_{x \to +\infty}\left(\frac{1}{x} + 1\right) = 1$$

当 $x \to -\infty$ 时,函数 $f(x) = \frac{1}{x} + 1$ 的极限是 1,可记为

$$\lim_{x \to -\infty}\left(\frac{1}{x} + 1\right) = 1$$

例 2　作出函数 $y = \left(\frac{1}{2}\right)^x$ 和 $y = 2^x$ 的图像,并判断下列极限:

$(1) \lim_{x \to +\infty}\left(\frac{1}{2}\right)^x$;$(2) \lim_{x \to -\infty} 2^x.$

解　由图 5 - 2 可知

$(1) \lim_{x \to +\infty}\left(\frac{1}{2}\right)^x = 0$;

$(2) \lim_{x \to -\infty} 2^x = 0.$

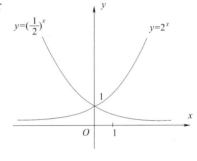

图　5 - 2

例 3　讨论下列函数当 $x \to \infty$ 时的极限:

$(1) y = 1 + \frac{1}{x^2}$;$(2) y = 2^x.$

解　(1)由图 5 - 3 可知

当 $x \to +\infty$ 时,$y = 1 + \frac{1}{x^2} \to 1$;

当 $x \to -\infty$ 时,$y = 1 + \frac{1}{x^2} \to 1$.

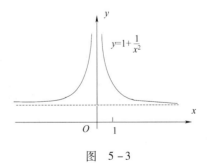

图　5 - 3

因此,当 $|x|$ 无限增大时,函数 $y = 1 + \frac{1}{x^2}$ 无限地接近于常数 1,即

$$\lim_{x \to +\infty}\left(1 + \frac{1}{x^2}\right) = 1.$$

(2)由图 5 - 2 可知

当 $x \to +\infty$ 时,$y = 2^x \to +\infty$;

当 $x \to -\infty$ 时,$y = 2^x \to 0$.

因此,当 $|x|$ 无限增大时,函数 $y = 2^x$ 不可能无限地趋近某一个常数,即

$$\lim_{x \to +\infty} 2^x \text{ 不存在}.$$

由上面的例子可以看出,当且仅当 $\lim_{x \to +\infty} f(x)$ 和 $\lim_{x \to -\infty} f(x)$ 都存在并且相等为 A 时, $\lim_{x \to +\infty} f(x)$ 存在为 A,即

$$\lim_{x \to \infty} f(x) = A \Leftrightarrow \lim_{x \to +\infty} f(x) = \lim_{x \to -\infty} f(x) = A.$$

5.1.2 当 $x \to x_0$ 时,函数 $f(x)$ 的极限

$x \to x_0$ 表示 x 无限趋近于 x_0,包含以下两种情况:

(1) x 从大于 x_0 的方向(x_0 的右侧)趋近于 x_0,记作 $x \to x_0^+$;

(2) x 从小于 x_0 的方向(x_0 的左侧)趋近于 x_0,记作 $x \to x_0^-$.

例 4 讨论当 $x \to 2$ 时,函数 $f(x) = x + 1$ 的变化趋势.

解 作出函数 $f(x) = x + 1$ 的图像. 由图 5 - 4 可以看出,不论 x 从小于 2 的方向趋近于 2,或者从大于 2 的方向趋近于 2,函数 $f(x) = x + 1$ 的值总是随着自变量 x 的变化从两个不同的方向愈来愈接近于 3.

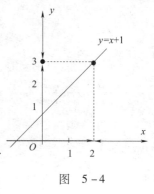

图 5 - 4

例 5 讨论当 $x \to 1$ 时,函数 $f(x) = \dfrac{x^2 - 1}{x - 1}$ 的变化趋势.

解 作出函数 $f(x) = \dfrac{x^2 - 1}{x - 1}$ 的图像. 由图 5 - 5 可以看出,函数的定义域为 $(-\infty, 1) \cup (1, \infty)$,在 $x = 1$ 处函数没有定义,x 不论从大于 1 或从小于 1 两个方向趋近于 1 时,函数 $f(x) = \dfrac{x^2 - 1}{x - 1}$ 的值是从两个不同方向愈来愈接近于 2 的. 我们研究当 x 趋近于 1 函数 $f(x) = \dfrac{x^2 - 1}{x - 1}$ 的变化趋势时,并不计较函数在 $x = 1$ 处是

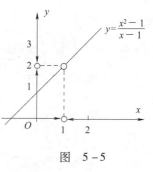

图 5 - 5

否有定义,而仅关心函数在 $x = 1$ 的邻近的函数值的变化趋势,也即我们认为在 $x \to 1$ 时隐含一个要求:$x \neq 1$.

对于这种 $x \to x_0$ 时函数 $f(x)$ 的变化趋势,给出下面的定义:

定义 2 如果当 $x \neq x_0, x \to x_0$ 时,函数 $f(x)$ 无限地趋近于一个确定的常数 A,那么就称当 $x \to x_0$ 时 $f(x)$ 存在极限 A;数 A 就称为当 $x \to x_0$ 时,函数 $f(x)$ 的极限,记作

$$\lim_{x \to x_0} f(x) = A \text{ 或 } f(x) \to A (x \to x_0).$$

根据定义,在例 4 中当 $x \to 2$ 时,函数 $f(x) = x + 1$ 的极限是 3,可记为

$$\lim_{x \to 2} (x + 1) = 3.$$

在例 5 中当 $x \to 1$ 时,函数 $f(x) = \dfrac{x^2 - 1}{x - 1}$ 的极限是 2,可记为

$$\lim_{x \to 1} \left(\frac{x^2 - 1}{x - 1} \right) = 2.$$

例 6 求下列极限.

(1) 已知 $f(x) = x$,求 $\lim_{x \to x_0} f(x)$;

(2) 已知 $f(x) = C$(C 为常数),求 $\lim_{x \to x_0} f(x)$.

解 （1）因为当 $x \to x_0$ 时，$f(x) = x$ 的值无限趋近于 x_0，所以有 $\lim\limits_{x \to x_0} f(x) = \lim\limits_{x \to x_0} x = x_0$.

（2）因为当 $x \to x_0$ 时，$f(x)$ 的值恒等于 C，所以有 $\lim\limits_{x \to x_0} f(x) = \lim\limits_{x \to x_0} C = C$. 由此可见，常数的极限是其本身.

定义 3 （1）如果 x 从大于 x_0 的方向趋近于 x_0（即 $x \to x_0^+$）时，函数 $f(x)$ 无限地趋近于一个确定的常数 A，那么就称 $f(x)$ 在 x_0 处存在右极限 A，数 A 就称为当 $x \to x_0$ 时，函数 $f(x)$ 的右极限，记作

$$\lim_{x \to x_0^+} f(x) = A, \text{或} f(x_0^+) = A.$$

（2）如果 x 从小于 x_0 的方向趋近于 x_0（即 $x \to x_0^-$）时，函数 $f(x)$ 无限地趋近于一个确定的常数 A，那么就称 $f(x)$ 在 x_0 处存在左极限 A，数 A 就称为当 $x \to x_0$ 时，函数 $f(x)$ 的左极限，记作

$$\lim_{x \to x_0^-} f(x) = A, \text{或} f(x_0^-) = A.$$

例 7 已知函数 $f(x) = \begin{cases} x - 1, & x < 0, \\ x + 1, & x \geq 0, \end{cases}$ 讨论当 $x \to 0$ 时 $f(x)$ 的极限.

解 由图 5-6 知，当 $x \to 0$ 时 $f(x)$ 的左极限为

$$\lim_{x \to 0^-} f(x) = \lim_{x \to 0^-} (x - 1) = -1,$$

右极限为

$$\lim_{x \to 0^+} f(x) = \lim_{x \to 0^+} (x + 1) = 1,$$
$$\lim_{x \to 0^+} f(x) \neq \lim_{x \to 0^-} f(x).$$

因而当 $x \to 0$ 时 $f(x)$ 的极限不存在.

一般地，

$$\lim_{x \to x_0} f(x) = A \Leftrightarrow \lim_{x \to x_0^-} f(x) = \lim_{x \to x_0^+} f(x) = A.$$

例 8 已知 $f(x) = \begin{cases} x, & x \geq 2, \\ 2, & x < 2, \end{cases}$ 求 $\lim\limits_{x \to 2} f(x)$.

解 因为 $\lim\limits_{x \to 2^+} f(x) = \lim\limits_{x \to 2^+} x = 2,$

$$\lim_{x \to 2^-} f(x) = \lim_{x \to 2^-} 2 = 2.$$

即

$$\lim_{x \to 2^+} f(x) = \lim_{x \to 2^-} f(x) = 2,$$

所以 $\lim\limits_{x \to 2} f(x) = 2.$

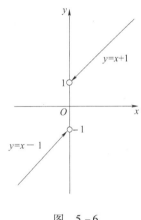

图 5-6

例 9 已知 $f(x) = \dfrac{|x|}{x}$，$\lim\limits_{x \to 0} f(x)$ 是否存在？

解 当 $x > 0$ 时，$f(x) = \dfrac{|x|}{x} = \dfrac{x}{x} = 1$；

当 $x < 0$ 时，$f(x) = \dfrac{|x|}{x} = \dfrac{-x}{x} = -1$，

所以函数可以分段表示为 $f(x) = \begin{cases} 1, & x > 0, \\ -1, & x < 0; \end{cases}$

由图 5-7 知，当 $x \to 0$ 时 $f(x)$ 的右极限为

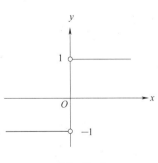

图 5-7

$$\lim_{x\to 0^+}f(x)=1,$$

左极限为 $$\lim_{x\to 0^-}f(x)=-1,$$

即 $$\lim_{x\to 0^+}f(x)\neq\lim_{x\to 0^-}f(x),$$

所以 $$\lim_{x\to 0}f(x)\text{不存在}.$$

习题 5.1

1. 判断题.

(1) 若 $\lim\limits_{x\to x_0}f(x)=A$, 则 $f(x_0)=A$. (　　)

(2) 已知 $f(x_0)$ 不存在, 但 $\lim\limits_{x\to x_0}f(x)$ 有可能存在. (　　)

(3) 若 $f(x_0^+)$ 与 $f(x_0^-)$ 都存在, 则 $\lim\limits_{x\to x_0}f(x)$ 必存在. (　　)

(4) $\lim\limits_{x\to -\infty}e^x=0$. (　　)

2. 观察并写出下列极限.

(1) $\lim\limits_{x\to\infty}\dfrac{1}{x^2}$; 　　　　(2) $\lim\limits_{x\to -\infty}e^x$; 　　　　(3) $\lim\limits_{x\to\infty}\left(\dfrac{1}{x}-1\right)$;

(4) $\lim\limits_{x\to +\infty}\left(\dfrac{1}{3}\right)^x$; 　　(5) $\lim\limits_{x\to 1}\ln x$; 　　　　(6) $\lim\limits_{x\to 0}\sin x$.

3. 已知函数 $f(x)=\dfrac{x}{x}$, $\lim\limits_{x\to 0}f(x)$ 是否存在?

4. 已知函数 $f(x)=\begin{cases}x-1, & x<1,\\ x+1, & x\geqslant 1,\end{cases}$ 讨论当 $x\to 1$ 时 $f(x)$ 的极限.

5.2 无穷大与无穷小

5.2.1 无 穷 大

考察函数 $f(x)=\dfrac{1}{x-1}$.

由图 5-8 可知, 当 x 从左右两个方向趋近于 1 时, $|f(x)|$ 都无限地增大.

定义 1 如果当 $x\to x_0$ 时, 函数 $f(x)$ 的绝对值无限增大, 那么称函数 $f(x)$ 为当 $x\to x_0$ 时的无穷大. 如果函数 $f(x)$ 为当 $x\to x_0$ 时的无穷大, 那么它的极限是不存在的. 但为了便于描述函数的这种变化趋势, 我们也说"函数的极限是无穷大", 并记作

$$\lim_{x\to x_0}f(x)=\infty.$$

注意 式中的记号"∞"是一个记号而不是确定的数, 记号的含意仅表示"$f(x)$ 的绝对值无限增大".

如果在无穷大的定义中, 对于 x_0 左右近旁的 x, 对应的函数值都是正的或都是负的, 也即当 $x\to x_0$ 时, $f(x)$ 无限增大或减小, 就分别记作

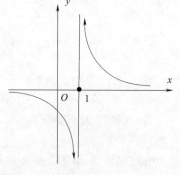

图 5-8

$$\lim_{x \to x_0} f(x) = +\infty \text{ 或 } \lim_{x \to x_0} f(x) = -\infty.$$

例如,(1)当 $x \to 1$ 时, $\left| \dfrac{1}{x-1} \right|$ 无限增大,所以 $\dfrac{1}{x-1}$ 是当 $x \to 1$ 时的无穷大,记作

$$\lim_{x \to 1} \frac{1}{x-1} = \infty.$$

定义可推广到 $x \to x_0^+, x \to x_0^-, x \to \infty, x \to +\infty, x \to -\infty$ 时的情形.

(2)当 $x \to \infty$ 时, $|x|$ 无限增大,所以 x 是当 $x \to \infty$ 时的无穷大,记作

$$\lim_{x \to \infty} x = \infty.$$

(3)当 $x \to +\infty$ 时, 2^x 总取正值而无限增大,所以 2^x 是当 $x \to +\infty$ 时的无穷大,记作

$$\lim_{x \to +\infty} 2^x = +\infty.$$

(4)如图 5 - 9,当 $x \to 0^+$ 时,$\ln x$ 总取负值而无限减小,所以 $\ln x$ 是 $x \to 0^+$ 时的无穷大,记作

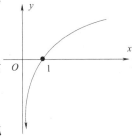

$$\lim_{x \to 0^+} \ln x = -\infty.$$

注意 (1)一个函数 $f(x)$ 是无穷大,是与自变量 x 的变化过程紧密相连的,因此必须指明自变量 x 的变化过程.

(2)不要把绝对值很大的数说成是无穷大.

无穷大表示的是一个函数,这个函数的绝对值在自变量某个变化过程中的变化趋势是无限增大;而这些绝对值很大的数无论在自变量何种变化过程,其极限都为常数本身,并不会无限增大或减小.

图 5 - 9

5.2.2 无 穷 小

1. 无穷小的定义

考察函数 $f(x) = x - 1$,由图 5 - 10 可知,当 x 从左右两个方向无限趋近于 1 时,$f(x)$ 都无限地趋向于 0.

定义 2 如果当 $x \to x_0$ 时,函数 $f(x)$ 的极限为 **0**,那么就称函数 $f(x)$ 为 $x \to x_0$ 时的无穷小.记作

$$\lim_{x \to x_0} f(x) = \mathbf{0}.$$

例如(1)因为 $\lim\limits_{x \to 1} (x - 1) = 0$,所以函数 $x - 1$ 是当 $x \to 1$ 时的无穷小.

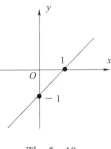

例如(2)因为 $\lim\limits_{x \to \infty} \dfrac{1}{x} = 0$,所以函数 $\dfrac{1}{x}$ 是当 $x \to \infty$ 时的无穷小.

图 5 - 10

注意 (1)一个函数 $f(x)$ 是无穷小,是与自变量 x 的变化过程紧密相连的,因此必须指明自变量 x 的变化过程.

(2)不要把绝对值很小的常数说成是无穷小.

无穷小表示的是一个函数,这个函数在自变量某个变化过程中的极限为 0;而这些绝对值很小的数无论自变量是何种变化过程,其极限都不是 0;只有常数 0 可以看成是无穷小,因为常数函数 0 的任何极限总是 0.

2. 无穷小的性质

无穷小有以下的重要性质.

性质 1   有限个无穷小的代数和是无穷小.

性质 2   有限个无穷小的积是无穷小.

性质 3   有界函数与无穷小的积是无穷小.

必须指出,两个无穷小的商未必是无穷小. 如 $x \to 0$ 时,x、$2x$ 都是无穷小,但由 $\lim\limits_{x \to 0} \dfrac{2x}{x} = 2$ 知,$\dfrac{2x}{x}$ 当 $x \to 0$ 时不是无穷小.

例 1   求 $\lim\limits_{x \to 0} x \sin \dfrac{1}{x}$.

解   因为 $\lim\limits_{x \to 0} x = 0$,所以 x 是 $x \to 0$ 时的无穷小.

而 $\left| \sin \dfrac{1}{x} \right| \leqslant 1$,所以 $\sin \dfrac{1}{x}$ 是有界函数.

根据无穷小的性质 3,可知 $\lim\limits_{x \to 0} x \sin \dfrac{1}{x} = 0$.

例 2   求 $\lim\limits_{x \to \infty} \dfrac{\sin x}{x}$.

解   因为 $\dfrac{\sin x}{x} = \dfrac{1}{x} \cdot \sin x$,

而 $\dfrac{1}{x}$ 是当 $x \to \infty$ 时的无穷小,

$\sin x$ 是有界函数.

所以 $\lim\limits_{x \to \infty} \dfrac{\sin x}{x} = 0$.

3. 函数极限与无穷小的关系

定理 1 $\lim\limits_{x \to x_0} f(x) = A \Leftrightarrow f(x) = A + \alpha, \lim\limits_{x \to x_0} \alpha = 0$.

即当 $x \to x_0$ 时 $f(x)$ 以 A 为极限的充分必要条件是 $f(x)$ 能表示为 A 与一个 $x \to x_0$ 时的无穷小之和.

证明   必要性   设 $\lim\limits_{x \to x_0} f(x) = A$,

令 $\alpha = f(x) - A$,则 $f(x) = A + \alpha$,

而

$$\lim_{x \to x_0} \alpha = \lim_{x \to x_0} [f(x) - A] = 0,$$

即 α 是当 $x \to x_0$ 时的无穷小.

充分性   设 $f(x) = A + \alpha$,其中 α 是当 $x \to x_0$ 时的无穷小,则

$$\lim_{x \to x_0} f(x) = \lim_{x \to x_0} (A + \alpha) = A.$$

即 $f(x)$ 的极限为 A.

5.2.3   无穷大与无穷小的关系

由无穷大与无穷小的定义,可得它们间的关系.

定理 2   无穷大的倒数是无穷小;反之,在变化过程中不为零的无穷小的倒数为一个无穷大.

例 3 求 $\lim\limits_{x\to 1}\dfrac{x+4}{x-1}$.

解 因为 $\lim\limits_{x\to 1}\dfrac{x-1}{x+4}=0$,即 $\dfrac{x-1}{x+4}$ 是当 $x\to 1$ 时的无穷小,

根据无穷大与无穷小的关系可知,它的倒数 $\dfrac{x+4}{x-1}$ 是当 $x\to 1$ 时的无穷大,

所以

$$\lim\limits_{x\to 1}\frac{x+4}{x-1}=\infty .$$

例 4 求 $\lim\limits_{x\to\infty}(x^2-3x+2)$.

解 因为

$$\lim\limits_{x\to\infty}\frac{1}{x^2-3x+2}=\lim\limits_{x\to\infty}\frac{\dfrac{1}{x^2}}{1-\dfrac{3}{x}+\dfrac{2}{x^2}}=0,$$

所以

$$\lim\limits_{x\to\infty}(x^2-3x+2)=\infty .$$

*5.2.4 无穷小的比较

自变量同一变化过程的两个无穷小的代数组合及乘积仍然是这个过程的无穷小. 但是两个无穷小的商却会出现不同的结果.

如 $x,3x,x^2$ 都是当 $x\to 0$ 时的无穷小,而 $\lim\limits_{x\to 0}\dfrac{x^2}{3x}=0,\lim\limits_{x\to 0}\dfrac{3x}{x^2}=\infty ,\lim\limits_{x\to 0}\dfrac{3x}{x}=3$,产生这种不同结果的原因,是因为当 $x\to 0$ 时三个无穷小趋于 0 的速度是有差别的.

具体计算它们的值如下表:

x	1	0.5	0.1	0.01	0.001	→0
$3x$	3	1.5	0.3	0.03	0.003	→0
x^2	1	0.25	0.01	0.000 1	0.000 001	→0

从表中数值看,当 $x\to 0$ 时,

(1)x^2 比 $3x$ 更快地趋向零;

(2)$3x$ 比 x^2 较慢地趋向零;这种快慢存在档次上的差别.

(3)而 $3x$ 与 x 趋向零的快慢虽有差别,但是是相仿的,不存在档次上的差别.

反映在极限上,当 $x\to 0$ 时,

(1)趋向零较快的无穷小与较慢的无穷小之商的极限为 0;

(2)趋向零较慢的无穷小与较快的无穷小之商的极限为 ∞;

(3)趋向零快慢相仿的无穷小之商的极限为不为零常数.

定义 设 α ,β 是当自变量 $x\to a (a$ 可以是有限数 x_0,可以是 $\pm\infty$ 或 $\infty)$ 时的两个无穷小,且 $\beta\neq 0$.

(1)如果 $\lim\limits_{x\to a}\dfrac{\alpha}{\beta}=0$,则称当 $x\to a$ 时 α 是 β 的高阶无穷小,或称 β 是 α 的低阶无穷小,记作 $\alpha =o(\beta),(x\to a)$;

(2)如果 $\lim\limits_{x\to a}\dfrac{\alpha}{\beta}=A,(A\neq 0)$,则称当 $x\to a$ 时 α 与 β 是同阶无穷小;特别地,当 $A=1$ 时,称当 $x\to a$ 时 α 与 β 是等价无穷小,记作 $\alpha\sim\beta ,(x\to a)$.

注意　记号"$\alpha = o(\beta),(x \to a)$"并不意味着 α,β 的数量之间有什么相等关系,它仅表示 α,β 是 $x \to a$ 时的无穷小,且 α 是 β 的高阶无穷小.

习题 5.2

1. 判断题.

(1)非常小的数是无穷小. (　　)

(2)零是无穷小. (　　)

(3)无限个无穷小的和还是无穷小. (　　)

2. 填空题.

(1)设 $y = \dfrac{1}{x+1}$,当 $x \to$ _____ 时,y 是无穷小量,当 $x \to$ _____ 时,y 是无穷大量;

(2)设 $\alpha(x)$ 是无穷小量,$E(x)$ 是有界变量,则 $\alpha(x)E(x)$ 为 _____;

(3)$\lim\limits_{x \to x_0} f(x) = A$ 的充分必要条件是当 $x \to x_0$ 时,$f(x) - A$ 为 _____;

(4)$\lim\limits_{x \to 0} x \sin \dfrac{1}{x} =$ _____ .

3. 下列各题中,指出哪些是无穷小?哪些是无穷大?

(1)$\dfrac{1+x}{x^2}(x \to \infty)$;　　　　　　　　(2)$\dfrac{3x-1}{x}(x \to 0)$;

(3)$\ln|x|(x \to 0)$;　　　　　　　　　　(4)$e^{\frac{1}{x}}(x \to 0)$

*4. 当 $x \to +\infty$ 时,下列哪个无穷小与无穷小 $\dfrac{1}{x}$ 是同阶无穷小?哪个无穷小与无穷小 $\dfrac{1}{x}$ 是等价无穷小?哪个无穷小是比无穷小 $\dfrac{1}{x}$ 高阶的无穷小?

(1)$\dfrac{1}{2x}$;　　　　　(2)$\dfrac{1}{x^2}$;　　　　　(3)$\dfrac{1}{|x|}$.

5.3　极限的运算法则

本节讨论极限的运算法则,并用这些法则求一些函数的极限.

定理　如果 $\lim\limits_{x \to x_0} f(x) = A, \lim\limits_{x \to x_0} g(x) = B$,那么

1. $\lim\limits_{x \to x_0} [f(x) \pm g(x)] = \lim\limits_{x \to x_0} f(x) \pm \lim\limits_{x \to x_0} g(x) = A \pm B$;

2. $\lim\limits_{x \to x_0} [f(x) \cdot g(x)] = \lim\limits_{x \to x_0} f(x) \cdot \lim\limits_{x \to x_0} g(x) = A \cdot B$;

特别地, $\lim\limits_{x \to x_0} C \cdot f(x) = C \cdot \lim\limits_{x \to x_0} f(x) = C \cdot A$,($C$ 为常数);

3. $\lim\limits_{x \to x_0} \dfrac{f(x)}{g(x)} = \dfrac{\lim\limits_{x \to x_0} f(x)}{\lim\limits_{x \to x_0} g(x)} = \dfrac{A}{B}$,($B \neq 0$).

说明:

1. 上述运算法则对于 $x \to \infty$ 等其他变化过程同样成立;

2. 法则 1,2 可推广到有限个函数的情况,因此只要 x 使函数有意义,例如,下面的等式也

成立：

$$\lim_{x \to x_0} [f(x)]^n = [\lim_{x \to x_0} f(x)]^n, [\lim_{x \to x_0} f(x)]^\alpha = [\lim_{x \to x_0} f(x)]^\alpha, \alpha \in \mathbf{Q}.$$

极限运算"$\lim\limits_{x \to x_0}$"与四则运算(加、减、乘、除)可以交换次序(其中除法运算时分母的极限必须不等于零).

例1 求 $\lim\limits_{x \to 2} (x^2 + 2x - 3)$.

解 $\lim\limits_{x \to 2} (x^2 + 2x - 3) = \lim\limits_{x \to 2} x^2 + \lim\limits_{x \to 2} 2x - \lim\limits_{x \to 2} 3 = [\lim\limits_{x \to 2} x]^2 + 2 \cdot \lim\limits_{x \to 2} x - 3 = 2 \cdot 2 + 2 \cdot 2 - 3 = 5.$

例2 求 $\lim\limits_{x \to 1} \dfrac{x^2 - 2x + 5}{x^2 + 6}$.

解 $\lim\limits_{x \to 1} \dfrac{x^2 - 2x + 5}{x^2 + 6} = \dfrac{\lim\limits_{x \to 1} (x^2 - 2x + 5)}{\lim\limits_{x \to 1} (x^2 + 6)} = \dfrac{4}{7}.$

例3 求 $\lim\limits_{x \to 1} \dfrac{x^2 - 1}{x - 1}$.

解 $\lim\limits_{x \to 1} \dfrac{x^2 - 1}{x - 1} = \lim\limits_{x \to 1} \dfrac{(x - 1)(x + 1)}{x - 1} = \lim\limits_{x \to 1} (x + 1) = 2.$

例4 求 $\lim\limits_{x \to 4} \dfrac{x - 4}{\sqrt{x + 5} - 3}$.

解 $\lim\limits_{x \to 4} \dfrac{x - 4}{\sqrt{x + 5} - 3} = \lim\limits_{x \to 4} \dfrac{(x - 4)(\sqrt{x + 5}) + 3)}{(\sqrt{x + 5} - 3)(\sqrt{x + 5}) + 3)}$

$$= \lim\limits_{x \to 4} \dfrac{(x - 4)(\sqrt{x + 5}) + 3)}{x - 4} = \lim\limits_{x \to 4} (\sqrt{x + 5} + 3)$$

$$= \lim\limits_{x \to 4} (\sqrt{x + 5} + 3) = 6.$$

例5 求 $\lim\limits_{x \to \infty} \dfrac{n^2 + 2n + 1}{2n^2 + 3n + 4}$.

解 $\lim\limits_{x \to \infty} \dfrac{n^2 + 2n + 1}{2n^2 + 3n + 4} = \lim\limits_{x \to \infty} \dfrac{1 + \dfrac{2}{n} + \dfrac{1}{n^2}}{2 + \dfrac{3}{n} + \dfrac{4}{n^2}} = \dfrac{\lim\limits_{x \to \infty} \left(1 + \dfrac{2}{n} + \dfrac{1}{n^2}\right)}{\lim\limits_{x \to \infty} \left(2 + \dfrac{3}{n} + \dfrac{4}{n^2}\right)} = \dfrac{1}{2}.$

例6 求 $\lim\limits_{x \to \infty} \dfrac{2x^2 - x + 5}{3x^3 - 2x - 1}$.

解 $\lim\limits_{x \to \infty} \dfrac{2x^2 - x + 5}{3x^3 - 2x - 1} = \lim\limits_{x \to \infty} \dfrac{\dfrac{2}{x} - \dfrac{1}{x^2} + \dfrac{5}{x^3}}{3 - \dfrac{2}{x^2} - \dfrac{1}{x^3}} = \dfrac{0}{3} = 0.$

例7 求 $\lim\limits_{x \to \infty} \dfrac{2x^2 - x + 5}{3x^2 - 2x - 1}$.

解 $\lim\limits_{x \to \infty} \dfrac{2x^2 - x + 5}{3x^2 - 2x - 1} = \lim\limits_{x \to \infty} \dfrac{2 - \dfrac{1}{x} + \dfrac{5}{x^2}}{3 - \dfrac{2}{x} - \dfrac{1}{x^2}} = \dfrac{2}{3}$

例8 求 $\lim\limits_{x \to \infty} \dfrac{2x^3 - x^2 + 5}{x^2 + 7}$.

解　因为 $\lim\limits_{x \to \infty} \dfrac{x^2 + 7}{2x^3 - x^2 + 5} = \lim\limits_{x \to \infty} \dfrac{\dfrac{1}{x} + \dfrac{7}{x^3}}{2 - \dfrac{1}{x} + \dfrac{5}{x^3}} = 0$,

所以

$$\lim_{x \to \infty} \frac{2x^3 - x^2 + 5}{x^2 + 7} = \infty.$$

归纳例 6、例 7、例 8,可得以下的一般结论,即当 $a_0 \neq 0$,$b_0 \neq 0$ 时有

$$\lim_{x \to \infty} \frac{a_0 x^m + a_1 x^{m-1} + \cdots + a_m}{b_0 x^n + b_1 x^{n-1} + \cdots + b_n} \begin{cases} 0, & \text{当 } m < n \\ \dfrac{a_0}{b_0}, & \text{当 } m = n \\ \infty, & \text{当 } m > n. \end{cases}$$

习题 5.3

计算下列极限.

$(1) \lim\limits_{x \to 1} (x^2 + 2x - 3)$;

$(2) \lim\limits_{x \to 1} \dfrac{4x - 1}{x - 2}$;

$(3) \lim\limits_{x \to 1} \dfrac{x^2 + 1}{x - 2}$;

$(4) \lim\limits_{x \to 1} \dfrac{x^2 + 2x - 3}{x^2 - 1}$;

$(5) \lim\limits_{x \to 2} \dfrac{x^2 - 4x + 4}{x^2 - 4}$;

$(6) \lim\limits_{h \to 0} \dfrac{(x + h)^2 - x^2}{h}$;

$(7) \lim\limits_{x \to 1} \left(\dfrac{1}{1 - x} - \dfrac{3}{1 - x^3} \right)$;

$(8) \lim\limits_{x \to \infty} \left(2 - \dfrac{3}{x} - \dfrac{1}{x^2} \right)$;

$(9) \lim\limits_{x \to 1} \left(\sqrt{x^2 + x + 1} - \sqrt{x^2 - x + 1} \right)$;

$(10) \lim\limits_{n \to \infty} \dfrac{1 + 2 + 3 + \cdots + (n - 1)}{n^2}$;

$(11) \lim\limits_{x \to 4} \dfrac{\sqrt{2x + 1} - 3}{\sqrt{x - 2} - \sqrt{2}}$;

$(12) \lim\limits_{n \to \infty} \dfrac{3x^2 + x - 5}{x^2 + 7}$.

5.4　两个重要极限

本节给出在微分学中有重要应用的两个极限,并用这两个重要极限求一些极限.

5.4.1　极限 $\lim\limits_{x \to 0} \dfrac{\sin x}{x} = 1$

观察当 $x \to 0$ 时函数 $f(x) = \dfrac{\sin x}{x}$ 的变化趋势:

$x(\text{rad})$	0.50	0.10	0.05	0.04	0.03	0.02	...
$\dfrac{\sin x}{x}$	0.958 5	0.998 3	0.999 6	0.999 7	0.999 8	0.999 9	...

当 x 取正值趋近于 0 时,$\dfrac{\sin x}{x} \to 1$,即 $\lim\limits_{x \to 0^+} \dfrac{\sin x}{x} = 1$;

当 x 取负值趋近于 0 时,$-x \to 0$,$-x > 0$,$\sin(-x) > 0$. 于是

$$\lim_{x \to 0} \frac{\sin x}{x} = \lim_{-x \to 0^+} \frac{\sin(-x)}{(-x)}.$$

综上所述,得 $\displaystyle\lim_{x \to 0} \frac{\sin x}{x} = 1.$

极限 $\displaystyle\lim_{x \to 0} \frac{\sin x}{x} = 1$ 在极限计算中有重要应用,它在形式上有以下特点:

(1) 它是 "$\dfrac{0}{0}$" 型;

(2) 推广　如果 $\displaystyle\lim_{x \to a} \varphi(x) = 0,(a$ 可以是有限数 $x_0,\pm\infty$ 或 $\infty)$,则

$$\lim_{x \to a} \frac{\sin[\varphi(x)]}{\varphi(x)} = \lim_{\varphi(x) \to 0} \frac{\sin[\varphi(x)]}{\varphi(x)} = 1.$$

例 1　求 $\displaystyle\lim_{x \to 0} \frac{\tan x}{x}.$

解　$\displaystyle\lim_{x \to 0} \frac{\tan x}{x} = \lim_{x \to 0} \frac{\frac{\sin x}{\cos x}}{x} = \lim_{x \to 0} \frac{\sin x}{x} \cdot \frac{1}{\cos x} = \lim_{x \to 0} \frac{\sin x}{x} \cdot \lim_{x \to 0} \frac{1}{\cos x} = 1 \cdot 1 = 1.$

例 2　求 $\displaystyle\lim_{x \to 0} \frac{\sin 3x}{x}.$

解　$\displaystyle\lim_{x \to 0} \frac{\sin 3x}{x} = \lim_{x \to 0} \frac{3\sin 3x}{3x} \xlongequal{\text{令 } 3x = t} 3\lim_{t \to 0} \frac{\sin t}{t} = 3.$

例 3　求 $\displaystyle\lim_{x \to 0} \frac{1 - \cos x}{x^2}.$

解　$\displaystyle\lim_{x \to 0} \frac{1 - \cos x}{x^2} = \lim_{x \to 0} \frac{2\sin^2 \frac{x}{2}}{x^2} = \lim_{x \to 0} \frac{2\sin^2 \frac{x}{2}}{4\left(\frac{x}{2}\right)^2} = \lim_{x \to 0} \frac{1}{2} \cdot \frac{\sin \frac{x}{2}}{\frac{x}{2}} \cdot \frac{\sin \frac{x}{2}}{\frac{x}{2}} = \frac{1}{2}.$

例 4　求 $\displaystyle\lim_{x \to 0} \frac{\tan x - \sin x}{x^3}.$

解　$\displaystyle\lim_{x \to 0} \frac{\tan x - \sin x}{x^3} = \lim_{x \to 0} \frac{\frac{\sin x}{\cos x} - \sin x}{x^3} = \lim_{x \to 0} \frac{\sin x \cdot \frac{1 - \cos x}{\cos x}}{x^3}$

$$= \lim_{x \to 0} \frac{\sin x}{x} \cdot \lim_{x \to 0} \frac{1}{\cos x} \cdot \lim_{x \to 0} \frac{1 - \cos x}{x^2} = \frac{1}{2}.$$

5.4.2　极限 $\displaystyle\lim_{x \to \infty} \left(1 + \frac{1}{x}\right)^x = \mathrm{e}$

观察当 $x \to +\infty$ 时函数的变化趋势:

x	1	2	10	1 000	10 000	100 000	100 000	…
$\left(1 + \frac{1}{x}\right)^x$	2	2.25	2.594	2.717	2.718 1	2.718 2	2.718 28	…

当 x 取正值并无限增大时,$\left(1 + \dfrac{1}{x}\right)^x$ 是逐渐增大的,但是不论 x 如何大,$\left(1 + \dfrac{1}{x}\right)^x$ 的值总

不会超过 3. 实际上如果继续增大 x. 即当 $x \to +\infty$ 时,可以验证 $\left(1 + \dfrac{1}{x}\right)^x$ 是趋近于一个确定

的无理数 $e = 2.718281828\cdots$.

当 $x \to -\infty$ 时,函数 $(1 + \dfrac{1}{x})^x$ 有类似的变化趋势,只是它是逐渐减小而趋向于 e.

综上所述,得

$$\lim_{x \to \infty}(1 + \frac{1}{x})^x = e.$$

极限 $\lim\limits_{x \to \infty}(1 + \dfrac{1}{x})^x = e$ 的特点:

(1) $\lim(1 + \text{无穷小})^{\text{无穷大}}$;

(2)"无穷小"与"无穷大"的解析式互为倒数.

令 $\dfrac{1}{x} = t$,则 $x \to \infty$ 时 $t \to 0$,代入 $\lim\limits_{x \to \infty}(1 + \dfrac{1}{x})^x = e$ 后得到

$$\lim_{t \to 0}(1 + t)^{\frac{1}{t}} = e.$$

推广(1)若 $\lim\limits_{x \to a}\varphi(x) = \infty$,($a$ 可以是有限数 x_0,$\pm\infty$ 或 ∞),则

$$\lim_{x \to a}\left(1 + \frac{1}{\varphi(x)}\right)^{\varphi(x)} = \lim_{\varphi(x) \to \infty}\left[1 + \frac{1}{\varphi(x)}\right]^{\varphi(x)} = e;$$

(2)若 $\lim\limits_{x \to a}\varphi(x) = 0$,($a$ 可以是有限数 x_0,$\pm\infty$ 或 ∞),则

$$\lim_{x \to a}(1 + \varphi(x))^{\frac{1}{\varphi(x)}} = \lim_{\varphi(x) \to 0}\left[1 + \varphi(x)\right]^{\frac{1}{\varphi(x)}} = e.$$

如果在形式上分别对底和幂求极限,得到的是不确定的结果 1^∞,因此通常称之为 1^∞ 不定型.

例5 求 $\lim\limits_{x \to \infty}\left(1 - \dfrac{2}{x}\right)^x$.

解 令 $-\dfrac{2}{x} = t$,则 $x = -\dfrac{2}{t}$.

当 $x \to \infty$ 时 $t \to 0$,

于是 $\quad \lim\limits_{x \to \infty}\left(1 - \dfrac{2}{x}\right)^x = \lim\limits_{t \to 0}(1 + t)^{\frac{2}{t}} = \left[\lim\limits_{t \to 0}(1 + t)^{\frac{1}{t}}\right]^{-2} = e^{-2}.$

例6 求 $\lim\limits_{x \to \infty}\left(\dfrac{3 - x}{2 - x}\right)^x$.

解 令 $\dfrac{3 - x}{2 - x} = 1 + u$,则 $x = 2 - \dfrac{1}{u}$.

当 $x \to \infty$ 时 $u \to 0$,

于是 $\quad \lim\limits_{x \to \infty}\left(\dfrac{3 - x}{2 - x}\right)^x = \lim\limits_{u \to 0}(1 + u)^{2 - \frac{1}{u}}$

$$= \lim_{u \to 0}\left[(1 + u)^{-\frac{1}{u}} \cdot (1 + u)^2\right]$$

$$= \left[\lim_{u \to 0}(1 + u)^{\frac{1}{u}}\right]^{-1} \cdot \left[\lim_{u \to 0}(1 + u)^2\right] = e^{-1}.$$

例7 求 $\lim\limits_{x \to 0}(1 + \tan x)^{\cot x}$.

解 设 $t = \tan x$,则 $\dfrac{1}{t} = \cot x$.

当 $x \to 0$ 时 $t \to 0$,

于是
$$\lim_{x \to 0}(1 + \tan x)^{\cot x} = \lim_{t \to 0}(1 + t)^{\frac{1}{t}} = e.$$

习题5.4

求下列极限

(1) $\lim\limits_{x \to 0} \dfrac{x}{\sin x}$;

(2) $\lim\limits_{x \to 0} \dfrac{\sin 3x}{5x}$;

(3) $\lim\limits_{x \to 0} \dfrac{\tan 3x}{x}$;

(4) $\lim\limits_{x \to 0} \dfrac{x}{\sin 4x}$;

(5) $\lim\limits_{x \to 0} \dfrac{\sin 3x}{\sin 4x}$;

(6) $\lim\limits_{x \to 0}(x - 3)\dfrac{\sin x}{x}$;

(7) $\lim\limits_{x \to 0}\left(1 - \dfrac{1}{x}\right)^{x}$;

(8) $\lim\limits_{x \to 0}\left(1 + \dfrac{2}{x}\right)^{x}$;

(9) $\lim\limits_{x \to 0}(1 - x)^{\frac{1}{x}}$;

(10) $\lim\limits_{x \to 0}\left(\dfrac{x}{1 + x}\right)^{x}$.

5.5　函数的连续性

5.5.1　函数在一点的连续

所谓"函数连续变化",在直观上来看,它的图像是连续不断的,或者说"可以笔尖不离纸面地一笔画成";从数量上分析,当自变量的变化微小时,函数值的变化也是很微小的.

例如,函数(1) $g(x) = x + 1$,(2) $f_1(x) = \begin{cases} x + 1, & x > 1 \\ x - 1, & x \leqslant 1 \end{cases}$,(3) $f_2(x) = \dfrac{x^2 - 1}{x - 1}$;作出它们的图像.

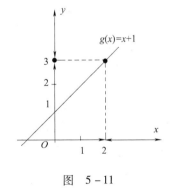

图　5 – 11

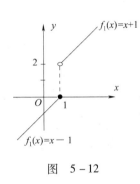

图　5 – 12

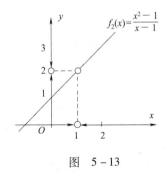

图　5 – 13

(1) 函数 $g(x) = x + 1$ 在 $x = 1$ 处有定义,图 5 – 11 在对应于自变量 $x = 1$ 的点处是不间断的或者说是连续的. 表现在数量上, $g(x)$ 在 $x = 1$ 处的极限与函数值相等,即成立 $\lim\limits_{x \to 1}g(x) = g(1)$.

(2) 函数 $f_1(x) = \begin{cases} x + 1, & x > 1 \\ x - 1, & x \leqslant 1 \end{cases}$,在 $x = 1$ 处有定义,图 5 – 12 在对应于自变量 $x = 1$ 的点处是间断的或者说是不连续的. 表现在数量上, $f_1(x)$ 在 $x = 1$ 处的极限与函数值不等. 进一步还可以看出: $\lim\limits_{x \to 1^{+}}f_1(x)$, $\lim\limits_{x \to 1^{-}}f_1(x)$ 存在却不相等,因此 $\lim\limits_{x \to 1}f_1(x)$ 不存在.

(3)函数 $f_2(x) = \dfrac{x^2-1}{x-1}$ 在 $x=1$ 处无定义,图 5-13 在对应于自变量 $x=1$ 的点处是间断的或者说是不连续的.表现在数量上,$f_2(x)$ 在 $x=1$ 处的极限与函数值不等.进一步还可以看出:$\lim\limits_{x\to1}f_2(x)=2$ 虽然存在,但 $f_2(1)$ 却无意义,所以两者都没有极限与函数值之间的相等关系.

定义 1 如果函数 $f(x)$ 在 x_0 的某一领域内有定义,且 $\lim\limits_{x\to x_0}f(x)=f(x_0)$,就称函数 $f(x)$ 在 x_0 处连续,称 x_0 为函数 $f(x)$ 的连续点.

例 1 研究函数 $f(x)=x^2+1$ 在 $x=2$ 处的连续性.

解 (1)函数 $f(x)=x^2+1$ 在 $x=2$ 的某一领域内有定义,$f(2)=5$,

(2)$\lim\limits_{x\to2}f(x)=\lim\limits_{x\to2}(x^2+1)=5$,

(3)$\lim\limits_{x\to2}f(x)=f(2)$,

因此,函数 $f(x)=x^2+1$ 在 $x=2$ 处连续.

注意 从定义 1 可以看出,函数 $f(x)$ 在 x_0 处连续必须同时满足以下三个条件:

(1)函数 $f(x)$ 在 x_0 的某一领域内有定义;

(2)极限 $\lim\limits_{x\to x_0}f(x)$ 存在;

(3)极限值等于函数值,即 $\lim\limits_{x\to x_0}f(x)=f(x_0)$.

如果函数 $y=f(x)$ 的自变量 x 由 x_0 变到 x,我们称差值 $x-x_0$ 为自变量 x 在 x_0 处的改变量或增量,通常用符号 Δx 表示,即 $\Delta x=x-x_0$.此时相应的函数值由 $f(x_0)$ 变到 $f(x)$,我们称差值 $f(x)-f(x_0)$ 为函数 $y=f(x)$ 在点 x_0 处的改变量或增量,记作 Δy,即 $\Delta y=f(x)-f(x_0)$.

由于 $\Delta x=x-x_0$,所以 $x=x_0+\Delta x$,因而 $\Delta y=f(x)-f(x_0)=f(x_0+\Delta x)-f(x_0)$.

利用增量记号,$x\to x_0$ 等价于 $\Delta x=x-x_0\to0$,$\lim\limits_{x\to x_0}f(x)=f(x_0)$ 等价于 $\lim\limits_{x\to x_0}[f(x)-f(x_0)]=0$,上式又等价于 $\lim\limits_{\Delta x\to0}\Delta y=0$.

定义 1 设函数 $f(x)$ 在 x_0 及其附近有定义,如果当自变量 x 在 x_0 处的增量 Δx 趋于零时,相应的函数增量 $\Delta y=f(x_0+\Delta x)-f(x_0)$ 也趋于零,即 $\lim\limits_{\Delta x\to0}\Delta y=0$,则称函数 $f(x)$ 在 x_0 处连续,称 x_0 为函数 $f(x)$ 的连续点.

连续的直观认识:当自变量的变化很微小时,函数值的变化也很微小.

定义 2 如果函数 $y=f(x)$ 在 x_0 及其左边附近有定义,且 $\lim\limits_{x\to x_0^-}f(x)=f(x_0)$,则称函数 $y=f(x)$ 在 x_0 处左连续.如果函数 $y=f(x)$ 在 x_0 及其右边附近有定义,且 $\lim\limits_{x\to x_0^+}f(x)=f(x_0)$,则称函数 $y=f(x)$ 在 x_0 处右连续.

$y=f(x)$ 在 x_0 处连续 $\Leftrightarrow y=f(x)$ 在 x_0 处既左连续又右连续.

例 2 讨论函数 $f(x)=\begin{cases}1+\cos x, & x<\dfrac{\pi}{2}, \\ \sin x, & x\geq\dfrac{\pi}{2}\end{cases}$ 在 $x=\dfrac{\pi}{2}$ 处的连续性.

解 (1)$f\left(\dfrac{\pi}{2}\right)=1$;

(2)由于 $\lim\limits_{x\to\frac{\pi}{2}^-}f(x)=\lim\limits_{x\to\frac{\pi}{2}^-}(1+\cos x)=1+\cos\dfrac{\pi}{2}=1$,

$$\lim_{x \to \frac{\pi}{2}^+} f(x) = \lim_{x \to \frac{\pi}{2}^+} \sin x = \sin \frac{\pi}{2} = 1,$$

所以

$$\lim_{x \to \frac{\pi}{2}^-} f(x) = \lim_{x \to \frac{\pi}{2}^+} f(x)$$

则

$$\lim_{x \to \frac{\pi}{2}} f(x) = 1;$$

（3）且 $\lim\limits_{x \to \frac{\pi}{2}} f(x) = f(\frac{\pi}{2})$.

因此　　　　　　　　　　　　$f(x)$ 在 $x = \dfrac{\pi}{2}$ 处连续.

5.5.2　连续函数及其运算

1. 连续函数

定义 3　如果函数 $y = f(x)$ 在开区间 (a,b) 内每一点都是连续的,则称函数 $y = f(x)$ 在开区间 (a,b) 内连续,或者说 $y = f(x)$ 是 (a,b) 内的连续函数.

如果函数 $y = f(x)$ 在闭区间 $[a,b]$ 上定义,在开区间 (a,b) 内连续,

且在区间的两个端点 $x = a$ 与 $x = b$ 处分别是右连续和左连续,

即　　　　　　　　$\lim\limits_{x \to a^+} f(x) = f(a)$, $\lim\limits_{x \to b^-} f(x) = f(b)$,

则称函数 $y = f(x)$ 在闭区间 $[a,b]$ 上连续,或者说 $f(x)$ 是闭区间 $[a,b]$ 上的连续函数.

函数 $f(x)$ 在它定义域内的每一点都连续,则称 $f(x)$ 为连续函数.

2. 连续函数的运算

定理 1　如果函数 $f(x)$, $g(x)$ 在某一点 $x = x_0$ 处连续,则 $f(x) \pm g(x)$, $f(x) \cdot g(x)$, $\dfrac{f(x)}{g(x)}$ $(g(x_0) \neq 0)$ 在点 $x = x_0$ 处都连续.

证明　因为 $f(x)$, $g(x)$ 在点 x_0 处连续,所以

$$\lim_{x \to x_0} f(x) = f(x_0) , \lim_{x \to x_0} g(x) = g(x_0) ,$$

由极限的运算法则,得到

$$\lim_{x \to x_0} [f(x) \pm g(x)] = \lim_{x \to x_0} f(x) \pm \lim_{x \to x_0} g(x) = f(x_0) \pm g(x_0).$$

因此,函数 $f(x) \pm g(x)$ 在点 x_0 处连续.

同样可证明后两个结论.

注意　和、差、积的情况可以推广到有限个函数的情形.

定理 2(复合函数的连续性)　设函数 $u = \varphi(x)$ 在点 x_0 处连续,$y = f(u)$ 在 u_0 处连续,$u_0 = \varphi(x_0)$,则复合函数 $y = f[\varphi(x)]$ 在点 x_0 处连续,即 $\lim\limits_{x \to x_0} f[\varphi(x)] = f[\lim\limits_{x \to x_0} \varphi(x)] = f[\varphi(x_0)]$.

推论　设 $\lim\limits_{x \to a} \varphi(x)$ 存在为 u_0,函数 $y = f(u)$ 在 u_0 处连续,则 $\lim\limits_{x \to a} f[\varphi(x)] = f[\lim\limits_{x \to a} \varphi(x)]$.

即极限符号"$\lim\limits_{x \to a}$"与连续的函数符号"f"可交换次序,即可以在函数内求极限.

3. 初等函数的连续性

基本初等函数以及常数函数在其定义区间内是连续的.

初等函数在其定义区间内是连续的.

例 3 求 $\lim\limits_{x \to 1} \sin\left(\pi x - \dfrac{\pi}{2}\right)$.

解 $\lim\limits_{x \to 1} \sin\left(\pi x - \dfrac{\pi}{2}\right) = \sin\left(\pi \cdot 1 - \dfrac{\pi}{2}\right) = \sin\dfrac{\pi}{2} = 1.$

例 4 证明 $\lim\limits_{x \to 0} \dfrac{\ln(1+x)}{x} = 1.$

证明 $\lim\limits_{x \to 0} \dfrac{\ln(1+x)}{x} = \lim\limits_{x \to 0} \ln(1+x)^{\frac{1}{x}} = \ln\left[\lim\limits_{x \to 0}(1+x)^{\frac{1}{x}}\right] = 1.$

例 5 证明 $\lim\limits_{x \to 0} \dfrac{e^x - 1}{x} = 1.$

证明 令 $e^x - 1 = t$, 则 $x = \ln(1+t)$, 且 $x \to 0$ 时 $t \to 0$, 于是即可得

$$\lim\limits_{x \to 0} \dfrac{e^x - 1}{x} = \lim\limits_{t \to 0} \dfrac{t}{\ln(1+t)} = \dfrac{1}{\lim\limits_{t \to 0} \dfrac{1}{t}\ln(1+t)} = 1.$$

5.5.3 函数的间断点

1. 间断点的概念

如果函数 $y = f(x)$ 在点 x_0 处不连续, 则称 $f(x)$ 在 x_0 处间断, 并称 x_0 为 $f(x)$ 的间断点.
$f(x)$ 在 x_0 处间断有以下三种可能:

(1) 函数 $f(x)$ 在 x_0 处没有定义;

(2) $f(x)$ 在 x_0 处有定义, 但极限 $\lim\limits_{x \to x_0} f(x)$ 不存在;

(3) $f(x)$ 在 x_0 处有定义, 极限 $\lim\limits_{x \to x_0} f(x)$ 存在, 但 $\lim\limits_{x \to x_0} f(x) \neq f(x_0)$.

例如, (1) 函数 $f(x) = \dfrac{1}{x}$ 在 $x = 0$ 处无定义, 所以 $x = 0$ 是其的间断点;

(2) 函数 $f(x) = \begin{cases} x^2, & x \geq 0, \\ x+1, & x < 0 \end{cases}$ 在 $x = 0$ 处有定义 $f(0) = 0$, 但 $\lim\limits_{x \to 0^+} f(x) = 0$, $\lim\limits_{x \to 0^-} f(x) = 1$, 故
$\lim\limits_{x \to 0} f(x)$ 不存在, 所以 $x = 0$ 是 $f(x)$ 的间断点;

(3) 函数 $f(x) = \begin{cases} \dfrac{x^2-1}{x-1}, & x \neq 1 \\ 1, & x = 1 \end{cases}$ 在 $x = 1$ 处有定义 $f(1) = 1$, $\lim\limits_{x \to 1} f(x) = 2$ 极限存在但不等于
$f(1)$, 所以 $x = 1$ 是 $f(x)$ 的间断点.

2. 间断点的分类

设 x_0 是 $f(x)$ 的间断点, 若 $f(x)$ 在 x_0 点的左、右极限都存在, 则称 x_0 为 $f(x)$ 的第一类间断点; 凡不是第一类的间断点都称为第二类间断点.

在第一类间断点中, 如果左、右极限存在但不相等, 这种间断点又称为跳跃间断点; 如果左、右极限存在且相等 (即极限存在), 但函数在该点没有定义, 或者虽然函数在该点有定义, 但函数值不等于极限值, 这种间断点又称为可去间断点.

函数 $y = \dfrac{1}{x}$ 在 $x = 0$ 处间断. 因为 $\lim\limits_{x \to 0^+} \dfrac{1}{x} = +\infty$, $\lim\limits_{x \to 0^-} \dfrac{1}{x} = -\infty$, 所以 $x = 0$ 是 $y = \dfrac{1}{x}$ 的第二类间断点.

例 6 讨论函数 $f(x) = \begin{cases} x-4, & -2 \leq x < 0, \\ -x+1, & 0 \leq x \leq 2 \end{cases}$ 在 $x = 1$ 与 $x = 0$ 处的连续性.

解　(1)因为 $\lim\limits_{x\to 1}f(x)=\lim\limits_{x\to 1}(-x+1)$，而 $f(1)=0$，故 $\lim\limits_{x\to 1}f(x)=f(1)$，因此 $x=1$ 是 $f(x)$ 的连续点.

(2)因为 $\lim\limits_{x\to 0^+}f(x)=\lim\limits_{x\to 0^+}(-x+1)=1$，$\lim\limits_{x\to 0^-}f(x)=\lim\limits_{x\to 0^-}(x-4)=-4$，则

$$\lim\limits_{x\to 0^+}f(x)\neq\lim\limits_{x\to 0^-}f(x),$$

所以有

$$\lim\limits_{x\to 0}f(x)\text{不存在},$$

因此 $x=0$ 是 $f(x)$ 的间断点，且是第一类的跳跃型间断点.

例 7　讨论函数 $f(x)=\dfrac{x^2-1}{x(x-1)}$ 的连续性，若有间断点，指出其类型.

解　在 $x=0$，$x=1$ 处间断.

在 $x=0$ 处，因为 $\lim\limits_{x\to 0}f(x)=\lim\limits_{x\to 0}\dfrac{x^2-1}{x(x-1)}=\infty$，所以 $x=0$ 是 $f(x)$ 的第二类间断点；

在 $x=1$ 处，因为 $\lim\limits_{x\to 1}f(x)=\lim\limits_{x\to 1}\dfrac{x^2-1}{x(x-1)}=\lim\limits_{x\to 1}\dfrac{x+1}{x}=2$，所以 $x=1$ 是 $f(x)$ 的第一类可去间断点.

5.5.4　闭区间上连续函数的性质

定理 3(最大值最小值定理)　闭区间上的连续函数必能取到最大值和最小值.

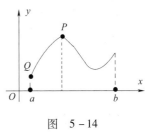

图　5-14

如图 5-14，几何直观上看，因为闭区间上的连续函数的图像，是包括两端点的一条不间断的曲线，因此它必定有最高点 P 和最低点 Q，P 与 Q 的纵坐标正是函数的最大值和最小值.

注意　如果函数仅在开区间 (a,b) 或半闭半开的区间 $[a,b)$，$(a,b]$ 内连续，或函数在闭区间上有间断点，那么函数在该区间上就不一定有最大值或最小值.

例如，(1)函数 $y=x$ 在开区间 (a,b) 内是连续的，这函数在开区间 (a,b) 内就既无最大值，又无最小值. 如图 5-15 所示.

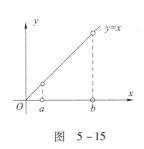

图　5-15

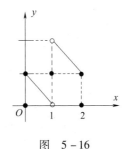

图　5-16

(2)函数 $f(x)=\begin{cases}-x+1, & 0\leqslant x<1 \\ 1, & x=1 \\ -x+3, & 1<x\leqslant 2\end{cases}$ 在闭区间 $[0,2]$ 上有间断点 $x=1$，它在闭区间 $[0,2]$ 上也是既无最大值，又无最小值. 如图 5-16 所示.

定理 4(介值定理)　若 $f(x)$ 在闭区间 $[a,b]$ 上连续，m 与 M 分别是 $f(x)$ 在闭区间 $[a,b]$ 上的最小值和最大值，u 是介于 m 与 M 之间的任一实数：$m\leqslant u\leqslant M$，则在 $[a,b]$ 上至少存在一点 ξ，使得 $f(\xi)=u.$

介值定理的几何意义:介于两条水平直线 $y = m$ 与 $y = M$ 之间的任一条直线 $y = u$,与 $y = f(x)$ 的图像曲线至少有一个交点. 如图 5 - 17 所示.

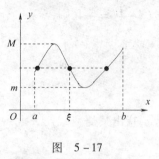

图　5 - 17　　　　　　　　　　图　5 - 18

推论(方程实根的存在定理)　若 $f(x)$ 在闭区间 $[a,b]$ 上连续,且 $f(a)$ 与 $f(b)$ 异号,则在 (a,b) 内至少有一个根,即至少存在一点 ξ,使 $f(\xi) = 0$.

推论的几何意义:一条连续曲线,若其上的点的纵坐标由负值变到正值或由正值变到负值时,则曲线至少要穿过 x 轴一次. 如图 5 - 18 所示.

使 $f(x) = 0$ 的点称为函数 $y = f(x)$ 的零点. 如果 $x = \xi$ 是函数 $f(x)$ 的零点,即 $f(\xi) = 0$,那么 $x = \xi$ 就是方程 $f(x) = 0$ 的一个实根;反之方程 $f(x) = 0$ 的一个实根 $x = \xi$ 就是函数 $f(x)$ 的一个零点. 因此,求方程 $f(x) = 0$ 的实根与求函数 $f(x)$ 的零点是一回事. 正因为如此,定理 4 的推论通常称为方程根的存在定理.

例8　证明方程 $x = \cos x$ 在 $\left(0, \dfrac{\pi}{2}\right)$ 内至少有一个实根.

证明　$x - \cos x = 0$.

令 $f(x) = x - \cos x, 0 \leqslant x \leqslant \dfrac{\pi}{2}$,

则 $f(x)$ 在 $\left[0, \dfrac{\pi}{2}\right]$ 上连续,且 $f(0) = -1 < 0, f\left(\dfrac{\pi}{2}\right) = \dfrac{\pi}{2} > 0$.

由根的存在定理,在 $\left(0, \dfrac{\pi}{2}\right)$ 内至少有一点 ξ,使 $f(\xi) = \xi - \cos\xi = 0$,

即方程 $x = \cos x$ 在 $\left(0, \dfrac{\pi}{2}\right)$ 内至少有一个实根.

习题5.5

1.下列命题正确的是(　　).

(A)当 $x \to a$ 时,$f(x)$ 的极限存在,则 $f(x)$ 在点 a 处连续

(B) $\lim\limits_{x \to a} f(x)$ 存在,则 $f(x)$ 在点 a 处一定有定义

(C) $f(x)$ 在点 x_0 处连续,则 $\lim\limits_{x \to x_0} f(x)$ 存在

(D) $f(x)$ 在点 a 处有定义,则 $\lim\limits_{x \to a} f(x)$ 存在

2.设 $f(x) = \begin{cases} \dfrac{x^2 - 2x - 3}{x + 1}, & x \neq -1 \\ a, & x = -1 \end{cases}$,若 $\lim\limits_{x \to -1} f(x)$ 存在,则 $a = ($　　$)$.

(A) ∞　　　　(B) -4　　　　(C) 0　　　　(D)任意确定值

3.填空.

(1)函数 $f(x) = \dfrac{1}{1 + \dfrac{1}{x}}$ 的间断点是_____;

(2)$f(x) = \dfrac{1}{\ln(x-1)}$ 的连续区间是_____;

(3)函数 $y = \sqrt{x+2} + \dfrac{1}{\ln(x-1)}$ 的连续区间是_____;

(4)函数 $y = x^2 + x - 2$,当 $x = 1$,$\Delta x = 0.5$ 时,$\Delta y =$ _____;当 $x = 1$,$\Delta x = -0.5$ 时,$\Delta y =$ _____.

4.指出下列函数的间断点,并判断其类型.

(1)$f(x) = \dfrac{x^2 - 1}{x^2 - 3x + 2}$; (2)$f(x) = 2^{\frac{1}{x}} + 1$;

(3)$f(x) = \begin{cases} x, & x \neq 1 \\ \dfrac{1}{2}, & x = 1 \end{cases}$; (4)$f(x) = \begin{cases} \dfrac{1}{x+1}, & x < -1 \\ x, & -1 \leqslant x \leqslant 1 \\ (x-1)\sin\dfrac{1}{x-1}, & x > 1 \end{cases}$

5.设 $f(x) = \begin{cases} x^2 - 1, & 0 \leqslant x \leqslant 1 \\ x + 1, & x > 1 \end{cases}$,试判定 $f(x)$ 在 $x = \dfrac{1}{2}$,$x = 1$,$x = 2$ 处的连续性,并求出连续区间.

6.要使 $f(x)$ 连续,常数 a,b 各应取何值?

$$f(x) = \begin{cases} \dfrac{1}{x}\sin x, & x < 0 \\ a, & x = 0 \\ x\sin\dfrac{1}{x} + b, & x > 0. \end{cases}$$

7.已知函数 $f(x) = \begin{cases} ae^x, & x < 0 \\ a^2 + x, & x \geqslant 0 \end{cases}$,当 a 取何值时,函数 $f(x)$ 在其定义域内连续?

8.证明方程 $4x - 2^x = 0$ 在 $\left(0, \dfrac{1}{2}\right)$ 内至少有一个实根.

本章小结

1.几个重要概念

(1)$\lim\limits_{x \to \infty} f(x) = A \Leftrightarrow \lim\limits_{x \to -\infty} f(x) = \lim\limits_{x \to +\infty} f(x) = A$;

(2)$\lim\limits_{x \to x_0} f(x) = A \Leftrightarrow \lim\limits_{x \to x_0^-} f(x) = \lim\limits_{x \to x_0^+} f(x) = A$.

$x \to \infty$ 的含义为 $x \to \begin{cases} -\infty \\ +\infty \end{cases}$;$x \to x_0$ 的含义为 $x \to \begin{cases} x_0^- \\ x_0^+ \end{cases}$.

(3)无穷大和无穷小

无穷大和无穷小(除常数 0 外)都不是一个数,而是两类具有特定变化趋势的函数,因此不指出自变量的变化过程,笼统地说某个函数是无穷大或无穷小是没有意义的.

几个重要结论:

(1) $\lim\limits_{x \to a} f(x) = A$ (a 可以是有限数 x_0 或 $\pm\infty$,∞) $\Leftrightarrow f(x) = A + \alpha, \alpha \to 0$(当 $x \to a$);

(2) 若 y 是当 $x \to a$(a 可以是有限数 x_0 或 $\pm\infty$,∞) 时的无穷大(非零无穷小),则 $\dfrac{1}{y}$ 是当 $x \to a$ 时的无穷小(无穷大);

(3) 无穷小与有界函数之积仍为无穷小.

(4) 极限与连续的关系

① $f(x)$ 在 x_0 连续 $\Leftrightarrow \lim\limits_{x \to x_0^-} f(x) = \lim\limits_{x \to x_0^+} f(x) = f(x_0)$;

② $f(x)$ 在 x_0 连续 $\underset{\Longleftarrow}{\overset{\Longrightarrow}{}} \lim\limits_{x \to x_0} f(x)$ 存在.

*(4) 无穷小的比较

设 α, β 是 $x \to a$(a 可以是有限数 x_0 或 $\pm\infty$,∞) 时的无穷小,则

$$\lim_{x \to a} \frac{\alpha}{\beta} = \begin{cases} 0, \alpha \text{ 是 } \beta \text{ 的高阶无穷小;} \\ \infty, \alpha \text{ 是 } \beta \text{ 的低阶无穷小;} \\ c, (c \neq 0), \alpha \text{ 与 } \beta \text{ 是同阶无穷小; 若 } c = 1, \alpha \text{ 与 } \beta \text{ 是等价无穷小.} \end{cases}$$

2. 计算极限的方法

(1) 极限的四则运算法则与两个重要极限

利用极限的四则运算法则求极限时,注意需要满足的条件;

两个重要极限给出了两个特殊的"$\dfrac{0}{0}$","1^∞"型未定型的极限:

$$\lim_{x \to 0} \frac{\sin x}{x} = 1, \left(\text{可推广为 } \lim_{\varphi(x) \to 0} \frac{\sin \varphi(x)}{\varphi(x)} = 1\right);$$

$$\lim_{x \to \infty} \left(1 + \frac{1}{x}\right)^x = e, \left(\text{可推广为 } \lim_{f(x) \to \infty} \left[\left(1 + \frac{1}{f(x)}\right)^{f(x)}\right] = e \text{ 及 } \lim_{\varphi(x) \to 0} \left[1 + \varphi(x)\right]^{\frac{1}{\varphi(x)}} = e\right).$$

(2) 求极限的基本思路

极限分为两大类:确定型和未定型.

确定型极限指可直接利用极限的运算法则或函数的连续性得到极限;

未定型包括"$\dfrac{0}{0}$","$\dfrac{\infty}{\infty}$","1^∞","$\infty - \infty$","$0 \cdot \infty$","∞^0","0^0"等几种. 其中后面几种都能改变为前两种,因此前两种是基本的. 计算未定型极限的基本思想是通过恒等变形化为确定型的极限,或应用两个重要极限、无穷小的性质及等价无穷小替换等进行计算.

3. 函数的连续性

连续函数是高等数学的主要研究对象. 要在弄清函数在一点处连续与极限区别的基础上,了解初等函数在其定义域内连续的基本结论,掌握初等函数与简单非初等函数讨论连续性与间断点的方法;并会用根存在定理讨论某些方程根的存在问题.

复习题五

1. 填空题.

（1）$\lim\limits_{x\to 0}\cos x =$ _____，$\lim\limits_{x\to \infty}\cos x =$ _____；

（2）函数 $f(x) = \sqrt{x} + \ln(3 - x)$ 在_____连续；

（3）$\lim\limits_{x\to 0}\left(x^2\sin\dfrac{1}{x^2} + \dfrac{\sin 3x}{x}\right) =$ _____；

（4）$\lim\limits_{x\to \infty}\left(1 + \dfrac{k}{x}\right)^x =$ _____；

（5）设 $f(x)$ 在 $x = 1$ 处连续，且 $f(1) = 3$，则 $\lim\limits_{x\to 1}f(x)\left(\dfrac{1}{x-1} - \dfrac{2}{x^2-1}\right) =$ _____；

（6）$x = 0$ 是函数 $f(x) = x\sin\dfrac{1}{x}$ 的_____间断点；

（7）$f(x) = \dfrac{x^2 - x}{|x|(x^2 - 1)}$ 的间断点是_____，其中可去间断点是_____，跳跃间断点是

_____.

2. 选择题.

（1）当 $x\to\infty$ 时，下列函数中有极限的是（   ）.

（A）$\sin x$　　　　　（B）$\dfrac{1}{e^x}$　　　　　（C）$\dfrac{x+1}{x^2-1}$　　　　　（D）$\tan x$

（2）$f(x) = \begin{cases} 0, & x \leqslant 0 \\ \dfrac{1}{x}, & x > 0 \end{cases}$ 在点 $x = 0$ 不连续是因为（   ）.

（A）$f(0 - 0)$ 不存在　　　　　　　　　　　（B）$f(0 + 0)$ 不存在

（C）$f(0 + 0) \neq f(0)$　　　　　　　　　　　（D）$f(0 - 0) \neq f(0)$

（3）设 $f(x) = \begin{cases} \cos x - 1, & x < 0 \\ k, & x > 0 \end{cases}$，则 $k = 0$ 是 $\lim\limits_{x\to 0}f(x)$ 存在的（   ）.

（A）充分但非必要条件　　　　　　　　　　（B）必要但非充分条件

（C）充分必要条件　　　　　　　　　　　　（D）无关条件

（4）当 $x\to x_0$ 时，α 和 $\beta(\neq 0)$ 都是无穷小. 当 $x\to x_0$ 时，下列变量中可能不是无穷小的是

（   ）.

（A）$\alpha + \beta$　　　　　（B）$\alpha - \beta$　　　　　（C）$\alpha \cdot \beta$　　　　　（D）$\dfrac{\alpha}{\beta}$

*（5）当 $n\to\infty$ 时，若 $\sin^2\dfrac{1}{n}$ 与 $\dfrac{1}{n^k}$ 是等价无穷小，则 $k =$（   ）.

（A）2　　　　　（B）$\dfrac{1}{2}$　　　　　（C）1　　　　　（D）3

*（6）当 $x\to 0$ 时，下列函数中为 x 的高阶无穷小的是（   ）.

（A）$1 - \cos x$　　　　　（B）$x + x^2$　　　　　（C）$\sin x$　　　　　（D）$\sqrt{x}$

*(7)当 $x \to 0$ 时，$(1 - \cos x)^2$ 是 $\sin x^2$ 的(　　　).

(A)高阶无穷小　　　　　　　　　(B)同阶无穷小,但不等价

(C)低阶无穷小　　　　　　　　　(D)等价无穷小

(8)当 $n \to \infty$ 时，$n \sin \dfrac{1}{n}$ 是(　　　).

(A)无穷大量　　　(B)无穷小量　　　(C)无界变量　　　(D)有界变量

(9)方程 $x^3 + px + 1 = 0(p > 0)$ 的实根个数是(　　　).

(A)一个　　　　(B)二个　　　　(C)三个　　　　(D)零个

(10)设 $\lim\limits_{x \to \infty} \dfrac{(x+1)^{95}(ax+1)^5}{(x^2+1)^{50}} = 8$，则 a 的值为(　　　).

(A)1　　　　(B)2　　　　(C)$\sqrt[5]{8}$　　　　(D)A、B、C 均不对

3. 求下列函数的极限.

(1) $\lim\limits_{x \to 4} \dfrac{\sqrt{2x+1} - 3}{\sqrt{x} - 2}$;

(2) $\lim\limits_{x \to 1} \dfrac{\sin(x-1)}{x^2 + x - 2}$;

(3) $\lim\limits_{x \to +\infty} \left(\dfrac{x^2 - 1}{x^2 + 1} \right)^{x^2}$;

(4) $\lim\limits_{x \to 0} \dfrac{\sin x^3}{(\sin x)^3}$;

(5) $\lim\limits_{x \to 0} \dfrac{\sqrt{1+x} - \sqrt{1-x}}{\sin 3x}$;

(6) $\lim\limits_{x \to \infty} \dfrac{x+3}{x^2 - x}(\sin x + 2)$;

(7) $\lim\limits_{x \to \infty} \left(\dfrac{x^3}{2x^2 - 1} - \dfrac{x^2}{2x+1} \right)$;

(8) $\lim\limits_{n \to \infty} \dfrac{5^n + (-2)^n}{5^{n+1} + (-2)^{n+1}}$.

4. 设 $\lim\limits_{x \to -1} \dfrac{x^3 + ax^2 - x + 4}{x+1} = b$(常数)，求 a, b.

5. 证明下列方程在 $(0,1)$ 之间均有一实根.

(1) $x^5 + x^3 = 1$;

(2) $e^{-x} = x$.

6. 设 $f(x) = \begin{cases} 3x, & -1 < x < 1, \\ 2, & x = 1, \\ 3x^2, & 1 < x < 2. \end{cases}$ 求 $\lim\limits_{x \to 0} f(x)$，$\lim\limits_{x \to 1} f(x)$，$\lim\limits_{x \to \sqrt{2}} f(x)$.

7. 设 $f(x) = \begin{cases} \dfrac{\ln(1-x)}{x}, & x > 0 \\ -1, & x = 0, \\ \dfrac{|\sin x|}{x}, & x < 0. \end{cases}$ 讨论 $f(x)$ 在 $x = 0$ 处的连续性。

8. 证明方程 $x = 2\sin x + 1$ 至少有一个小于 3 的正根.

第6章

导数与微分

 学习目标

1. 正确理解导数的概念,掌握导数的几何意义,了解导数和连续的关系.

2. 熟练掌握导数的基本公式、求导法则,重点是求导的四则运算法和复合函数的求导法. 了解高阶导数.

3. 掌握函数的微分,为积分打好基础.

4. 学会用导数来判断函数的单调性,会求函数的极值和最值.

6.1 导数的概念

6.1.1 两个实例

实例 1 瞬时速度

考察质点的自由落体运动. 真空中,质点在时刻 $t=0$ 到时刻 t 这一时间段内下落的路程 s 由公式 $s=\dfrac{1}{2}gt^2$ 来确定. 现在来求 $t=1\mathrm{s}$ 这一时刻质点的速度.

当 Δt 很小时,从 1 秒到 $1+\Delta t$ 秒这段时间内,质点运动的速度变化不大,可以将这段时间内的平均速度作为质点在 $t=1$ 时速度的近似.

$\Delta t\ (s)$	$\Delta s(m)$	$\dfrac{\Delta s}{\Delta t}$ (m/s)
0.1	1.029	10.29
0.01	0.09849	9.849
0.001	0.0098049	9.8049
0.0001	0.000980049	9.80049
0.00001	0.00009800049	9.800049

上表看出,平均速度 $\dfrac{\Delta s}{\Delta t}$ 随着 Δt 变化而变化,当 Δt 越小时,$\dfrac{\Delta s}{\Delta t}$ 越接近于一个定值 (9.8m/s). 考察下列各式:

$$\Delta s=\frac{1}{2}g\cdot(1+\Delta t)^2-\frac{1}{2}g\cdot 1^2=\frac{1}{2}g[2\cdot\Delta t+(\Delta t)^2],$$

$$\frac{\Delta s}{\Delta t}=\frac{1}{2}g\cdot\frac{2\Delta t+(\Delta t)^2}{\Delta t}=\frac{1}{2}g(2+\Delta t),$$

当 Δt 越来越接近于 0 时，$\dfrac{\Delta s}{\Delta t}$ 越来越接近于 1 s 时的"速度". 现在取 $\Delta t \to 0$ 的极限,得

$$\lim_{\Delta t \to 0} \frac{\Delta s}{\Delta t} = \lim_{\Delta t \to 0} \frac{1}{2} g (2 + \Delta t) = g = 9.8 \, (\text{m/s}).$$

为质点在 $t = 1$ 秒时速度为瞬时速度.

一般地,设质点的位移规律是 $s = f(t)$,在时刻 t 时时间有改变量 Δt,s 相应的改变量为 $\Delta s = f(t + \Delta t) - f(t)$,在时间段 t 到 $t + \Delta t$ 内的平均速度为

$$\bar{v} = \frac{\Delta s}{\Delta t} = \frac{f(t + \Delta t) - f(t)}{\Delta t},$$

对平均速度取 $\Delta t \to 0$ 的极限,得

$$v(t) = \lim_{\Delta t \to 0} \frac{\Delta s}{\Delta t} = \lim_{\Delta t \to 0} \frac{f(t + \Delta t) - f(t)}{\Delta t},$$

称 $v(t)$ 为时刻 t 的瞬时速度.

实例 2　曲线的切线的斜率

设方程为 $y = f(x)$ 曲线为 L. 其上一点 A 的坐标为 $\left(x_0, f(x_0)\right)$. 在曲线上点 A 附近另取一点 B,它的坐标是 $\left(x_0 + \Delta x, f(x_0 + \Delta x)\right)$. 直线 AB 是曲线的割线,它的倾斜角记作 β. 由图 $6-1$ 中的 $Rt \triangle ABC$ 可知割线 AB 的斜率

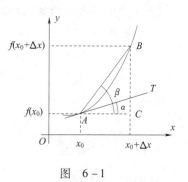

图　$6-1$

$$\tan \beta = \frac{CB}{AC} = \frac{\Delta y}{\Delta x} = \frac{f(x_0 + \Delta x) - f(x_0)}{\Delta x}.$$

在数量上,它表示当自变量从 x 变到 $x + \Delta x$ 时函数 $f(x)$ 关于变量 x 的平均变化率(增长率或减小率).

现在让点 B 沿着曲线 L 趋向于点 A,此时 $\Delta x \to 0$,过点 A 的割线 AB 如果也能趋向于一个极限位置——直线 AT,我们就称 L 在点 A 处存在切线 AT. 记 AT 的倾斜角为 α,则 α 为 β 的极限,若 $\alpha \neq 90°$,得切线 AT 的斜率为

$$\tan \alpha = \lim_{\Delta x \to 0} \tan \beta = \lim_{\Delta x \to 0} \frac{\Delta y}{\Delta x} = \lim_{\Delta x \to 0} \frac{f(x_0 + \Delta x) - f(x_0)}{\Delta x}.$$

在数量上,它表示函数 $f(x)$ 在 x 处的变化率.

上述两个实例,虽然表达问题的函数形式 $y = f(x)$ 和自变量 x 具体内容不同,但本质都是要求函数 y 关于自变量 x 在某一点 x 处的变化率.

1. 自变量 x 作微小变化 Δx,求出函数在自变量这个段内的平均变化率 $\bar{y} = \dfrac{\Delta y}{\Delta x}$,作为点 x 处变化率的近似;

2. 对 $\bar{y}$ 求 $\Delta x \to 0$ 的极限 $\lim\limits_{\Delta x \to 0} \dfrac{\Delta y}{\Delta x}$,若它存在,这个极限即为点 x 处变化率的的精确值.

6.1.2　导数的定义

1. 函数在一点处可导的概念

定义　设函数 $y = f(x)$ 在 x_0 的某个邻域内有定义. 对应于自变量 x 在 x_0 处有改变量

Δx，函数 $y = f(x)$ 相应的改变量为 $\Delta y = f(x_0 + \Delta x) - f(x_0)$，若这两个改变量的比

$$\frac{\Delta y}{\Delta x} = \frac{f(x_0 + \Delta x) - f(x_0)}{\Delta x}$$

当 $\Delta x \to 0$ 时存在极限，我们就称函数 $y = f(x)$ 在点 x_0 处可导，并把这一极限称为函数 $y = f(x)$ 在点 x_0 处的导数（或变化率），记作 $y'|_{x=x_0}$ 或 $f'(x_0)$ 或 $\dfrac{dy}{dx}\Big|_{x=x_0}$ 或 $\dfrac{df(x)}{dx}\Big|_{x=x_0}$．即

$$y'|_{x=x_0} = f'(x_0) = \lim_{\Delta x \to 0} \frac{\Delta y}{\Delta x} = \lim_{\Delta x \to 0} \frac{f(x_0 + \Delta x) - f(x_0)}{\Delta x} \tag{6-1}$$

比值 $\dfrac{\Delta y}{\Delta x}$ 表示函数 $y = f(x)$ 在 x_0 到 $x_0 + \Delta x$ 之间的平均变化率，导数 $y'|_{x=x_0}$ 则表示了函数在点 x_0 处的变化率，它反映了函数 $y = f(x)$ 在点 x_0 处的变化的快慢．

如果当 $\Delta x \to 0$ 时 $\dfrac{\Delta y}{\Delta x}$ 的极限不存在，我们就称函数 $y = f(x)$ 在点 x_0 处不可导或导数不存在．

在定义中，若设 $x = x_0 + \Delta x$，则式（6-1）可写成

$$f'(x_0) = \lim_{x \to x_0} \frac{f(x) - f(x_0)}{x - x_0}$$

根据导数的定义，求函数 $y = f(x)$ 在点 x_0 处的导数的步骤如下：

第一步　求函数的改变量 $\Delta y = f(x_0 + \Delta x) - f(x_0)$；

第二步　求比值 $\dfrac{\Delta y}{\Delta x} = \dfrac{f(x_0 + \Delta x) - f(x_0)}{\Delta x}$；

第三步　求极限 $f'(x_0) = \lim\limits_{\Delta x \to 0} \dfrac{\Delta y}{\Delta x}$．

例1　求 $y = f(x) = x^2$ 在点 $x = 2$ 处的导数．

解　$\Delta y = f(2 + \Delta x) - f(2) = (2 + \Delta x)^2 - 2^2 = 4\Delta x + (\Delta x)^2$，

$\dfrac{\Delta y}{\Delta x} = \dfrac{4\Delta x + (\Delta x)^2}{\Delta x} = 4 + \Delta x$；$\lim\limits_{\Delta x \to 0} \dfrac{\Delta y}{\Delta x} = \lim\limits_{\Delta x \to 0}(4 + \Delta x) = 4$，

所以 $y'|_{x=2} = 4$．

当 $\lim\limits_{\Delta x \to 0^-} \dfrac{f(x_0 + \Delta x) - f(x_0)}{\Delta x}$ 存在时，称其极限值为函数 $y = f(x)$ 在点 x_0 处的左导数，记作 $f'_-(x_0)$；当 $\lim\limits_{\Delta x \to 0^+} \dfrac{f(x_0 + \Delta x) - f(x_0)}{\Delta x}$ 存在时，称其极限值为函数 $y = f(x)$ 在点 x_0 处的右导数，记作 $f'_+(x_0)$．

根据极限与左、右极限之间的关系，有

函数 $y = f(x)$ 在点 x_0 处可导 $\Leftrightarrow$ 存在 $f'_-(x_0)$，$f'_+(x_0)$，且 $f'_-(x_0) = f'_+(x_0) = f'(x_0)$．

2. 导函数的概念

如果函数 $y = f(x)$ 在开区间 (a, b) 内每一点处都可导，就称函数 $y = f(x)$ 在开区间 (a, b) 内可导．这时，对开区间 (a, b) 内每一个确定的值 x_0 都有对应着一个确定的导数 $f'(x_0)$，这样就在开区间 (a, b) 内，构成一个新的函数，我们把这一新的函数称为 $f(x)$ 的导函数，记作 y' 或 $f'(x)$ 或 $\dfrac{dy}{dx}$ 或 $\dfrac{df(x)}{dx}$．

根据导数定义，就可得出导函数

$$f'(x) = y' = \lim_{\Delta x \to 0} \frac{\Delta y}{\Delta x} = \lim_{\Delta x \to 0} \frac{f(x + \Delta x) - f(x)}{\Delta x},$$

导函数也简称为**导数**.

注意　(1)$f'(x)$是x的函数,而$f'(x_0)$是一个数值;

　　　　(2)$f(x)$在点处的导数$f'(x_0)$就是导函数$f'(x)$在点x_0处的函数值.

例 2　求$y = C$(C为常数)的导数.

解　因为$\Delta y = C - C = 0$,$\dfrac{\Delta y}{\Delta x} = \dfrac{0}{\Delta x} = 0$,所以$y' = \lim_{x \to x_0} \dfrac{\Delta y}{\Delta x} = 0$.

即　　　　$(C)' = 0$(常数的导数恒等于零).

例 3　求$y = x^n$($n \in \mathbf{N}$, $x \in \mathbf{R}$)的导数.

解　因为$\Delta y = (x + \Delta x)^n - x^n = nx^{n-1}\Delta x + C_n^2 x^{n-2}(\Delta x)^2 + \cdots + (\Delta x)^n$,

$$\frac{\Delta y}{\Delta x} = nx^{n-1} + C_n^2 x^{n-2} \cdot \Delta x + \cdots + (\Delta x)^{n-1},$$

从而有　$y' = \lim_{\Delta x \to 0} \dfrac{\Delta y}{\Delta x} = \lim_{\Delta x \to 0} \left[nx^{n-1} + C_n^2 x^{n-2} \cdot \Delta x + \cdots + (\Delta x)^{n-1} \right] = nx^{n-1}$.

即　　　　　　　　　　　　　$(x^n)' = nx^{n-1}$.

可以证明,一般的幂函数$y = x^\alpha$, ($\alpha \in \mathbf{R}$, $x > 0$)的导数为

$$(x^\alpha)' = \alpha x^{\alpha - 1}.$$

例如　　$(\sqrt{x})' = (x^{\frac{1}{2}})' = \dfrac{1}{2}x^{-\frac{1}{2}} = \dfrac{1}{2\sqrt{x}}$;$\left(\dfrac{1}{x}\right)' = (x^{-1})' = -x^{-2} = -\dfrac{1}{x^2}$.

例 4　求$y = \sin x$($x \in \mathbf{R}$)的导数.

解　　$y' = \lim_{\Delta x \to 0} \dfrac{\Delta y}{\Delta x} = \lim_{\Delta x \to 0} \dfrac{\sin(x + \Delta x) - \sin x}{\Delta x} = \lim_{\Delta x \to 0} \dfrac{2\cos\left(x + \dfrac{\Delta x}{2}\right)\sin\dfrac{\Delta x}{2}}{\Delta x}$

$$= \lim_{\Delta x \to 0} \cos\left(x + \frac{\Delta x}{2}\right) \lim_{\Delta x \to 0} \frac{\sin\dfrac{\Delta x}{2}}{\dfrac{\Delta x}{2}} = \cos x$$

即　　　　　　　　　　　　　$(\sin x)' = \cos x.$

类似地,可以求得　　　　　$(\cos x)' = -\sin x.$

例 5　求$y = \log_a x$的导数($a > 0$, $a \neq 1$, $x > 0$).

解　　$y' = \lim_{\Delta x \to 0} \dfrac{\Delta y}{\Delta x} = \lim_{\Delta x \to 0} \dfrac{\log_a(x + \Delta x) - \log_a x}{\Delta x} = \lim_{\Delta x \to 0} \dfrac{\log_a\left(1 + \dfrac{\Delta x}{x}\right)}{\Delta x}$

$$= \lim_{\Delta x \to 0} \frac{\dfrac{x}{\Delta x}\log_a\left(1 + \dfrac{\Delta x}{x}\right)}{x} = \lim_{\Delta x \to 0} \frac{\log_a\left(1 + \dfrac{\Delta x}{x}\right)^{\frac{x}{\Delta x}}}{x} = \frac{\log_a e}{x} = \frac{1}{x\ln a}$$

即　　　　　　　　　　　　　$(\log_a x)' = \dfrac{1}{x\ln a}.$

特别地,当$a = e$时,得$(\ln x)' = \dfrac{1}{x}$.

对一般的a,只要先用换底公式得$y = \log_a x = \dfrac{\ln x}{\ln \alpha}$,则可得

$$(\log_a x)' = \frac{1}{x\ln a}.$$

6.1.3　导数的几何意义

由实例 2 知导数的几何意义:

函数 $y = f(x)$ 在 x_0 处的导数 $f'(x_0)$ 是曲线 $y = f(x)$ 在点 $(x_0, f(x_0))$ 处切线的斜率.

所以,曲线 $y = f(x)$ 在点 $(x_0, f(x_0))$ 处切线方程为

$$y - f(x_0) = f'(x_0)(x - x_0) \tag{6-2}$$

法线方程为

$$y - f(x_0) = -\frac{1}{f'(x_0)}(x - x_0) \tag{6-3}$$

例 6　求曲线 $y = \sin x$ 在点 $(\frac{\pi}{6}, \frac{1}{2})$ 处的切线和法线方程.

解　$(\sin x)' \big|_{x = \frac{\pi}{6}} = \cos x \big|_{x = \frac{\pi}{6}} = \frac{\sqrt{3}}{2}.$

所求的切线和法线方程为　　$y - \frac{1}{2} = \frac{\sqrt{3}}{2}(x - \frac{\pi}{6}),$

法线方程　　　　　　　　$y - \frac{1}{2} = -\frac{2\sqrt{3}}{3}(x - \frac{\pi}{6}).$

例 7　求曲线 $y = \ln x$ 平行于直线 $y = 2x$ 的切线方程.

解　设切点为 $A(x_0, y_0)$,则曲线在点 A 处的切线的斜率为 $y'(x_0)$,

$$y'(x_0) = (\ln x)' \big|_{x = x_0} = \frac{1}{x_0},$$

因为切线平行于直线 $y = 2x$,所以 $\frac{1}{x_0} = 2$,即 $x_0 = \frac{1}{2}$;又切点位于曲线上,因而 $y_0 = \ln \frac{1}{2} = -\ln 2.$ 故所求的切线方程为

$$y + \ln 2 = 2(x - \frac{1}{2}),即 \ y = 2x - 1 - \ln 2.$$

6.1.4　可导和连续的关系

如果函数 $y = f(x)$ 在点 x_0 处可导,则存在极限

$$\lim_{\Delta x \to 0} \frac{\Delta y}{\Delta x} = f'(x_0),则 \frac{\Delta y}{\Delta x} = f'(x_0) + \alpha \ (\lim_{\Delta x \to 0} \alpha = 0),或 \Delta y = f'(x_0)\Delta x + \alpha \cdot \Delta x \ (\lim_{\Delta x \to 0} \alpha = 0),$$

所以　　　　　　　$\lim_{\Delta x \to 0} \Delta y = \lim_{\Delta x \to 0} [f'(x_0)\Delta x + \alpha \cdot \Delta x] = 0,$

这表明函数 $y = f(x)$ 在点 x_0 处连续.

但 $y = f(x)$ 在点 x_0 处连续,在 x_0 处不一定是可导的.

例如:(1) $y = |x|$ 在 $x = 0$ 处都连续但却不可导.

(2) $y = \sqrt[3]{x}$ 在 $x = 0$ 处都连续但却不可导. 注意在点 $(0, 0)$ 处还存在切线,只是切线是垂直的.

定理　如果函数 $f(x)$ 在点 x_0 处可导,则函数 $f(x)$ 在 x_0 处连续.

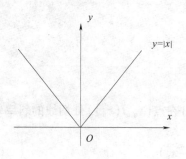

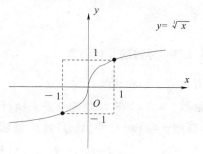

图　6-2

图　6-3

例8 设函数 $f(x) = \begin{cases} x^2, & x \geq 0 \\ x+1, & x < 0 \end{cases}$，讨论函数 $f(x)$ 在 $x=0$ 处的连续性和可导性.

解 因为

$$\lim_{x \to 0^-} f(x) = \lim_{x \to 0^-} (x+1) = 1 \neq f(0),$$

所以 $f(x)$ 在 $x=0$ 处不连续. 由以上定理, $f(x)$ 在 $x=0$ 处不可导.

习题6.1

1. 判断题.

(1) $f'(x_0) = [f(x_0)]'$.　　　　　　　　　　　　　　　　　　　　　　　(　)

(2) 曲线 $y = f(x)$ 在点 $(x_0, f(x_0))$ 处有切线, 则 $f'(x_0)$ 一定存在.　　　　(　)

(3) $y = f(x)$ 在 $x = x_0$ 处连续, 则 $f'(x_0)$ 一定存在.　　　　　　　　　(　)

2. 填空题.

(1) 设 $f(x)$ 在 x_0 处可导, 则 $\lim\limits_{\Delta x \to 0} \dfrac{f(x_0 - \Delta x) - f(x_0)}{\Delta x} = $ _____,

$\lim\limits_{h \to 0} \dfrac{f(x_0 + h) - f(x_0 - h)}{h} = $ _____.

(2) 若 $f'(0)$ 存在且 $f(0) = 0$, 则 $\lim\limits_{x \to 0} \dfrac{f(x)}{x} = $ _____.

(3) 已知 $f(x) = \begin{cases} x^2, & x \geq 0 \\ -x^2,, & x < 0 \end{cases}$, 则 $f'(0) = $ _____.

(4) 当物体的温度高于周围介质的温度时, 物体就不断冷却, 若物体的温度 T 与时间 t 的函数关系为 $T = T(t)$, 则该物体在时刻 t 的冷却速度为 _____.

(5) 物体作直线运动, 运动方程为 $s = 3t^2 - 5t$, 则物体在 $2s$ 到 $(2 + \Delta t)s$ 的平均速度为 _____, 物体在 $2s$ 时的速度为 _____.

*3. 已知 $f(x) = \begin{cases} x^2, & x \leq 1 \\ ax + b, & x > 1 \end{cases}$.

(1) 确定 a, b, 使 $f(x)$ 在实数域内处处可导;

(2) 将上一问中求出 a, b 的值代入 $f(x)$, 求 $f(x)$ 的导数.

4. 求曲线 $y = x^4 - 3$ 在点 $(1, -2)$ 处的切线方程和法线方程.

6.2 导数的运算

由上节可知用导数的定义求导是比较麻烦的,下面我们研究用简单的方法求导,为此来看导数的基本公式和运算法则,并应用于求导.

6.2.1 导数的四则运算法则

设 u, v 都是 x 的可导函数,则有:

1. 和差法则: $(u \pm v)' = u' \pm v'$;

2. 乘法法则: $(u \cdot v)' = u' \cdot v + u \cdot v'$;特别地, $(c \cdot u)' = c \cdot u'$, $(c$ 是常数$)$;

3. 除法法则: $\left(\dfrac{u}{v}\right)' = \dfrac{u' \cdot v - u \cdot v'}{v^2}$.

注意 法则 1,2 都可以推广到有限多个函数的情形,即若 $u_1, u_2, \cdots, u_n$ 均为可导函数,则:

$$(u_1 \pm u_2 \pm \cdots \pm u_n)' = u_1' \pm u_2' \pm \cdots \pm u_n';$$

$$(u_1 \cdot u_2 \cdot \cdots \cdot u_n)' = u_1' \cdot u_2 \cdot \cdots \cdot u_n + u_1 \cdot u_2' \cdot \cdots \cdot u_n + \cdots + u_1 \cdot u_2 \cdot \cdots \cdot u_n'.$$

证明 法则 2 设 $\Delta u = u(x + \Delta x) - u(x), \Delta v = v(x + \Delta x) - v(x)$,则

$$u(x + \Delta x) = u(x) + \Delta u, v(x + \Delta x) = v(x) + \Delta v,$$

于是

$$(u \cdot v)' = \lim_{\Delta x \to 0} \frac{u(x + \Delta x) \cdot v(x + \Delta x) - u(x) \cdot v(x)}{\Delta x}$$

$$= \lim_{\Delta x \to 0} \frac{[u(x) + \Delta u] \cdot [v(x) + \Delta v] - u(x) \cdot v(x)}{\Delta x},$$

即 $(u \cdot v)' = \lim\limits_{\Delta x \to 0} \left[\dfrac{\Delta u}{\Delta x} \cdot v(x) + u(x) \cdot \dfrac{\Delta v}{\Delta x} + \dfrac{\Delta u}{\Delta x} \cdot \Delta v\right]$ (6-4)

由于 $v(x)$ 在 x 处可导,因此在 x 处连续,当 $\Delta x \to 0$ 时有 $\Delta v \to 0$. 又

$$\lim_{\Delta x \to 0}\left[\frac{\Delta u}{\Delta x} \cdot v(x)\right] = u'(x) \cdot v(x), \lim_{\Delta x \to 0}\left[\frac{\Delta v}{\Delta x} \cdot u(x)\right] = u(x) \cdot v'(x), \lim_{\Delta x \to 0}\left[\frac{\Delta u}{\Delta x} \cdot \Delta v\right] = 0,$$

代入式(6-4)即得证法则.

例1 设 $f(x) = 2x^2 - 3x + \sin\dfrac{\pi}{7} + \ln 2$,求 $f'(x), f'(1)$.

解 $f'(x) = \left(2x^2 - 3x + \sin\dfrac{\pi}{7} + \ln 2\right)' = (2x^2)' - (3x)' + \left(\sin\dfrac{\pi}{7}\right)' + (\ln 2)' = 2(x^2)' - 3(x)' + 0 + 0 = 4x - 3$;

$$f'(1) = 4 \times 1 - 3 = 1.$$

例2 设 $y = \tan x$,求 y'.

解 $y' = (\tan x)' = \left(\dfrac{\sin x}{\cos x}\right)' = \dfrac{(\sin x)' \cos x - \sin x (\cos x)'}{\cos^2 x} = \dfrac{\cos^2 x + \sin^2 x}{\cos^2 x} = \dfrac{1}{\cos^2 x}$

即 $(\tan x)' = \sec^2 x.$

同理可证 $(\cot x)' = -\csc^2 x.$

例3 设 $y = \sec x$,求 y'.

解 $y' = (\sec x)' = \left(\dfrac{1}{\cos x}\right)' = \dfrac{0 - 1 \cdot (\cos x)'}{\cos^2 x} = \dfrac{\sin x}{\cos^2 x}$

即 $(\sec x)' = \tan x \cdot \sec x.$

同理可证 $(\csc x)' = -\cot x \cdot \csc x.$

例 4 设 $f(x) = x + x^2 + x^3 \cdot \sec x$，求 $f'(x)$.

解 $f'(x) = 1 + 2x + (x^3)' \cdot \sec x + x^3 \cdot (\sec x)' = 1 + 2x + 3x^2 \cdot \sec x + x^3 \cdot \tan x \cdot \sec x.$

例 5 设 $g(x) = \dfrac{(x^2-1)^2}{x^2}$，求 $g'(x)$.

解
$$g(x) = x^2 + \frac{1}{x^2} - 2,$$
$$g'(x) = 2x - 2x^{-3} = \frac{2}{x^3}(x^4 - 1).$$

6.2.2　复合函数的导数

例如 已知 $y = \sin 2x$，求 y'.

显然 $(\sin 2x)' \ne \cos 2x.$

这是因为 $(\sin 2x)' = (2\sin x \cdot \cos x)' = 2(\cos^2 x - \sin^2 x) = 2\cos 2x.$

$\sin 2x$ 为复合函数，不能像前面那样简单处理.

设 $y = f[\varphi(x)]$ 是由 $y = f(u)$ 及 $u = \varphi(x)$ 构成的复合函数，其中 f 为外函数，φ 为内层函数. 设 Δx 为 x 的微小增量，因为 $u = \varphi(x)$ 在点 x 处可导，所以当 $x \to 0$ 时，有 $\Delta u \to 0$，设 $\Delta u \ne 0$，则有

$$\frac{\Delta y}{\Delta x} = \frac{\Delta y}{\Delta u} \cdot \frac{\Delta u}{\Delta x},$$

$$\lim_{\Delta x \to 0} \frac{\Delta y}{\Delta x} = \lim_{\Delta x \to 0} \frac{\Delta y}{\Delta u} \cdot \frac{\Delta u}{\Delta x} = \lim_{\Delta x \to 0} \frac{\Delta y}{\Delta u} \cdot \lim_{\Delta x \to 0} \frac{\Delta u}{\Delta x}$$

$$= \frac{\mathrm{d}y}{\mathrm{d}u} \cdot \frac{\mathrm{d}u}{\mathrm{d}x} = f'(u)\varphi'(x),$$

即 $\{f[\varphi(x)]\}' = f'[\varphi(x)]\varphi'(x).$

于是有下述定理：

复合函数的求导法则 设函数 $u = \varphi(x)$ 在 x 处有导数 $u'_x = \varphi'(x)$，函数 $y = f(u)$ 在点 x 的对应点 u 处也有导数 $y'_u = f'(u)$，则复合函数 $y = f[\varphi(x)]$ 在点 x 处有导数，且

$$y'_x = y'_u \cdot u'_x \text{ 或} \frac{\mathrm{d}y}{\mathrm{d}x} = \frac{\mathrm{d}y}{\mathrm{d}u} \cdot \frac{\mathrm{d}u}{\mathrm{d}x}.$$

常称这个公式为复合函数求导的链式法则. 用语言表述为：**复合函数的导数等于外函数 $f(u)$ 的导数和内层函数 $\varphi(x)$ 的导数的乘积.**

注意 在导数符号的书写中，$f'[\varphi(x)]$ 表示复合函数 $y = f[\varphi(x)]$ 关于中间变量 $u = \varphi(x)$ 的导数，而 $\{[\varphi(x)]\}'$ 表示复合函数 $y = f[\varphi(x)]$ 关于自变量 x 的导数.

例 6 求 $y = \sin 2x$ 的导数.

解 令 $y = \sin u$，$u = 2x$，$y'_x = y'_u \cdot u'_x = \cos u \cdot 2 = 2\cos 2x.$

例 7 求 $y = (3x + 5)^2$ 的导数.

解 令 $y = u^2$，$u = 3x + 5$，$y'_x = y'_u \cdot u'_x = 2u \cdot 3 = 6(3x + 5).$

例 8 求 $y = \ln(\sin x)^2$ 的导数.

解 令 $y = \ln u$，$u = v^2$，$v = \sin x$，$y'_x = y'_u \cdot u'_v \cdot v'_x = \dfrac{1}{u} \cdot 2v \cdot \cos x = \dfrac{1}{\sin^2 x} \cdot 2\sin x \cdot \cos x$

$= 2\cot x.$

求复合函数的导数熟练后,可不写出中间变量.

例 9 求 $y = \sqrt{a^2 - x^2}$ 的导数.

解 把 $(a^2 - x^2)$ 看作中间变量,得

$$y' = \left[(a^2 - x^2)^{\frac{1}{2}} \right]' = \frac{1}{2} (a^2 - x^2)^{\frac{1}{2}-1} \cdot (a^2 - x^2)' = \frac{1}{2\sqrt{a^2 - x^2}} \cdot (-2x) = -\frac{x}{\sqrt{a^2 - x^2}} .$$

例 10 求 $y = \ln(1 + x^2)$ 的导数.

解 $y' = \left[\ln(1 + x^2) \right]' = \frac{1}{1 + x^2} \cdot (1 + x^2)' = \frac{2x}{1 + x^2}.$

例 11 求 $y = \sin^2\left(2x + \dfrac{\pi}{3}\right)$ 的导数.

解 $y' = \left[\sin^2\left(2x + \dfrac{\pi}{3}\right) \right]' = 2\sin\left(2x + \dfrac{\pi}{3}\right) \cdot \left[\sin\left(2x + \dfrac{\pi}{3}\right) \right]'$

$\qquad = 2\sin\left(2x + \dfrac{\pi}{3}\right) \cdot \cos\left(2x + \dfrac{\pi}{3}\right) \cdot \left[\left(2x + \dfrac{\pi}{3}\right) \right]'$

$\qquad = 2\sin\left(2x + \dfrac{\pi}{3}\right) \cdot \cos\left(2x + \dfrac{\pi}{3}\right) \cdot 2 = 2\sin\left(4x + \dfrac{2\pi}{3}\right).$

例 12 求 $y = \cos\sqrt{x^2 + 1}$ 的导数.

解 $y' = -\sin\sqrt{x^2 + 1} \cdot (\sqrt{x^2 + 1})' = -\sin\sqrt{x^2 + 1} \cdot \frac{1}{2} \cdot (x^2 + 1)^{\frac{1}{2}-1} \cdot (x^2 + 1)'$

$\qquad = -\frac{\sin\sqrt{x^2 + 1}}{2\sqrt{x^2 + 1}} \cdot 2x = -\frac{x \cdot \sin\sqrt{x^2 + 1}}{\sqrt{x^2 + 1}}.$

6.2.3 初等函数的导数

前面我们不仅给出了函数的和、差、积、商的求导法则与复合函数的求导法则,而且得到了所有基本初等函数的求导公式.

1. 基本初等函数的求导公式

(1) $(C)' = 0$;(C 为常数);

(2) $(x^\alpha)' = \alpha x^{\alpha-1}$;($\alpha$ 为常数);

(3) $(\log_a x)' = \dfrac{1}{x\ln a}$;

(4) $(\ln x)' = \dfrac{1}{x}$;

(5) $(a^x)' = a^x \cdot \ln a$;

(6) $(e^x)' = e^x$;

(7) $(\sin x)' = \cos x$;

(8) $(\cos x)' = -\sin x$;

(9) $(\tan x)' = \sec^2 x$;

(10) $(\cot x)' = -\csc^2 x$;

(11) $(\sec x)' = \sec x \tan x$;

(12) $(\csc x)' = -\csc x \cot x.$

2. 函数的和、差、积、商的求导法则

$$(u \pm v)' = u' \pm v';$$

$$(u \cdot v)' = u' \cdot v + u \cdot v';\ \text{特别地},(c \cdot u)' = c \cdot u',\ (c\ \text{是常数});$$

$$\left(\frac{u}{v}\right)' = \frac{u' \cdot v - u \cdot v'}{v^2} (v \neq 0).$$

3. 复合函数的求导法则

设 $y = f(u)$,$u = \varphi(x)$ 均可导,则复合函数 $y = f[\varphi(x)]$ 也可导,且

$$\frac{\mathrm{d}y}{\mathrm{d}x} = \frac{\mathrm{d}y}{\mathrm{d}u} \cdot \frac{\mathrm{d}u}{\mathrm{d}x} 或 \{f[\varphi(x)]\}' = f'[\varphi(x)]\varphi'(x).$$

由于初等函数是由常数和基本初等函数经过有限次四则运算和有限次复合而成的函数，因此，一切初等函数的求导问题都已解决.

例 13 求 $y = \ln \sqrt{\dfrac{1 - \sin x}{1 + \sin x}}$ 的导数.

解 因为 $y = \ln \sqrt{\dfrac{1 - \sin x}{1 + \sin x}} = \dfrac{1}{2}[\ln(1 - \sin x) - \ln(1 + \sin x)]$

所以 $y' = \dfrac{1}{2}\left[\dfrac{-\cos x}{1 - \sin x} - \dfrac{\cos x}{1 + \sin x}\right] = \dfrac{-\cos x}{1 - \sin^2 x} = -\sec x.$

*6.2.4 几类函数的求导法

1. 隐函数求导法

如果变量 x, y 之间的对应规律，是把 y 直接表示成 x 的解析式，即熟知的 $y = f(x)$ 的形式，称 y 是 x 的显函数.

如果能从方程 $F(x, y) = 0$ 确定 y 为 x 的函数 $y = f(x)$，则称 $y = f(x)$ 为由方程 $F(x, y) = 0$ 所确定的隐函数.

例 14 求由方程 $x^2 + y^2 = 4$ 所确定的隐函数的导数.

解 在等式的两边同时对 x 求导. 注意现在方程中的 y 是 x 的函数，所以 y^2 是 x 的复合函数. 于是得

$$2x + 2y \cdot y' = 0, 解出 y' = -\frac{x}{y}.$$

例 15 求 $x^2 - y^3 - \sin y = 0, (0 \leqslant y \leqslant \dfrac{\pi}{2}, x \geqslant 0)$ 所确定的隐函数的导数.

解 在方程两边同时对 x 求导，得

$$2x - 3y^2 \cdot y' - \cos y \cdot y' = 0,$$

得 $$y' = \frac{2x}{3y^2 + \cos y}.$$

例 16 求证：过椭圆 $\dfrac{x^2}{a^2} + \dfrac{y^2}{b^2} = 1$ 上一点 $M(x_0, y_0)$ 的切线方程为 $\dfrac{x_0 x}{a^2} + \dfrac{y_0 y}{b^2} = 1.$

证明 在方程两边同时对 x 求导，得

$$\frac{2x}{a^2} + \frac{2y}{b^2} \cdot y' = 0, 解出 y' = -\frac{b^2 x}{a^2 y},$$

即椭圆在点 $M(x_0, y_0)$ 处切线的斜率为 $k = y'|_{(x_0, y_0)} = -\dfrac{b^2 x_0}{a^2 y_0}.$

应用直线的点斜式，即得椭圆在点 $M(x_0, y_0)$ 处切线方程为

$$y - y_0 = -\frac{b^2 x_0}{a^2 y_0}(x - x_0), 即 \frac{x_0 x}{a^2} + \frac{y_0 y}{b^2} = 1.$$

2. 对数求导法

为了求 $y = f(x)$ 的导数 y'，两边先取对数，然后用隐函数求导的方法得到 y'. 称这种求导方法为对数求导法. 根据对数能把积商化为对数之和差、幂化为指数与底的对数之积的特点，

对幂指函数或多项乘积函数求导时,用对数求导法必定比较简便.

例 17　利用对数求导法求函数 $y = (\sin x)^x$ 的导数.

解　两边取对数,得 $\ln y = x \cdot \ln \sin x$;
在方程两边同时对 x 求导,得

$$\frac{1}{y} \cdot y' = \ln \sin x + x \cdot \frac{1}{\sin x} \cdot \cos x,$$

故　　　　　　　　　　　　　$y' = y \cdot (\ln \sin x + x\cot x),$

即　　　　　　　　　　　　$y' = (\sin x)^x \cdot (\ln \sin x + x\cot x).$

另解:把　　　　$y = (\sin x)^x$ 改变为 $y = e^{x \cdot \ln \sin} x$,则

$$y' = (e^{x \cdot \ln \sin} x)' = e^{x\ln \sin} x \cdot (x \cdot \ln \sin x)' = e^{x\ln \sin} x \cdot (\ln \sin x + x\cot x)$$

$$= (\sin x)^x \cdot (\ln \sin x + x \cdot \cot x).$$

例 18　设 $y = (3x-1)^{\frac{5}{3}} \sqrt{\dfrac{x-1}{x-2}}$,求 y'.

解　两边取对数,得

$$\ln y = \frac{5}{3}\ln(3x-1) + \frac{1}{2}\ln(x-1) - \frac{1}{2}\ln(x-2),$$

在方程两边同时对 x 求导,得

$$\frac{1}{y} \cdot y' = \frac{5}{3} \cdot \frac{3}{3x-1} + \frac{1}{2} \cdot \frac{1}{x-1} - \frac{1}{2} \cdot \frac{1}{x-2},$$

所以 $y' = (3x-1)^{\frac{5}{3}} \sqrt{\dfrac{x-1}{x-2}} \left[\dfrac{5}{3} \cdot \dfrac{3}{3x-1} + \dfrac{1}{2} \cdot \dfrac{1}{x-1} - \dfrac{1}{2} \cdot \dfrac{1}{x-2} \right].$

6.2.5　高阶导数的概念

定义　设函数 $y = f(x)$ 存在导函数 $f'(x)$,若导函数 $f'(x)$ 的导数 $[f'(x)]'$ 存在,则称 $[f'(x)]'$ 为 $f(x)$ 的二阶导数,记作 y'' 或 $f''(x)$ 或 $\dfrac{d^2 y}{dx^2}, \dfrac{d^2 f(x)}{dx^2}$,即

$$y'' = (y')' = \frac{d}{dx}\left(\frac{dy}{dx}\right) = \frac{d^2 y}{dx^2}.$$

若二阶导函数 $f''(x)$ 的导数存在,则称 $f''(x)$ 的导数 $[f''(x)]'$ 为 $y = f(x)$ 的三阶导数,记作 y''' 或 $f'''(x)$.

一般地,若 $y = f(x)$ 的 $n-1$ 阶导函数存在导数,则称 $n-1$ 阶导函数的导数为 $y = f(x)$ 的 n 阶导数,记作 $y^{(n)}$ 或 $f^{(n)}(x)$ 或 $\dfrac{d^n y}{dx^n}, \dfrac{d^n f(x)}{dx^n}$,即

$$y^{(n)} = [y^{(n-1)}]' \text{ 或 } f^{(n)}(x) = [f^{(n-1)}(x)]' \text{ 或 } \frac{d^n y}{dx^n} = \frac{d}{dx}\left(\frac{d^{n-1} y}{dx^{n-1}}\right).$$

因此,函数 $f(x)$ 的 n 阶导数是由 $f(x)$ 连续依次地对 x 求 n 次导数得到的.

函数的二阶和二阶以上的导数称为函数的高阶导数. 函数 $f(x)$ 的 n 阶导数在 x_0 处的导数值记作记作 $y^{(n)}(x_0)$ 或 $f^{(n)}(x_0)$ 或 $\dfrac{d^n y}{dx^n}\Big|_{(x=x_0)}$ 等.

例 19　求函数 $y = 3x^3 + 2x^2 + x + 1$ 的四阶导数 $y^{(4)}$.

解　$y' = (3x^3 + 2x^2 + x + 1)' = 9x^2 + 4x + 1$; $y'' = (y')' = (9x^2 + 4x + 1)' = 18x + 4$;

$y''' = (y'')' = (18x+4)' = 18; y^{(4)} = (y''')' = (18)' = 0.$

例 20　求函数 $y = a^x$ 的 n 阶导数.

解　$y' = (a^x)' = a^x \cdot \ln a; y'' = (y')' = (a^x \cdot \ln a)' = \ln a \cdot (a^x)' = a^x \cdot (\ln a)^2;$

$y''' = (y'')' = [a^x \cdot (\ln a)^2]' = [\ln a]^2 \cdot (a^x)' = a^x \cdot (\ln a)^3;$

$$\cdots$$

$$y^{(n)} = (a^x)^{(n)} = a^x \cdot (\ln a)^n.$$

习题 6.2

1. 填空题.

(1) $(\sqrt{2})' = $ ＿＿＿＿＿＿＿＿；

(2) $(x^\mu)' = $ ＿＿＿＿＿＿＿＿,其中 μ 为实常数；

(3) $(e^x)' = $ ＿＿＿＿＿＿＿＿；

(4) $(2^x)' = $ ＿＿＿＿＿＿＿＿；

(5) $(\ln x)' = $ ＿＿＿＿＿＿＿＿；

(6) $(\log_a x)' = $ ＿＿＿＿＿＿＿＿, $a > 0$ 且 $a \neq 1$；

(7) $(\sin x)' = $ ＿＿＿＿＿＿＿＿；

(8) $(\cos x)' = $ ＿＿＿＿＿＿＿＿；

(9) $(\tan x)' = $ ＿＿＿＿＿＿＿＿；

(10) $(\cot x)' = $ ＿＿＿＿＿＿＿＿.

2. 求下列函数的导数.

(1) $y = x^2(\cos x + \sqrt{x})$；

(2) $y = \dfrac{1 - \sqrt{x}}{1 + \sqrt{x}}$；

(3) $y = (x-1)(x-2)(x-3)$；

(4) $y = \sqrt[3]{x}\sin x + a^x e^x$；

(5) $y = x\log_2 x + \ln 2$；

(6) $y = \cos \dfrac{1}{x}$；

(7) $y = \ln\left(\dfrac{1}{x} + \ln\dfrac{1}{x}\right)$；

(8) $y = \ln(1-x)$；

(9) $y = \sqrt{x + \sqrt{x + \sqrt{x}}}$；

(10) $y = \dfrac{\sin 2x}{x^2}$.

3. 设 $y = x\ln x + \dfrac{1}{\sqrt{x}}$, 求 $\dfrac{dy}{dx}$ 及 $\dfrac{dy}{dx}\Big|_{x=1}$.

*4. 设 $y = f(x)$ 由方程 $e^{xy} + y^3 - 5x = 0$ 所确定, 试求 $\dfrac{dy}{dx}\Big|_{x=0}$.

*5. 设隐函数 $y = f(x)$ 由方程 $x = \ln(x+y)$ 确定, 求 $\dfrac{dy}{dx}$.

*6. 利用对数求导法求导数.

(1) $y = \sqrt{x\sin x \sqrt{1 - e^x}}$；

(2) $y = x^{\ln x}$.

7. 计算下列各题.

(1) $y = 3x^2 + \cos x$, 求 y''；

(2) $y = \dfrac{\ln x}{x}$, 求 $y''(1)$；

(3) $y = \ln(1 + x^2)$, 求 y''；

(4) $y = e^{-2t}\sin t$, 求 y''.

6.3　微　分

实际问题中分析运动过程时,可通过微小的局部运动状态进而寻找一般的运动规律,这就需要考察变量间的微小改变量关系．对自变量的微小改变量引起的函数增量，一般来说，计算函数 $y=f(x)$ 的改变量 Δy 的精确值是较繁琐困难的．微分提供了计算这种增量近似值的方法．

6.3.1 微分的概念

1. 微分定义

实例 一块正方形金属薄片，由于温度的变化，其边长由 x 变化到 $x_0 + \Delta x$，问其面积改变了多少？

此薄片边长为 x_0 时的面积为 $A = x_0^2$，当边长由 x_0 变化到 $x_0 + \Delta x$，面积的改变量为

$$\Delta A = (x_0 + \Delta x)^2 - x_0^2 = 2x_0 \cdot \Delta x + (\Delta x)^2, \qquad (6-5)$$

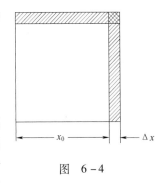

图 6-4

第一部分 $2x_0 \cdot \Delta x$ 是 Δx 的线性函数（即是 Δx 的一次幂），在图上表示增大的两块长条矩形部分；第二部分 $(\Delta x)^2$，在图 6-4 上表示增大在右上角的小正方形块，当 $\Delta x \to 0$ 时，是比 Δx 更高阶的无穷小，当 $|\Delta x|$ 很小时可忽略不计．因此可以只留下 ΔA 的主要部分，即 Δx 的线性部分，认为

$$\Delta A \approx 2x_0 \cdot \Delta x.$$

对于式 $(6-5)$ 表示的函数改变量，当 $\Delta x \to 0$ 时，略去比 Δx 更高阶的无穷小，只留下 ΔA 的主要部分，即 Δx 的线性部分得到 $\Delta A \approx 2x_0 \cdot \Delta x$．

定义 如果函数 $y = f(x)$ 在点 x_0 处的改变量 Δy 可以表示为 Δx 的线性函数 $A \cdot \Delta x$（A 是与 Δx 无关、与 x_0 有关的常数）与一个比 Δx 更高阶的无穷小之和 $\Delta y = A \cdot \Delta x + o(\Delta x)$，则称函数 $f(x)$ 在 x_0 处可微，且称 $A \cdot \Delta x$ 为函数 $f(x)$ 在点 x_0 处的微分，记作 $\mathrm{d}y|_{x=x_0}$，即 $\mathrm{d}y|_{x=x_0} = A \cdot \Delta x$．

说明 1. 函数的微分 $A \cdot \Delta x$ 是 Δx 的线性函数，且与函数的改变量 Δy 相差是一个比 Δx 更高阶的无穷小，当 $\Delta x \to 0$ 时，它是 Δy 的主要部分，所以也称微分 $\mathrm{d}y$ 是改变量 Δy 的线性主部，当 $|\Delta x|$ 很小时，就可以用微分 $\mathrm{d}y$ 作为改变量 Δy 的近似值：$\Delta y \approx \mathrm{d}y$．

2. 函数 $y = f(x)$ 在点 x_0 处可微的充分必要条件是在点 x_0 处可导，且 $\mathrm{d}y|_{x=x_0} = f'(x_0)\Delta x$．

由于自变量 x 的微分 $\mathrm{d}x = (x)' \cdot \Delta x = \Delta x$，所以 $y = f(x)$ 在点 x_0 处的微分常记作

$$\mathrm{d}y|_{x=x_0} = f'(x_0) \cdot \mathrm{d}x.$$

如果函数 $y = f(x)$ 在某区间内每一点处都可微，则称函数在该区间内是可微函数．函数在区间内任一点 x 处的微分 $\mathrm{d}y = f'(x) \cdot \mathrm{d}x$．

由此还可得 $f'(x) = \dfrac{\mathrm{d}y}{\mathrm{d}x}$，这是导数记号 $\dfrac{\mathrm{d}y}{\mathrm{d}x}$ 的来历，同时也表明导数是函数的微分 $\mathrm{d}y$ 与自变量的微分 $\mathrm{d}x$ 的商，故导数也称为微商．

例 1 求函数 $y = x^2$ 在 $x = 1$ 处，对应于自变量的改变量 Δx 分别为 0.1 和 0.01 时的改变量 Δy 及微分 $\mathrm{d}y$．

解 $\Delta y = (x + \Delta x)^2 - x^2 = 2x \cdot \Delta x + (\Delta x)^2, \mathrm{d}y = (x^2)' \cdot \Delta x = 2x \cdot \Delta x$．

在 $x = 1$ 处，当 $\Delta x = 0.1$，

$$\Delta y = 2 \times 1 \times 0.1 + 0.1^2 = 0.21, \mathrm{d}y = 2 \times 1 \times 0.1 = 0.2;$$

当 $\Delta x = 0.01$，

$\Delta y = 2 \times 1 \times 0.01 + 0.01^2 = 0.0201$，$dy = 2 \times 1 \times 0.01 = 0.02$.

例 2　求函数 $y = x\ln x$ 的微分.

解　$y' = (x\ln x)' = 1 + \ln x$，$dy = y'dx = (1 + \ln x)dx$.

2. 微分的几何意义

设函数 $y = f(x)$ 的图像如图 6 – 5 所示，点 $M(x_0, y_0)$，$N(x_0 + \Delta x, y_0 + \Delta y)$ 在图像上，过 M，N 分别作 x，y 轴的平行线，相交于点 Q，则有向线段 $MQ = \Delta x$，$QN = \Delta y$. 过点 M 再作图像曲线的切线 MT，设其倾斜角为 a，交 QN 于点 P，则有向线段

$$QP = MQ \cdot \tan a = \Delta x \cdot f'(x_0) = dy.$$

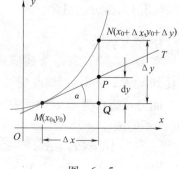

图　6 – 5

因此函数 $y = f(x)$ 在点 x_0 处的微分 dy，在几何上表示函数图像在点 $M(x_0, y_0)$ 处切线的纵坐标的相应改变量.

由图 6 – 5 还可以看出：

(1) 线段 PN 的长表示用 dy 来近似代替 Δy 所产生的误差，当 $|\Delta x| = |dx|$ 很小时，它比 $|dy|$ 要小得多；

(2) 近似式 $\Delta y \approx dy$ 表示当 $\Delta x \rightarrow 0$ 时，可以以 PQ 近似代替 NQ，即以图像在 M 处的切线来近似代替曲线本身，即在一点的附近可以用"直"代"曲". 这就是以微分近似函数改变量之所以简便的本质所在.

6.3.2　微分的基本公式与运算法则

因为函数 $y = f(x)$ 的微分等于导数 $f'(x)$ 乘以 dx，所以根据导数公式和导数运算法则，就能得到相应的微分公式和微分运算法则.

1. 微分的基本公式

$d(C) = 0$；　　　　　　　　　$d(x^a) = ax^{a-1}dx$；

$d(\sin x) = \cos x dx$；　　　　　$d(\cos x) = -\sin x dx$；

$d(\tan x) = \sec^2 x dx$；　　　　$d(\cot x) = -\csc^2 x dx$；

$d(\sec x) = \sec x \tan x dx$；　　$d(\csc x) = -\csc x \cot x dx$；

$d(a^x) = a^x \ln a dx$；　　　　　$d(e^x) = e^x dx$；

$d(\log_a x) = \dfrac{1}{x\ln a}dx$；　　$d(\ln x) = \dfrac{1}{x}dx$；

2. 微分的四则运算法则

$d(u \pm v) = du \pm dv$；

$d(u \cdot v) = vdu + udv$，

特别地 $d(Cu) = Cdu$，（C 为常数）；

$d\left(\dfrac{u}{v}\right) = \dfrac{vdu - udv}{v^2}$，（$v \neq 0$）.

3. 复合函数的微分法则

设 $y = f(u)$，$u = \varphi(x)$，则复合函数 $y = f[\varphi(x)]$ 的微分为

$$dy = y'_x dx = f'(u) \cdot \varphi'(x)dx$$

由于

$$\varphi'(x)dx = du$$

所以
$$dy = f'(u) \cdot du.$$

注意　最后得到的结果与 u 是自变量的形式相同,这说明对于函数 $y = f(u)$,不论 u 是自变量还是中间变量,y 的微分都有 $f'(u) \cdot du$ 的形式. 这个性质称为一阶微分形式的不变性.

例 3　求 $d[\ln(\sin 2x)]$.

解　$d[\ln(\sin 2x)] = \dfrac{1}{\sin 2x} d(\sin 2x) = \dfrac{1}{\sin 2x} \cdot \cos 2x \cdot d(2x) = 2\cot 2x dx.$

例 4　已知函数 $f(x) = \sin\left(\dfrac{1 - \ln x}{x}\right)$,求 $df(x)$.

解　$df(x) = d\left[\sin\left(\dfrac{1 - \ln x}{x}\right)\right] = \cos\left(\dfrac{1 - \ln x}{x}\right) d\left(\dfrac{1 - \ln x}{x}\right)$

$\qquad = \cos\left(\dfrac{1 - \ln x}{x}\right) \dfrac{d(1 - \ln x) \cdot x - (1 - \ln x) \cdot dx}{x^2}$

$\qquad = \cos\left(\dfrac{1 - \ln x}{x}\right) \dfrac{-\dfrac{1}{x} \cdot x dx - (1 - \ln x) \cdot dx}{x^2}$

$\qquad = \dfrac{\ln x - 2}{x^2} \cos\left(\dfrac{1 - \ln x}{x}\right) dx.$

习题 6. 3

1. 填空题.

(1) 设 $y = x^3 - x$ 在 $x_0 = 2$ 处 $\Delta x = 0.01$,则 $\Delta y = $ _____ ,$dy = $ _____ ;

(2) $2x^2 dx = d$ _____ ;

(3) d _____ $= \dfrac{1}{\sqrt{x}} dx$;

(4) 设 $y = e^x \sin x$,则 $dy = $ _____ $d(e^x) + $ _____ $d(\sin x)$;

2. 选择题.

(1) 设 $y = \cos x^2$,则 $dy = ($ 　　$)$.

(A) $-2x\cos x^2 dx$ 　　(B) $2x\cos x^2 dx$ 　　(C) $-2x\sin x^2 dx$ 　　(D) $2x\sin x^2 dx$

(2) 设 $y = f(u)$ 是可微函数,u 是 x 的可微函数则 $dy = ($ 　　$)$.

(A) $f'(u)u\, dx$ 　　(B) $f'(u)\, du$ 　　(C) $f'(u)\, dx$ 　　(D) $f'(u)u'\, du$

*(3) 当 $|\Delta|$ 充分小时,$f'(x) \neq 0$ 时,函数 $y = f(x)$ 的改变量 Δy 与微分 dy 的关系是$($ 　　$)$.

(A) $\Delta y = dy$ 　　(B) $\Delta y < dy$ 　　(C) $\Delta y > dy$ 　　(D) $\Delta y \approx dy$

3. 求下列函数的微分.

(1) $y = xe^x$; 　　　　　　　　　　(2) $y = \ln\sqrt{1 - x^2}$

(3) $y = x^4 + 5x + 6$; 　　　　　　(4) $y = \dfrac{1}{x} + 2\sqrt{x}$;

(5) $y = e^{\sin 3x}$; 　　　　　　　　(6) $y = \dfrac{\ln x}{x^n}$.

*4. 一个外直径为 10 cm 的球,球壳厚度为 $\dfrac{1}{8}$ cm,试求球壳体积的近似值.

6.4　导数的应用

本节将用导数来研究函数的单调性、极值与最值.

6.4.1　拉格朗日中值定理

定理 1（拉格朗日中值定理）设函数 $f(x)$ 满足下列条件：

（1）在闭区间 $[a,b]$ 上连续；

（2）在开区间 (a,b) 内可导，

则在 (a,b) 内至少存在一点 ξ，（ξ 与 a,b 有关），使得

$$f'(\xi) = \frac{f(b) - f(a)}{b - a} \tag{6-6}$$

拉格朗日中值定理的几何意义：因为等式（1）的右面表示连接端点 $A(a, f(a))$，$B(b, f(b))$ 的线段所在直线的斜率，定理表示，如果 $f(x)$ 在 $[a,b]$ 上连续，且除端点 A,B 外在每一点都存在切线，那么至少有一点 $P(\xi, f(\xi))$ 处的切线与 AB 平行（图 6-6）.

例 1　验证 $f(x) = x^2$ 在区间 $[1,2]$ 上拉格朗日中值定理成立，并求 ξ.

解　显然 $f(x) = x^2$ 在 $[1,2]$ 上连续且在 $(1,2)$ 上可导，所以拉格朗日中值定理成立.

$f'(x) = 2x$，令 $\dfrac{f(2) - f(1)}{2 - 1} = f'(x)$，即 $3 = 2x$，得 $x = 1.5$.

所以 $\xi = 1.5$.

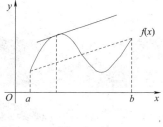

图　6-6

6.4.2　函数的单调性

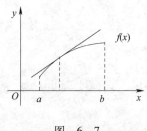

图　6-7

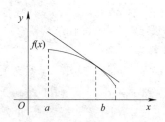

图　6-8

设函数 $f(x)$ 是区间 $[a,b]$ 上的可导函数，如果函数在 $[a,b]$ 上为单调增加，那么曲线上任一点处的切线与 x 轴正向的夹角都是锐角，即 $f'(x) > 0$（图 6-7）；如果函数在 $[a,b]$ 上为单调减少，那么曲线上任一点处的切线与 x 轴正向的夹角都是钝角，即 $f'(x) < 0$（图 6-8）. 反过来是否成立呢？

定理 2　设函数 $f(x)$ 在闭区间 $[a,b]$ 上连续，在开区间 (a,b) 内可导，则有：

（1）若在 (a,b) 内 $f'(x) > 0$，则函数 $f(x)$ 在 $[a,b]$ 上单调增加；

（2）若在 (a,b) 内 $f'(x) < 0$，则函数 $f(x)$ 在 $[a,b]$ 上单调减少.

证明　设 x_1, x_2 是 $[a,b]$ 内任意两点，不妨设 $x_1 < x_2$，利用拉格朗日中值定理有

$$f(x_2) - f(x_1) = f'(\xi)(x_2 - x_1), \quad (x_1 < \xi < x_2),$$

若 $f'(x) > 0$,必有 $f'(\xi) > 0$,又 $x_2 - x_1 > 0$,所以 $f(x_2) - f(x_1) > 0$,即 $f(x_2) > f(x_1)$. 由于 x_1, x_2 是 $[a, b]$ 内的任意两点,所以函数 $f(x)$ 在 $[a, b]$ 上单调增加.

同理可证,若 $f'(x) < 0$,则函数 $f(x)$ 在 $[a, b]$ 上单调减少.

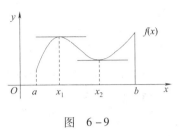

图 6-9

有时,函数在整个考察范围上并不单调,这时,就需要把考察范围划分为若干个单调区间. 如图 6-9 所示,在考察范围 $[a, b]$ 上,函数 $f(x)$ 并不单调,但可以划分 $[a, b]$ 为 $[a, x_1]$,$[x_1, x_2]$,$[x_2, b]$ 三个区间,在 $[a, x_1]$,$[x_2, b]$ 上 $f(x)$ 单调增加,而在 $[x_1, x_2]$ 上单调减少.

特别注意,如果 $f(x)$ 在 $[a, b]$ 上可导,那么在单调区间的分界点处的导数为零,即 $f'(x_1) = f'(x_2) = 0$. 对可导函数,为了确定函数的单调区间,只要求出在 (a, b) 内的导数的零点. 一般称**导数 $f'(x)$ 在区间内部的零点称为函数 $f(x)$ 的驻点**.

确定可导函数 $f(x)$ 的单调区间方法:

(1)求出函数 $f(x)$ 在考察范围 I(除指定范围外,一般是指函数定义域)内部的全部驻点;

(2)用这些驻点将 I 分成若干个子区间;

(3)在每个子区间上用定理 1 判断函数 $f(x)$ 的单调性. 为了清楚,常采用列表方式.

例 2 讨论函数 $f(x) = 2x^3 - 9x^2 + 12x - 3$ 的单调性.

解 (1)考察范围 $I = (-\infty, +\infty)$.
$$f'(x) = 6x^2 - 18x + 12 = 6(x-1)(x-2),$$

令 $f'(x) = 0$,得驻点为 $x_1 = 1$,$x_2 = 2$.

(2)划分 $(-\infty, +\infty)$ 为 3 个子区间:$(-\infty, 1)$,$(1, 2)$,$(2, +\infty)$;

(3)列表确定在每个子区间内导数的符号,用定理 1 判断函数的单调性:(在下表中我们形象地用"↗"、"↘"表示单调增加、减少.)

x	$(-\infty, 1)$	$(1, 2)$	$(2, +\infty)$
$f'(x)$	$+$	$-$	$+$
$f(x)$	↗	↘	↗

所以 $f(x)$ 在 $(-\infty, 1)$ 和 $(2, +\infty)$ 单调增加,在 $(1, 2)$ 单调减少.

如果在考察范围 I 内函数并不可导,而是 I 的内部存在若干个不可导点,由于函数在经过不可导点时也会改变单调特性,如 $y = |x|$ 在经过不可导点 $x = 0$ 时,由单调减少变为单调增加,因此除了求出全部驻点外,还需要找出全部不可导点,把 I 以驻点、不可导点划分成若干子区间.

例 3 讨论函数 $f(x) = \dfrac{x^2}{3} - \sqrt[3]{x^2}$ 的单调性.

解 $I = (-\infty, +\infty)$.

(1) $f'(x) = \dfrac{2x}{3} - \dfrac{2}{3\sqrt[3]{x}}$,

令 $f'(x) = 0$,得驻点为 $x_1 = -1$,$x_2 = 1$;此外 $f(x)$ 有不可导点为 $x_3 = 0$;

(2)划分 $(-\infty, +\infty)$ 为 4 个子区间:$(-\infty, -1)$,$(-1, 0)$,$(0, 1)$ 与 $(1, +\infty)$;

(3)列表确定在每个子区间内导数的符号,用定理 1 判断函数的单调性:

所以 $f(x)$ 在 $(-\infty,-1)$ 和 $(0,1)$ 内是单调减少的, 在 $(-1,0)$ 和 $(1,+\infty)$ 内是单调增加的.

x	$(-\infty,1)$	$(-1,0)$	$(0,1)$	$(1,+\infty)$
$f'(x)$	$-$	$+$	$-$	$+$
$f(x)$	↘	↗	↘	↗

6.4.3　函数的极值

定义　设函数 $f(x)$ 在点 x_0 的某领域 $(x_0-\delta,x_0+\delta)$, $(\delta>0)$ 内有定义,

(1)如果对于任一点 $x\in(x_0-\delta,x_0+\delta)$, $(x\neq x_0)$, 都有 $f(x)<f(x_0)$, 则称 $f(x_0)$ 是函数 $f(x)$ 的极大值;

(2)如果对于任一点 $x\in(x_0-\delta,x_0+\delta)$, $(x\neq x_0)$, 都有 $f(x)>f(x_0)$, 则称 $f(x_0)$ 是函数 $f(x)$ 的极小值.

函数的极大值与极小值统称为函数的极值, 使函数取得极值的点 x_0 称为函数 $f(x)$ 的极值点.

由定义可以看出, 极值是一个局部性概念.

从图 6-10 中可以看出, 若函数在极值点处可导, (如 $x_0\sim x_4$), 则图像上对应点处的切线是水平的, 因此函数在这类极值点处的导数为 0, 即这类极值点必定是函数的驻点. 注意图像在 x_5 所对应的点 A 处无切线, 因此 x_5 是函数的不可导点, 但函数在 x_5 处取得了极小值. 这说明不可导点也可能是函数的极值点.

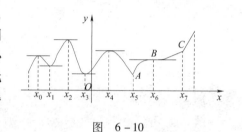

图　6-10

定理3(极值的必要条件)　设函数 $f(x)$ 在其考察范围 I 内是连续的, x_0 不是 I 的端点. 若函数在 x_0 处取得极值, 则 x_0 或者是函数的不可导点, 或者是可导点; 当 x_0 是 $f(x)$ 的可导点, 那么 x_0 必定是函数的驻点, 即 $f'(x_0)=0$.

注意　$f(x)$ 的驻点不一定是 $f(x)$ 的极值点. 如图 6-10 上的点 x_6, 尽管图像在点 B 处有水平切线, 即 x_6 是驻点$(f'(x_0)=0)$, 但函数在 x_6 并无极值. 同样 $f(x)$ 的不可导点也未必一定是极值点, 如在图 6-10 中的点 C 处, 图像无切线, 因此函数在 x_7 是不可导的, 但 x_7 并非极值点.

6.4.4　函数的最值

在许多实际问题中, 常常会遇到在一定条件下, 如何使"用料最省"、"效率最高"、"成本最低"、"路程最短"等问题. 用数学的方法进行描述, 它们都可归结为求一个函数的最大值、最小值问题.

考察函数 $y=f(x)$, $x\in I$ (I 可以为有界、无界, 可以为闭区间、非闭区间), $x_1,x_2\in I$.

(1)若对任意 $x\in I$, 成立 $f(x)\geqslant f(x_1)$, 则称 $f(x_1)$ 为 $f(x)$ 在 I 上的最小值, 称 x_1 为 $f(x)$ 在 I 上的最小值点;

(2)若对任意 $x\in I$, 成立 $f(x)\leqslant f(x_2)$, 称 $f(x_2)$ 为 $f(x)$ 在 I 上的最大值, 称 x_2 为 $f(x)$ 在 I 上的最大值点.

统称函数的最大、最小值为最值, 最大值点、最小值点为最值点.

最值与极值不同, 极值是一个仅与一点附近的函数值有关的局部概念, 最值却是一个与函数考察范围 I 有关的整体概念, 随着 I 变化, 最值的存在性及数值可能也发生变化; 因此一个函数的极值可以有若干个, 但一个函数的最大值、最小值如果存在的话, 只能是唯一的.

如果最值点不是 I 的边界点,那么它必定是极值点.

设函数 $f(x)$ 在 $I=[a,b]$ 上连续,则求出最值的步骤:

(1) 求出函数 $f(x)$ 在 (a,b) 内的所有可能极值点:驻点及不可导点;

(2) 计算函数 $f(x)$ 在驻点、不可导点处及端点 a,b 处的函数值;

(3) 比较这些函数值,其中最大者的即为函数的最大值,最小者的即为函数的最小值.

例 4　求函数 $f(x)=x^4-2x^2+5$ 在区间 $[-2,2]$ 上的最大值和最小值.

解　$f(x)$ 在 $[-2,2]$ 上连续.

(1) $f'(x)=4x^3-4x=4x(x-1)(x+1)$,

令 $f'(x)=0$,得驻点 $x_1=-1,x_2=0,x_3=1$,且无不可导点;

(2) 计算函数 $f(x)$ 在驻点、区间端点处的函数值:

$$f(-2)=13,f(-1)=4,f(0)=5,f(1)=4,f(2)=13;$$

(3) 函数在 $[-2,2]$ 上的最大值为 13,最大值点为 $-2,2$;最小值为 4,最小值点为 $-1,1$.

数学和实际问题中遇到的函数,未必尽是闭区间上的连续函数.一般可按下述原则处理:若实际问题归结出的函数 $f(x)$ 在其考察范围 I 上是可导的,且已事先可断定最大值(或最小值)必定在 I 的内部达到,而在 I 的内部又仅有 $f(x)$ 的唯一一个驻点 x_0,那么就可断定 $f(x)$ 的最大值(或最小值)就在点 x_0 取得.

例 5　要做一个容积为 V 的圆柱形煤气柜,问怎样设计才能使所用材料最省?

解　设煤气柜的底半径为 r,高为 h,

则煤气柜的侧面积为 $2\pi rh$,底面积为 πr^2,表面积为 $s=2\pi r^2+2\pi rh$.

由
$$V=\pi r^2 h,\ h=\frac{V}{\pi r^2},$$

所以

$$s=2\pi r^2+\frac{2V}{r},r\in(0,+\infty).$$

$$s'=4\pi r-\frac{2V}{r^2}=\frac{2(2\pi r^3-V)}{r^2},$$

令 $s'=0$,有唯一驻点 $r=\left(\dfrac{V}{2\pi}\right)^{\frac{1}{3}}\in(0,+\infty)$,因此它一定是使 s 达到最小值的点.此时对应的

高为 $h=\dfrac{V}{\pi r^2}=2\left(\dfrac{V}{2\pi}\right)^{\frac{1}{3}}=2r.$

当煤气柜的高和底直径相等时,所用材料最省.

例 6　一房地产公司有 50 套公寓房要出租,当租金定为 180 元/套·月时,公寓可全部租出;当租金提高 10 元/套·月,租不出的公寓就增加一套;已租出的公寓整修维护费用为 20 元/套·月.问租金定价多少时可获得最大月收入?

解　设租金为 P(元/套·月),据设 $P\geqslant 180$.此时未租出公寓为 $\dfrac{1}{10}(P-180)$(套),租出公寓为

$$50-\frac{1}{10}(P-180)=68-\frac{P}{10}(套),$$

从而月收入

$$R(P) = \left(68 - \frac{P}{10}\right) \cdot (P - 20) = -\frac{P^2}{10} + 70P - 1\ 360,\ R'(P) = -\frac{P}{5} + 70.$$

令 $R'(P) = 0$，得唯一解 $P = 350$.

由本题实际意义，适当的租金价位必定能使月收入达到最大，而函数 $R(P)$ 仅有唯一驻点，因此这个驻点必定是最大值点. 所以租金定为 350 元/套·月时，可获得最大月收入.

习题6.4

1. 填空题

(1) 函数 $y = \frac{e^x}{x}$ 的单调增区间是＿＿＿＿＿＿＿，单调减区间是＿＿＿＿＿＿＿；

(2) $y = (x - 1) \cdot \sqrt[3]{x^2}$ 在 $x_1 =$ ＿＿＿＿＿＿处有极＿＿＿＿＿＿值，在 $x_2 =$ ＿＿＿＿＿处有极＿＿＿＿＿＿值；

(3) 若函数 $f(x) = ax^2 + bx$ 在点 $x = 1$ 处取极大值 2，则 $a =$ ＿＿＿＿＿＿，$b =$ ＿＿＿＿＿＿；

(4) 函数 $f(x) = \frac{1}{3}x^3 - 4x + 2\ (-2 \leqslant x \leqslant 1)$ 的最大值为＿＿＿＿＿＿，最小值为＿＿＿＿＿＿；

(5) 函数 $f(x) = \frac{x-1}{x+1}$ 在区间 $[0, 4]$ 上的最大值为＿＿＿＿＿＿，最小值为＿＿＿＿＿＿；

(6) $f(x) = \sin 2x - x \left(|x| \leqslant \frac{\pi}{2}\right)$ 在 $x =$ ＿＿＿＿＿＿处有最大值，在 $x =$ ＿＿＿＿＿＿处有最小值；

(7) 设 $f(x) = ax - 6ax^2 + b$ 在区间 $[-1, 2]$ 上的最大值为 3，最小值为 -29，又知 $a > 0$，则 $a =$ ＿＿＿＿＿＿，$b =$ ＿＿＿＿＿＿．

2. 求下列函数的单调区间

(1) $y = 2x^3 - 6x^2 - 18x - 7$；　　　　　　　(2) $y = 2x^2 - \ln x$；

(3) $y = 2x + \frac{8}{x}$；　　　　　　　(4) $y = x - 2\sin x\ (0 \leqslant x \leqslant 2\pi)$；

3. 求下列函数的极值

(1) $y = -x^4 + 2x^2$；　　　　　　　(2) $y = -(x + 1)^{\frac{2}{3}}$；

(3) $y = x^4 - 8x^2 + 2$；　　　　　　　(4) $y = e^x \cos x$；

4. 求下列函数在给定区间上的最大值和最小值

(1) $y = x^4 - 2x^2 + 5,\ [-2, 2]$；　　　　　　　(2) $y = \frac{x^2}{1 + x},\ \left[-\frac{1}{2}, 1\right]$；

(3) $y = x + \sqrt{1 - x},\ [-5, 1]$.

5. 要造一圆柱形油罐，体积为 V，问底半径 r 和高 h 等于多少时，才能使表面积最小？这时底直径与高的比是多少？

本章小结

1. 导数的概念和运算

欲动态地考察函数 $y = f(x)$ 在某点 x_0 附近变量间的关系,由于存在变化"均匀与不均匀"或图形"曲与直"等不同变化性态,如果孤立地考察一点 x_0,除了能求得函数值 $f(x_0)$ 外,是难以反映的,所以要在小范围 $[x_0, x_0 + \Delta x]$ 内去研究函数的变化的情况. 再结合极限,就得出点变化率的概念. 有了点变化率的概念后,在小范围内就可以以"均匀代不均匀"、以"直代曲",使对函数 $y = f(x)$ 在某点 x_0 附近变量间的关系的对动态研究得到简化.

2. 导数的几何意义

函数 $y = f(x)$ 在点 x_0 处的导数 $f'(x_0)$,在几何上表示函数的图像在点 $(x_0, f(x_0))$ 处切线的斜率.

3. 求导数的方法

(1)用导数定义求导数;

(2)用导数的基本公式和四则运算法则求导数;

(3)用链式法则求复合函数的导数;

(4)用对数求导法,对幂指函数及多个"因子"的积、商、乘方或开方运算组成的函数求导数;

(5)对由方程求导的隐函数,用隐函数求导法;

4. 微分的概念与运算

函数 $y = f(x)$ 在 x_0 处可微,表示 $f(x)$ 在 x_0 附近的这样一种变化性态:随着自变量 x 改变量 Δx 的变化,始终成立 $\Delta y = f(x_0 + \Delta x) - f(x_0) = f'(x_0) \cdot \Delta x + o(\Delta x)$. 这在数值上表示 $f'(x_0) \cdot \Delta x$ 是 Δy 的线性主部:$\Delta y \approx f'(x_0) \cdot \Delta x$;在几何上表示 x_0 附近可以以"直"(图像在点 $(x_0, f(x_0))$ 处的切线)代"曲"($y = f(x)$ 图像本身),误差是 Δx 的高阶无穷小. 称 $\mathrm{d}y = f'(x_0) \cdot \Delta x = f'(x_0) \cdot \mathrm{d}x$ 为 $f(x)$ 在 x_0 处的微分.

在运算上,求函数 $y = f(x)$ 的导数 $f'(x)$ 与求函数的微分 $f'(x)\mathrm{d}x$ 是互通的,即

$$y' = \frac{\mathrm{d}y}{\mathrm{d}x} = f'(x) \Longleftrightarrow \mathrm{d}y = f'(x)\mathrm{d}x.$$

因此可以先求导数然后乘以 $\mathrm{d}x$ 计算微分,也可以利用微分公式与微分的法则进行计算.

5. 可导、可微与连续的关系

6. 函数单调性与极值

判定方法列表如下,表中的 x_0 是导数的零点,或者是不可导点:

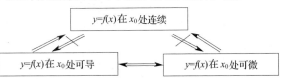

函数的单调性与极值的判定				
	x	(x_1, x_0)	x_0	(x_0, x_2)
(1)	y'	$+$	0	$-$
	y	单调增加	极大值	单调减少
(2)	y'	$-$	0	$+$
	y	单调减少	极小值	单调增加
(3)	y'	$+(-)$	0	$+(-)$
	y	单调增加(减少)	无极值	单调增加(减少)

y'符号与单调性最好从几何方面记忆.

7. 函数的最值及应用

求函数在考察范围 I 内的最值,是通过比较驻点、不可导点及含于 I 的端点处的函数值的大小而得到的,并不需要判定驻点是否是极值点.

对于实际应用题,应首先以数学模型思想建立优化目标与优化对象之间的函数关系,确定其考察范围. 在实际问题中,经常使用最值存在、驻点唯一,则驻点即为最值点的判定方法.

复习题六

1. 选择题.

(1) 函数 $y = f(x)$ 在点 x_0 处可导是它在该点处连续的( ).

(A) 必要条件　　　(B) 充分条件

(C) 充要条件　　　(D) 什么条件都不是

(2) 曲线 $y = e^x$ 在点 $(0,1)$ 处的切线方程是( ).

(A) $y = -x + 1$　　　(B) $y = x - 1$

(C) $y = x + 1$　　　(D) $y = -x - 1$

(3) 已知 $y = e^{-x}$,则 $y^{(99)} = ($).

(A) e^x　　(B) e^{-x}　　(C) $-e^x$　　(D) $-e^{-x}$

(4) 在抛物线 $y = x^2$ 上切线与 Ox 轴构成 $45°$ 角的点是( ).

(A) $\left(-\dfrac{1}{2}, \dfrac{1}{4}\right)$　　(B) $\left(\dfrac{1}{4}, \dfrac{1}{2}\right)$　　(C) $\left(-\dfrac{1}{2}, -\dfrac{1}{4}\right)$　　(D) $\left(\dfrac{1}{2}, \dfrac{1}{4}\right)$

(5) 满足方程 $f'(x) = 0$ 的点,一定是函数 $y = f(x)$ 的( ).

(A) 极值点　　(B) 拐点　　(C) 驻点　　(D) 间断点

2. 填空题.

(1) $(2x + 1)dx = d($);　　　(2) $2e^{2x}dx = d($);

(3) $3\cos 3x dx = d($);　　　(4) $x^2(x + 1)dx = d($).

(5) 已知物体运动方程是 $s(t) = t^2 - 2t + 10$(公里),则在 $t = 4$ s 时的即时速度为 $v = $ ＿＿＿＿＿＿＿.

(6) 已知 $y = 1 + xe^y$,则 $y' = $ ＿＿＿＿＿＿＿.

(7) 曲线 $y = 3x^5 - 5x^3$ 的极值点是＿＿＿＿＿＿＿.

(8) 曲线 $y = e^{-\frac{1}{x}}$ 的单调递增区间是＿＿＿＿＿＿＿.

3. 计算题.

(1) 求下列函数的导数 $\dfrac{dy}{dx}$.

① $y = x^2(2 + \sqrt{x})$,　　　② $y = \dfrac{x^2}{\ln x}$,

③ $y = (x\sqrt{x} + 3)e^{2x}$,　　　④ $y = \sqrt{1 + \ln^2 x}$.

(2) 求下列函数的微分 dy.

① $y = x\sin 2x$,　　　② $y = \sqrt[3]{\dfrac{1 - x}{1 + x}}$,

③$y = \ln \sin(3x)$，　　　④$y = \mathrm{e}^{-x}\cos(3-x)$.

（3）求下列隐函数的导数.

①$\sin(x^2 + y^2) - 3x = 0$，　　　②$\mathrm{e}^{x+y} - 3y^2 = 6$.

（4）计算导数值.

①$y = (5x^4 + 100)^2$，求 $y'(0)$.

②$y = 3\sin x + 5\cos x + \tan x$，求 $y'\left(\dfrac{\pi}{4}\right)$.

（5）已知某种产品的成本为 $C = 10 + Q$，收入为 $R = -Q^2 + 9Q + 20$，则利润函数为 $L = R - C$，试问产量 Q 为何值时可使利润最大？最大利润可达多少？

（6）要建造体积为 V 的有盖圆柱形水池，其底半径和高为多少时用料最省？

第7章

不 定 积 分

学习目标

1. 理解原函数、不定积分的概念，了解不定积分和微分之间的内在联系以及两者之间的互逆关系.

2. 熟练掌握积分的基本公式、基本运算法则、直接积分法，掌握换元积分法，会求简单函数的积分.

7.1　不定积分

7.1.1　原函数的概念

在实际应用中存在另一类问题是已知函数的导数 $F'(x) = f(x)$，而要求出原来的函数 $F(x)$.

例1　设曲线过点 $(2,1)$，且斜率为 3，求曲线的方程.

解　设曲线的方程为 $y = f(x)$，由导数的几何意义有 $f'(x) = 3$ 且 $f(2) = 1$.

例2　已知自由落体，经过 t 秒时的运动速度为 $v(t) = gt$，求自由落体的运动规律.

解　设自由落体的运动规律为 $s = s(t)$，则 $s'(t) = v(t) = gt$ 且 $s(0) = 0$.

为此，我们给出下面的定义.

定义1　设 $f(x)$ 是定义在某区间的已知函数，如果存在一个函数 $F(x)$，对于该区间的所有 x，都有

$$F'(x) = f(x) \text{ 或 } \mathrm{d}F(x) = f(x)\mathrm{d}x$$

成立，则称 $F(x)$ 是 $f(x)$ 的一个原函数.

例如，因为 $(\sin x)' = \cos x$，所以 $\sin x$ 是 $\cos x$ 的一个原函数；又因为 $(x^3)' = 3x^2$，故 x^3 是 $3x^2$ 的一个原函数. 由于 $(x^3 + C)' = 3x^2$（C 是任意常数）. 所以 $x^3 + C$ 也是 $3x^2$ 的原函数.

一般地，如果 $F(x)$ 是 $f(x)$ 的一个原函数，那么 $F(x) + C$（C 是任意常数）也是 $f(x)$ 的原函数，由 C 的任意性，所以一个函数的原函数有无限个；另一方面，如果 $F(x)$ 是 $f(x)$ 的一个原函数，那么 $f(x)$ 的全部原函数就是 $F(x) + C$（C 是任意常数）.

7.1.2　不定积分的概念

定义2　函数 $f(x)$ 的全部原函数 $F(x) + C$（C 是任意常数），称为 $f(x)$ 的不定积分. 记作 $\int f(x)\mathrm{d}x$. 即

$$\int f(x)\,dx = F(x) + C.$$

其中"$\int$"称为积分号，$f(x)$称为被积函数，$f(x)\,dx$称为被积表达式，x称为积分变量，任意常数C称为积分常数.

由定义可知：

(1) 求已知函数$f(x)$的不定积分，只需求出$f(x)$的一个原函数，然后再加上任意常数C即可.

例如，由于$(\sin x)' = \cos x$，所以$\int \cos x\,dx = \sin x + C$.

不定积分简称积分；求已知函数的不定积分的运算称为对这个函数进行积分运算.

$$(2) \qquad \left[\int f(x)\,dx\right]' = f(x), \qquad\qquad d\int f(x)\,dx = f(x),$$

$$或 \quad \int f'(x)\,dx = f(x) + C, \qquad \int df(x) = f(x) + C \qquad\qquad (7-1)$$

式(7-1)的两个结论表明，若不考虑积分常数C，微分号"d"，"$\int$"不论先后一起写，作用恰好互相抵消，从这里可以看出，微分(求导)运算与积分运算互为逆运算.

例1 求$\int 2x\,dx$.

解 因为$(x^2)' = 2x$，即x^2是$2x$的一个原函数，所以

$$\int 2x\,dx = x^2 + C.$$

例2 求$\int e^x\,dx$.

解 因为$(e^x)' = e^x$，即e^x是e^x的一个原函数，所以

$$\int e^x\,dx = e^x + C.$$

7.1.3 基本积分公式

由于积分运算与微分运算互逆，因此，根据不定积分的定义及求导的基本公式，可以得到积分的基本公式：

$$F'(x) = f(x), \qquad\qquad\qquad \int f(x)\,dx = F(x) + C.$$

1. $(C)' = 0$, $\qquad\qquad\qquad\qquad\qquad \int 0\,dx = C.$

2. $(x)' = 1$, $\qquad\qquad\qquad\qquad\qquad \int dx = x + C.$

3. $\left(\dfrac{1}{\alpha+1}x^{\alpha+1}\right)' = x^{\alpha}\ (\alpha \neq -1)$, $\qquad \int x^{\alpha}\,dx = \dfrac{1}{\alpha+1}x^{\alpha+1} + c\ (\alpha \neq -1).$

4. $\left(\dfrac{a^x}{\ln a}\right)' = a^x$, $\qquad\qquad\qquad\qquad \int a^x\,dx = \dfrac{a^x}{\ln a} + C.$

5. $(e^x)' = e^x$, $\qquad\qquad\qquad\qquad\qquad \int e^x\,dx = e^x + C.$

6.　$(\ln|x|)' = \dfrac{1}{x}$,　　　　　　　　　$\displaystyle\int \dfrac{1}{x}dx = \ln|x| + C.$

7.　$(\sin x)' = \cos x$,　　　　　　　　　$\displaystyle\int \cos x dx = \sin x + C.$

8.　$(-\cos x)' = \sin x$,　　　　　　　　　$\displaystyle\int \sin x dx = -\cos x + C.$

9.　$(\tan x)' = \sec^2 x$,　　　　　　　　　$\displaystyle\int \sec^2 x dx = \tan x + C.$

10.　$(-\cot x)' = \csc^2 x$,　　　　　　　　$\displaystyle\int \csc^2 x dx = -\cot x + C.$

例 3　已知　$\displaystyle\int f(x)dx = 2x^{\frac{1}{2}} + C$,求 $f(x)$.

解　由不定积分的定义有

$$f(x) = (2x^{\frac{1}{2}} + C)' = 2 \cdot \dfrac{1}{2}x^{-\frac{1}{2}} = \dfrac{1}{\sqrt{x}}.$$

7.1.4　不定积分的基本运算法则

设下面所讨论的函数在所定义的区间均可积,则

(1)　$\displaystyle\int kf(x)dx = k\int f(x)dx (k \neq 0)$

(2)　$\displaystyle\int [f(x) \pm g(x)]dx = \int f(x)dx \pm \int g(x)dx$

可推广:

(3)　$\displaystyle\int [f_1(x) \pm f_2(x) \pm \cdots \pm f_n(x)]dx = \int f_1(x)dx \pm \int f_2(x)dx \pm \cdots \pm \int f_n(x)dx$

例 4　求 $\displaystyle\int x\sqrt{x}dx$.

解　$\displaystyle\int x\sqrt{x}dx = \int x^{\frac{3}{2}}dx = \dfrac{1}{\frac{3}{2}+1}x^{\frac{3}{2}+1} = \dfrac{2}{5}x^{\frac{5}{2}} + C.$

例 5　求 $\displaystyle\int (2x^3 + 1 - \cos x)dx$.

解　$\displaystyle\int (2x^3 + 1 - \cos x)dx = 2\int x^3 dx + \int dx - \int \cos x dx$

$$= \dfrac{1}{2}x^4 + x - \sin x + C.$$

例 6　求 $\displaystyle\int \dfrac{(x-1)^3}{x^2}dx$.

解　$\displaystyle\int \dfrac{(x-1)^3}{x^2}dx = \int \dfrac{x^3 - 3x^2 + 3x - 1}{x^2}dx$

$$= \int x dx - 3\int dx + 3\int \dfrac{1}{x}dx - \int x^{-2}dx$$

$$= \dfrac{1}{2}x^2 - 3x + 3\ln|x| + \dfrac{1}{x} + C.$$

例 7　求 $\displaystyle\int \sin^2 \dfrac{x}{2}dx$.

解 由半角公式知
$$\sin^2 \frac{x}{2} = \frac{1 - \cos x}{2}$$

故
$$\int \sin^2 \frac{x}{2} dx = \frac{1}{2} \int (1 - \cos x) dx = \frac{1}{2} x - \sin x + C.$$

说明 本节的例4~例7的积分运算都直接利用基本积分公式或积分的性质求解,或经过适当的恒等变换(三角变换)后再应用公式或性质求解,这种计算积分的方法叫直接积分法,它是最基本的积分方法.

习题 7.1

1. 判断题.

(1) $\int \frac{1}{x} dx = \ln 2 |x| + C.$ ( ) (2) $\int a^x dx = a^x \ln a + C.$ ( )

(3) $\int x^3 dx = 6x^4 + C.$ ( ) (4) $\int e^x dx = e^x + \ln C.$ ( )

(5) $\int \sin x dx = \cos x + C.$ ( )

2. 求下列不定积分.

(1) $\int x^3 \sqrt[3]{x} dx;$ (2) $\int (7^x + 1) dx;$

(3) $\int (1 + \sqrt{x})^2 dx;$ (4) $\int \frac{2 - x}{x \sqrt{x}} dx;$

(5) $\int \frac{x - 4}{\sqrt{x} + 2} dx;$ (6) $\int \left(\frac{1}{x} - \frac{1}{\cos^2 x} - 5e^x \right) dx;$

(7) $\int \frac{dx}{1 + \cos^2 x};$ (8) $\int \frac{\cos 2x}{\cos x - \sin x} dx.$

7.2 换元积分法

对于一些被积函数是复合函数或无理函数的积分,例如 $\int \cos 2x dx$, $\int \frac{dx}{1 + \sqrt{x}}$ 等,利用直接积分法就难以求解.下面我们来探索这类积分的求解方法.

显然, $\int \cos 2x dx \neq \sin 2x + C.$

这是因为 $(\sin 2x + C)' = 2\cos 2x$,它不等于被积函数. 考虑到 $y = \cos 2x$ 是复合函数,先换元,即设 $u = 2x$,则 $x = \frac{u}{2}$, $dx = \frac{1}{2} du.$ 于是

$$\int \cos 2x \, dx = \int \cos u \cdot \frac{1}{2} du = \frac{1}{2} \int \cos u \, du = \frac{1}{2} \sin u + C.$$

再将 $u = 2x$ 代入上式的右端,得

$$\int \cos 2x \, dx = \frac{1}{2} \sin 2x + C.$$

由于 $\left(\dfrac{1}{2}\sin 2x + C\right)' = \cos 2x$，因此，利用这种方法计算得到的结果是正确的.

上述方法，引入中间变量 u，将积分变量 x 换成 u 的积分就是换元积分法.

一般地，有不定积分的换元积分公式：

设 $F(u)$ 是 $f(u)$ 的原函数，且 $u = \varphi(x)$ 可导，则有

$$\int f[\varphi(x)]\varphi'(x)\mathrm{d}x = \int f[\varphi(x)]\mathrm{d}\varphi(x) \xrightarrow[\text{换元}]{\text{令} \varphi(x)=u} \int f(u)\mathrm{d}u$$

$$= F(u) + C \xrightarrow[u=\varphi(x)]{\text{回代}} F[\varphi(x)] + C \qquad (7-2)$$

例 1　求 $\displaystyle\int \sin 4x\,\mathrm{d}x$.

解　设 $u = 4x$，则 $x = \dfrac{u}{4}$，$\mathrm{d}x = \dfrac{1}{4}\mathrm{d}u$.

于是　　$\displaystyle\int \sin 4x\,\mathrm{d}x = \dfrac{1}{4}\int \sin u\,\mathrm{d}u = -\dfrac{1}{4}\cos u + C = -\dfrac{1}{4}\cos 4x + C$.

例 2　求 $\displaystyle\int (2x+1)^9\mathrm{d}x$.

解　设 $2x+1 = u$，则 $x = \dfrac{u}{2} + \dfrac{1}{2}$，$\mathrm{d}x = \dfrac{1}{2}\mathrm{d}u$.

于是　　$\displaystyle\int (2x+1)^9\mathrm{d}x = \dfrac{1}{2}\int u^9\mathrm{d}u = \dfrac{1}{20}u^{10} + C = \dfrac{1}{20}(2x+1)^{10} + C$.

上述两个例题的求解过程中，可以省略中间变量 u. 如果将"$\mathrm{d}x$"写成"$\dfrac{1}{4}\mathrm{d}(4x)$"，即得

$$\int \sin 4x\,\mathrm{d}x = \int \sin 4x \cdot \dfrac{1}{4}\mathrm{d}(4x) = \dfrac{1}{4}\int \sin 4x\,\mathrm{d}(4x) = -\dfrac{1}{4}\cos 4x + C.$$

类似地，例 2 也可写成

$$\int (2x+1)^9\mathrm{d}x = \int (2x+1)^9 \cdot \dfrac{1}{2}\mathrm{d}(2x+1) = \dfrac{1}{2}\int (2x+1)^9\mathrm{d}(2x+1)$$

$$= \dfrac{1}{2} \cdot \dfrac{1}{10}(2x+1)^{10} + C = \dfrac{1}{20}(2x+1)^{10} + C$$

这种写法的关键是将"$\mathrm{d}x$"凑成微分"$\dfrac{1}{2}\mathrm{d}(2x+1)$"，因此，这种换元积分法也叫做**凑微分法**.

为了解决"凑微分"这个关键问题，下面给出常用的一些微分公式，熟记这些公式，对于计算这类积分会有较大帮助.

$(1)\,\mathrm{d}x = \dfrac{1}{a}\mathrm{d}(ax+b)\,(a \neq 0)$；　　　　　　$(2)\,x\mathrm{d}x = \dfrac{1}{2}\mathrm{d}x^2$；

$(3)\,\dfrac{1}{x}\mathrm{d}x = \mathrm{d}(\ln x)$；　　　　　　　　　　$(4)\,\dfrac{1}{\sqrt{x}}\mathrm{d}x = 2\mathrm{d}(\sqrt{x})$；

$(5)\,\dfrac{1}{x^2}\mathrm{d}x = -\mathrm{d}\dfrac{1}{x}$；　　　　　　　　　$(6)\,\mathrm{e}^{ax}\mathrm{d}x = \dfrac{1}{a}\mathrm{d}(\mathrm{e}^{ax})$；

$(7)\,\cos x\,\mathrm{d}x = \mathrm{d}\sin x$；　　　　　　　　　$(8)\,\sin x\,\mathrm{d}x = -\mathrm{d}\cos x$.

例 3　求　$\displaystyle\int \dfrac{\ln x}{x}\mathrm{d}x$.

解　在 $\ln x$ 中，$x > 0$，$\dfrac{1}{x}\mathrm{d}x = \mathrm{d}\ln x$，

$$\int \frac{\ln x}{x}\mathrm{d}x = \int \ln x\ \mathrm{d}(\ln x) = \frac{1}{2}\ln^2 x + C.$$

例 4　求　$\displaystyle\int \frac{\sin(\sqrt{x} + 1)}{\sqrt{x}}\mathrm{d}x.$

解　$\displaystyle\int \frac{\sin(\sqrt{x} + 1)}{\sqrt{x}}\mathrm{d}x = 2\int \sin(\sqrt{x} + 1)\mathrm{d}(\sqrt{x})$

$$= 2\int \sin(\sqrt{x} + 1)\mathrm{d}(\sqrt{x} + 1) = -2\cos(\sqrt{x} + 1) + C.$$

例 5　求　$\displaystyle\int x\mathrm{e}^{x^2}\mathrm{d}x.$

解　$\displaystyle\int x\mathrm{e}^{x^2}\mathrm{d}x = \frac{1}{2}\int \mathrm{e}^{x^2}\mathrm{d}(x^2) = \frac{1}{2}\mathrm{e}^{x^2} + C.$

例 6　求　$\displaystyle\int \tan x\ \mathrm{d}x.$

解　$\displaystyle\int \tan x\ \mathrm{d}x = \int \frac{\sin x}{\cos x}\mathrm{d}x = -\int \frac{\mathrm{d}\cos x}{\cos x}\xlongequal{\text{令 }u = \cos x} -\int \frac{\mathrm{d}u}{u}$

$$= -\ln|u| + C = -\ln|\cos x| + C.$$

即

$$\int \tan x\mathrm{d}x = -\ln|\cos x| + C.$$

类似

$$\int \cot x\ \mathrm{d}x = \ln|\sin x| + C.$$

对于一些无理函数的积分，可以直接用换元法求解.

例 7　求　$\displaystyle\int \frac{\mathrm{d}x}{1 + \sqrt{x}}.$

解　令 $u = \sqrt{x}$，则 $x = u^2$，$\mathrm{d}x = 2u\ \mathrm{d}u$，

于是　$\displaystyle\int \frac{\mathrm{d}x}{1 + \sqrt{x}} = 2\int \frac{u}{1 + u}\mathrm{d}u = 2\int \frac{(1 + u) - 1}{1 + u}\mathrm{d}u = 2\int \left(1 - \frac{1}{1 + u}\right)\mathrm{d}u$

$$= 2\int \mathrm{d}u - 2\int \frac{\mathrm{d}(1 + u)}{1 + u} = 2u - 2\ln|1 + u| + C$$

$$= 2\sqrt{x} - 2\ln|1 + \sqrt{x}| + C.$$

例 8　求　$\displaystyle\int \frac{\mathrm{d}x}{1 + \sqrt{1 + x}}.$

解　令 $u = \sqrt{1 + x}$，则 $x = u^2 - 1$，$\mathrm{d}x = 2u\ \mathrm{d}u$，

所以　$\displaystyle\int \frac{\mathrm{d}x}{1 + \sqrt{1 + x}} = 2\int \frac{u}{1 + u}\mathrm{d}u = 2\int \frac{(1 + u) - 1}{1 + u}\mathrm{d}u$

$$= 2\int \mathrm{d}u - 2\int \frac{\mathrm{d}(1 + u)}{1 + u} = 2u - 2\ln|1 + u| + C$$

$$= 2\sqrt{1 + x} - 2\ln|1 + \sqrt{1 + x}| + C.$$

习题7.2

1. 在下列各式等号右端的空白处填入适当的系数,使等式成立.

(1) $x\,\mathrm{d}x = \underline{\quad} \mathrm{d}(x^2+1)$;　　　(2) $\mathrm{d}x = \underline{\quad} \mathrm{d}\left(\dfrac{x}{2}+3\right)$;

(3) $x^2\,\mathrm{d}x = \underline{\quad} \mathrm{d}(1-x^3)$;　　　(4) $\mathrm{e}^{-2x}\,\mathrm{d}x = \underline{\quad} \mathrm{d}(\mathrm{e}^{-2x})$;

(5) $x\mathrm{e}^{x^2}\,\mathrm{d}x \underline{\quad} \mathrm{d}(\mathrm{e}^{x^2}+2)$;　　　(6) $\dfrac{1}{x}\,\mathrm{d}x = \underline{\quad} \mathrm{d}(-\ln x)$;

(7) $2^x\,\mathrm{d}x = \underline{\quad} \mathrm{d}(1+2^x)$;　　　(8) $\sin x\,\mathrm{d}x = \underline{\quad} \mathrm{d}(2+\cos x)$;

(9) $\cos 2x\,\mathrm{d}x = \underline{\quad} \mathrm{d}(-\sin 2x)$;　　(10) $\dfrac{1}{1-2x}\,\mathrm{d}x = \underline{\quad} \mathrm{d}\ln(1-2x)$.

2. 求下列不定积分.

(1) $\displaystyle\int \mathrm{e}^{3x}\,\mathrm{d}x$;　　　(2) $\displaystyle\int \sqrt{1-2x}\,\mathrm{d}x$;

(3) $\displaystyle\int \sin(2x+1)\,\mathrm{d}x$;　　　(4) $\displaystyle\int x(1+x^2)^2\,\mathrm{d}x$;

(5) $\displaystyle\int x\cos(2x^2-1)\,\mathrm{d}x$;　　　(6) $\displaystyle\int \dfrac{\sin\sqrt{x}}{\sqrt{x}}\,\mathrm{d}x$;

(7) $\displaystyle\int \sin^3 x\cos x\,\mathrm{d}x$;　　　(8) $\displaystyle\int \cos^2 2x\,\mathrm{d}x$;

(9) $\displaystyle\int \dfrac{1+\ln x}{x}\,\mathrm{d}x$;　　　(10) $\displaystyle\int \dfrac{1}{(11+5x)^3}\,\mathrm{d}x$;

(11) $\displaystyle\int \dfrac{x\,\mathrm{d}x}{x^2+3}$;　　　(12) $\displaystyle\int \dfrac{\mathrm{d}x}{x\sqrt{x+1}}$.

7.3　分部积分法

换元积分法应用范围虽然很广,但它却不能解决形如 $\displaystyle\int x\cos x\,\mathrm{d}x$, $\displaystyle\int x^2\mathrm{e}^x\,\mathrm{d}x$, $\displaystyle\int \mathrm{e}^x\cos x\,\mathrm{d}x$ 等的积分. 为此,本节用函数乘积的微分公式,导出另一种基本的积分法——**分部积分法**.

设函数 $u=u(x)$, $v=v(x)$ 具有连续的导数,由函数乘积的微分法则有

$$\mathrm{d}(uv) = u\mathrm{d}v + v\mathrm{d}u$$

移项得
$$u\mathrm{d}v = \mathrm{d}(uv) - v\mathrm{d}u$$

两边积分得
$$\int u\mathrm{d}v = uv - \int v\mathrm{d}u \qquad\qquad (7-3)$$

(7-3)式为不定积分的**分部积分公式**. 从公式知,若求 $\displaystyle\int u\mathrm{d}v = \int uv'\,\mathrm{d}x$ 有困难,而求 $\displaystyle\int v\mathrm{d}u = \int u'v\,\mathrm{d}x$ 较容易时,分部积分公式就可以发挥作用了.

例1 求 $\displaystyle\int x\mathrm{e}^x\,\mathrm{d}x$.

解 凑微分,得 $\mathrm{e}^x\mathrm{d}x = \mathrm{d}\mathrm{e}^x$,所以 $\displaystyle\int x\mathrm{e}^x\,\mathrm{d}x = \int x\,\mathrm{d}\mathrm{e}^x$,

上式令 $\qquad\qquad u = x, v = \mathrm{e}^x,$

故 $\qquad\qquad \int x\mathrm{d}\mathrm{e}^x = x\mathrm{e}^x - \int \mathrm{e}^x \mathrm{d}x = x\mathrm{e}^x - \mathrm{e}^x + C,$

即 $\qquad\qquad \int x\mathrm{e}^x \mathrm{d}x = x\mathrm{e}^x - \mathrm{e}^x + C.$

利用分部积分公式时,如何适当地选择 u, v 是十分重要的. 一般选 u 次序是"对、幂、指、三". 如果选取不当,可能使所求积分更复杂.

例 2 求 $\int x^2 \cos x \, \mathrm{d}x.$

解 令 $u = x^2, \mathrm{d}v = \cos x \, \mathrm{d}x = \mathrm{d}\sin x,$ 则 $\mathrm{d}u = 2x \, \mathrm{d}x, v = \sin x,$

所以 $\qquad \int x^2 \cos x \, \mathrm{d}x = \int x^2 \mathrm{d}(\sin x) = x^2 \sin x - 2 \int x \sin x \mathrm{d}x,$

对 $\int x \sin x \, \mathrm{d}x$ 再次使用分部积分法得

$$\int x^2 \cos x \, \mathrm{d}x = (x^2 - 2)\sin x + 2x \cos x + C.$$

例 3 求 $\int x^3 \ln x \, \mathrm{d}x.$

解 设 $u = \ln x, \mathrm{d}v = x^3 \mathrm{d}x = \mathrm{d}\dfrac{x^4}{4},$ 则 $\mathrm{d}u = \dfrac{1}{x}\mathrm{d}x, v = \dfrac{x^4}{4},$

所以 $\quad \int x^3 \ln x \, \mathrm{d}x = \int \ln x \, \mathrm{d}\dfrac{x^4}{4} = \dfrac{1}{4} \int x^4 \ln x - \int \dfrac{x^4}{4} \cdot \dfrac{1}{x}\mathrm{d}x$

$$= \dfrac{1}{4} x^4 \ln x - \dfrac{1}{4} \int x^3 \mathrm{d}x = \dfrac{1}{4} x^4 \ln x - \dfrac{1}{16} x^4 + C.$$

习题 7.3

求下列各不定积分.

(1) $\int x \sin x \, \mathrm{d}x;$

(2) $\int x\mathrm{e}^{-x} \mathrm{d}x;$

(3) $\int x\ln x \, \mathrm{d}x;$

(4) $\int x\cos \dfrac{x}{2}\mathrm{d}x;$

(5) $\int \mathrm{e}^{\sqrt{x}} \mathrm{d}x;$

(6) $\int x^2 \cos x \, \mathrm{d}x.$

7.4 积分表的使用

在实际问题中所遇到的初等函数积分,如果都一一进行计算,将是一件很艰苦繁杂的事情. 为了实用方便,人们把一些常用函数的积分汇集成表,这种表叫**积分表**. 求积分时,可根据被积函数的类型直接经过变形后,在积分表中查到积分的结果.

本书末附录有一个简单的积分表,以供查用.

下面举例说明积分表的用法.

1. 在积分表中能直接查到的

例1　查表求 $\int \dfrac{\mathrm{d}x}{x(3+2x)^2}$.

解　被积函数含 $a+bx$ 因式,在积分表(一)类中查到公式9,当 $a=3,b=2$ 时,就有

$$\int \frac{\mathrm{d}x}{x(3+2x)^2}=\frac{1}{3(3+2x)}-\frac{1}{9}\ln\left|\frac{3+2x}{x}\right|+C.$$

例2　查表求 $\int \dfrac{\mathrm{d}x}{5-3\sin x}$

解　被积函数含有三角函数,在积分表第(十一)类中查到公式103或104关于 $\int \dfrac{\mathrm{d}x}{a+b\sin x}$ 的公式,因为 $a=5,b=-3,a^2>b^2$,所以用公式103得

$$\int \frac{\mathrm{d}x}{5-3\sin x}=\frac{2}{\sqrt{5^2-(-3)^2}}\arctan\frac{5\tan\dfrac{x}{2}-3}{\sqrt{5^2-(-3)^2}}+C$$

$$=\frac{1}{2}\arctan\frac{5\tan\dfrac{x}{2}-3}{4}+C.$$

2. 先进行变量代换,再查表

例3　查表求 $\int \sqrt{4x^2+9}\,\mathrm{d}x$.

解　该积分不能直接在积分表中查到,需先进行变换.

设 $u=2x$,则 $x=\dfrac{u}{2}$,$\mathrm{d}x=\dfrac{1}{2}\mathrm{d}u$,$\sqrt{4x^2+9}=\sqrt{u^2+3^2}$

于是

$$\int \sqrt{4x^2+9}\,\mathrm{d}x=\frac{1}{2}\int\sqrt{u^2+3^2}\,\mathrm{d}u$$

被积函数中含有 $\sqrt{u^2+3^2}$,在积分表(五)类中查到公式29,且 $a=3$,

于是　$\displaystyle\int \sqrt{4x^2+9}\,\mathrm{d}x=\frac{1}{2}\int\sqrt{u^2+3^2}\,\mathrm{d}u=\frac{1}{2}\left[\frac{u}{2}\sqrt{u^2+9}+\frac{9}{2}\ln(u+\sqrt{u^2+9})\right]'+C$

$$=\frac{x}{2}\sqrt{4x^2+9}+\frac{9}{4}\ln(2x+\sqrt{4x^2+9})+C$$

习题 7.4

查积分表求下列不定积分.

(1) $\displaystyle\int \cos^4 x\,\mathrm{d}x$;

(2) $\displaystyle\int \frac{\mathrm{d}x}{x\sqrt{4x^2+9}}$;

(3) $\displaystyle\int (\ln x)^3\,\mathrm{d}x$;

(4) $\displaystyle\int \frac{\mathrm{d}x}{x\sqrt{3+5x}}$;

(5) $\displaystyle\int \frac{\mathrm{d}x}{4-3\cos x}$;

(6) $\displaystyle\int e^{2x}\cos x\,\mathrm{d}x$.

本章小结

1. 一元函数微分学的基本问题是:已知一个函数,求它的导数. 本章研究与之相反的一个

问题:已知一个函数的导数,求原来的函数.

2. 原函数和不定积分的概念是积分学中的最基本的概念.

(1)若 $F'(x) = f(x)$ 或 $dF(x) = f(x)dx$,则 $F(x)$ 叫做 $f(x)$ 的一个原函数.

由于 $[F(x) + C]' = f(x)$(C 为任意常数),所以 $F(x) + C$ 也是 $f(x)$ 的原函数. 因为 C 的任意性,故 $F(x) + C$ 是 $f(x)$ 的全体原函数.

(2)$f(x)$ 的全体原函数 $F(x) + C$ 叫做 $f(x)$ 的不定积分,即

$$\int f(x)dx = F(x) + C.$$

3. 积分的基本公式和法则是求不定积分的重要工具,学习时必须熟记. 直接积分法是求不定积分的最基本方法,它是其他积分法的基础. 换元积分法是通过适当的变量代换来求积分. 其方法灵活,需具体问题具体分析求解.

4. 分部积分法的关键是合理地将被积表达式分成 u 和 dv 两部分,从而代入分部积分公式

$$\int udv = uv - \int vdu.$$

5. 查积分表可以节省计算积分的时间,但应注意,只有掌握了基本积分方法才能灵活地使用积分表.

复习题七

1. 填空题.

(1)$\int d\left(\ln\left| \dfrac{a + \sqrt{a^2 - x^2}}{x} \right| \right) = $ _____;

$d\int \dfrac{\cos x}{1 + \sin x}dx = $ _____;

$\int \left(\dfrac{\sin x}{1 + \cos x} \right)'dx = $ _____;

$\left[\int \dfrac{1}{\sqrt{x}(1 + x^2)}dx \right]' = $ _____.

(2)若函数 $f(x)$ 具有一阶连续导数,则 $\int f'(x)\sin f(x)dx = $ _____;

(3)$\int \dfrac{2 \cdot 3^x - 3 \cdot 2^x}{3^x}dx = $ _____.

4. $\int \dfrac{2x}{1 + x^2}dx = $ _____.

2. 选择题.

(1)在区间 (a, b) 内,如果 $f'(x) = g'(x)$,则必有( ).

(A)$f(x) = g(x)$ (B)$f(x) = g(x) + C$ (C 为任意常数)

(C)$\left[\int f(x)dx \right]' = \left[\int g(x)dx \right]'$ (D)$\int f(x)dx = \int g(x)dx$

(2)计算 $\int f'\left(\dfrac{1}{x} \right) \cdot \dfrac{1}{x^2}dx$ 的结果中正确的是( ).

$(A) f\left(-\dfrac{1}{x}\right) + C$　　$(B) -f\left(-\dfrac{1}{x}\right) + C$　　$(C) f\left(\dfrac{1}{x}\right) + C$　　$(D) -f\left(\dfrac{1}{x}\right) + C$

(3) 下列等式成立的是(　　).

$(A) \displaystyle\int x^{\alpha} \mathrm{d}x = \dfrac{1}{\alpha+1} x^{\alpha-1} + C$　　　　　　$(B) \displaystyle\int \cos x \, \mathrm{d}x = \sin x + C$

$(C) \displaystyle\int a^{x} \mathrm{d}x = a^{x} \ln x + C$　　　　　　　$(D) \displaystyle\int x \, \mathrm{d}x = \dfrac{x^{2}}{2}$

(4) $\displaystyle\int \sin^3 x \, \mathrm{d}x = ($　　$).$

$(A) \dfrac{1}{3} \sin^3 x + C$　　　　　　　　　$(B) \dfrac{1}{3} \sin^3 x \csc x + C$

$(C) \dfrac{1}{2} x - \dfrac{1}{4} \sin 2x + C$　　　　　　　$(D) \dfrac{1}{2} \sin^2 x \cos x + C$

(5) $\displaystyle\int \ln x \, \mathrm{d}x = $ 　(　　　　).

$(A) \ln x + C$　　　　　　　　　　　$(B) \dfrac{1}{2} \ln^2 x + C$

$(C) x \ln x - x + C$　　　　　　　　　$(D) x \ln x + x + C$

3. 求不定积分.

$(1) \displaystyle\int \dfrac{1}{x^2} \mathrm{e}^{\frac{1}{x}} \mathrm{d}x;$　　　　　　　　$(2) \displaystyle\int \dfrac{(\ln x)^3}{x} \mathrm{d}x;$

$(3) \displaystyle\int \sin^2 x \cos^3 x \, \mathrm{d}x;$　　　　　　$(4) \displaystyle\int \dfrac{\sin 2x}{\sin x} \mathrm{d}x;$

$(5) \displaystyle\int \dfrac{\cos 2x}{\sin^2 x} \mathrm{d}x;$　　　　　　　$(6) \displaystyle\int \left(1 - \dfrac{1}{x^2}\right) \sqrt{x \sqrt{x}} \, \mathrm{d}x;$

$(7) \displaystyle\int \dfrac{1}{1-3x} \mathrm{d}x;$　　　　　　　$(8) \displaystyle\int (1-2x)^3 \mathrm{d}x;$

$(9) \displaystyle\int \dfrac{\cos x}{\sqrt{\sin x}} \mathrm{d}x;$　　　　　　　$(10) \displaystyle\int \dfrac{\mathrm{d}x}{\sqrt{x} \cdot \sqrt{1+\sqrt{x}}} \, .$

第8章

定 积 分

学习目标

1. 理解定积分的定义及其几何意义, 了解定积分的基本性质.

2. 掌握定积分的牛顿—莱布尼兹公式, 掌握定积分的换元法和分部积分法.

3. 了解定积分微元法的概念, 能利用微元法求平面图形的面积和旋转体的体积.

8.1 定积分概念

8.1.1 两个实例

1. 曲边梯形的面积

所谓曲边梯形是指如图 8-1 所示图形, 它的三条边是直线段 $x=a$、$x=b$ 以及 x 轴, 其中有 $x=a$、$x=b$ 两条线段垂直于第三条边 x 轴, 而其第四条边是曲线 $f(x)$.

设 $f(x)$ 在闭区间 $[a,b]$ 上连续且 $f(x)>0$, 如图 8-2 所示, 那么由曲线 $y=f(x)$、直线 $x=a$、$x=b$ 以及 x 轴可围成一块曲边梯形. 为求该曲边梯形的面积, 我们先把该曲边梯形沿着 y 轴方向切割成许多窄窄的长条, 把每个长条近似地看作一个矩形, 用长乘宽求得小矩形的面积, 加起来就是曲边梯形面积的近似值, 分割越细, 误差越小, 于是当所有的长条宽度趋于零时, 这个阶梯形面积的极限就成为曲边梯形面积的精确值. 上述思路具体实施分为以下 4 步:

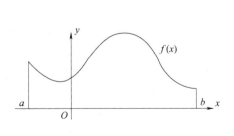

图 8-1

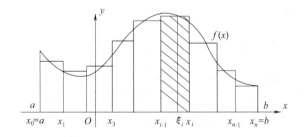

图 8-2

(1) 分割: 任取分点 $a=x_0<x_1<\cdots<x_{i-1}<x_i<\cdots<x_{n-1}<x_n=b$, 把底边 $[a,b]$ 分成 n 个小区间 $[x_{i-1},x_i]$, $i=1,2,\cdots,n$, 第 i 个小区间 $[x_{i-1},x_i]$ 的长度记为 $\Delta x_i=x_i-x_{i-1}$, 第 i 个小曲边梯形的面积记为 ΔA_i;

(2) 取近似: 在每个小区间 $[x_{i-1},x_i]$ 上任取一点 ξ_i, 则得小曲边梯形的面积的近似值: $\Delta A_i \approx f(\xi_i)\Delta x_i$, $(i=1,2,\cdots,n)$;

(3)求和:把 n 个小矩形(即 n 个小阶梯形)的面积相加,就得到曲边梯形面积 A 的近似值:$A \approx \sum_{i=1}^{n} f(\xi_i) \Delta x_i$;

(4)取极限:为了保证全部 Δx_i 都无限缩小,令小区间长度中的最大值 $\lambda = \| \Delta x_i \| \to 0$,这时和式 $\sum_{i=1}^{n} f(\xi_i) \Delta x_i$ 的极限就是曲边梯形面积 A 的精确值,即

$$A = \lim_{\| \Delta x_i \| \to 0} \sum_{i=1}^{n} f(\xi_i) \Delta x_i ;$$

2. 变速直线运动的路程.

设作物体沿直线运动,已知速度 $v = v(t)$ 是时间间隔 $[T_1, T_2]$ 上的连续函数,且 $v(t) \geqslant 0$,求这段时间内物体所经过的路程 s.

如果是速度为 v(常数)的匀速直线运动,则路程 $s = v \times (T_2 - T_1)$,若速度 $v(t)$ 是变化的,路程 s 就不能用初等方法求得了.

解决这个问题的思路和步骤与求曲边梯形面积相类似:

(1)分割:任取分点

$$T_1 = t_0 < t_1 < \cdots < t_{i-1} < t_i < \cdots < t_{n-1} < t_n = T_2,$$

把时间段 $[T_1, T_2]$ 分成 n 个小段,每小段的长为:

$$\Delta t_i = t_i - t_{i-1} \quad (i = 1, 2, \cdots, n);$$

(2)取近似:把每小段 $[t_{i-1}, t_i]$ 上的运动视为匀速,任取时刻 $\xi_i \in [t_{i-1}, t_i]$,作乘积 $v(\xi_i) \Delta t_i$;则在这小段时间内所走的路程 Δs_i 可近似表示为:

$$\Delta s_i \approx v(\xi_i) \Delta t_i \quad (i = 1, 2, \cdots, n);$$

(3)求和:把 n 个小段时间上的路程相加,就得到总路程 s 的近似值:

$$s \approx \sum_{i=1}^{n} v(\xi_i) \Delta t_i ;$$

(4)取极限:当小段时间长度中的最大值 $\lambda = \| \Delta t_i \| \to 0$ 时,上述总和的极限就是物体以变速 $v(t)$ 从时刻 T_1 到时刻 T_2 所走过的路程 s 的精确值:

$$s \approx \lim_{\| \Delta t_i \| \to 0} \sum_{i=1}^{n} v(\xi_i) \Delta t_i .$$

8.1.2　定积分的概念

从上述两个具体问题我们看到,它们的实际意义虽然不同,但它们归结成的数学模型却是一致的. 在科学技术上还有很多问题也都归结为这种特定和式的极限. 为此,我们概括出如下定义:

定义 1　设函数 $y = f(x)$ 在区间 $[a, b]$ 上有定义,任取分点

$$a = x_0 < x_1 < \cdots < x_{i-1} < x_i \cdots < x_{n-1} < x_n = b,$$

分 $[a, b]$ 为 n 个小区间 $[x_{i-1}, x_i]$,$(i = 1, 2, \cdots, n)$,记 $\Delta x_i = x_i - x_{i-1}(i = 1, 2, \cdots, n)$,小区间长度中的最大值 $\lambda = \| \Delta x_i \|$,在每个小区间 $[x_{i-1}, x_i]$ 上任取一点 ξ_i,作乘积 $f(\xi_i) \Delta x_i$ 的和式:

$$\sum_{i=1}^{n} f(\xi_i) \Delta t_i ;$$

如果当 $\lambda \to 0$ 时上述和式的极限存在(即这个极限值与 $[a, b]$ 如何分割,以及点 ξ_i 如何取法均无关),则称此极限值为函数 $f(x)$ 在区间 $[a, b]$ 上的定积分,记作

$$\int_a^b f(x)\,\mathrm{d}x = \lim_{\|\Delta x_i\|\to 0} \sum_{i=1}^n v(\xi_i)\,\Delta x_i$$

其中,$f(x)$ 叫做被积函数,$f(x)\,\mathrm{d}x$ 叫做被积表达式,x 叫做积分变量,$[a,b]$ 叫做积分区间,a 与 b 分别叫做积分的下限和上限.

根据此定义可知,前面两个实际问题都分别可用定积分表示为:

由曲线 $y=f(x)(f(x)\geqslant 0)$、直线 $x=a$、$x=b$ 以及 x 轴所围成的曲边梯形的面积

$$A = \int_a^b f(x)\,\mathrm{d}x.$$

以变速 $v=v(t)(v(t)\geqslant 0)$ 作直线运动的物体,从时刻 T_1 到时刻 T_2 所走过的路程为

$$S = \int_{T_1}^{T_2} v(t)\,\mathrm{d}t.$$

关于定积分定义的三点说明:

(1)定积分表示一个数值. 它只取决于被积函数与积分上、下限,而与积分变量采用什么字母无关,例如:$\int_0^1 x^9\,\mathrm{d}x = \int_0^1 t^9\,\mathrm{d}t$

一般地:　　　$\int_a^b f(x)\,\mathrm{d}x = \int_a^b f(t)\,\mathrm{d}t$

(2)在定义中曾要求 $a<b$,为运算方便起见,我们补充规定如下:

当 $a=b$ 时,　　　$\int_a^a f(x)\,\mathrm{d}x = 0$;

当 $a>b$ 时,　　　$\int_a^b f(x)\,\mathrm{d}x = -\int_b^a f(x)\,\mathrm{d}x$,

(3)定积分的存在性:当 $f(x)$ 在 $[a,b]$ 上连续或只有有限个第一类间断点时,$f(x)$ 在 $[a,b]$ 上的定积分存在(也称可积). 由于初等函数在其定义区间内都是连续的,所以初等函数在其定义区间内都是可积的.

定积分的定义叙述较长,我们把它概括为如下 4 步:

"分割,取近似,求和,取极限".

8.1.3　定积分的几何意义

在前面的曲边梯形面积问题中,以 A 表示由曲线 $y=f(x)$、直线 $x=a$、$x=b$ 以及 x 轴 $(y=0)$ 所围成的曲边梯形的面积. 我们看到如果 $f(x)>0$,图形在 x 轴之上,积分值为正,有 $\int_a^b f(x)\,\mathrm{d}x = A$,如图 8–3.

如果 $f(x)<0$,图形在 x 轴之上,积分值为负,有 $\int_a^b f(x)\,\mathrm{d}x = -A$,如图 8–4.

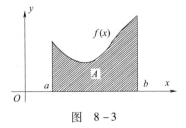

图　8–3

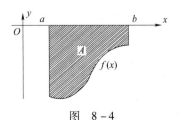

图　8–4

如果 $f(x)$ 在 $[a,b]$ 内有正有负,则积分值就等于曲线 $y=f(x)$ 在 x 轴上方与下方部分面积的代数和,如图 8-5 所示,有:

$$\int_a^b f(x)\,\mathrm{d}x = A_1 - A_2 + A_3 ,$$

其中 A_1, A_2, A_3 分别表示图 8-5 中所对应的阴影部分的面积.

因此,定积分的数值在几何上都可以用曲边梯形面积的代数和来表示,这就是定积分的几何意义.

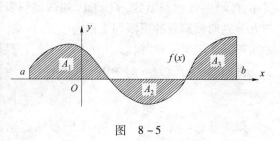

图　8-5

习题 8.1

1. 选择题.

(1)根据定积分的几何意义,下列不等式中正确的是 (　　　).

(A) $\displaystyle\int_{\frac{\pi}{2}}^{\pi} \cos x\,\mathrm{d}x > 0$ 　　　　　(B) $\displaystyle\int_{-1}^{1} x^3\,\mathrm{d}x > 0$

(C) $\displaystyle\int_{-\frac{\pi}{2}}^{0} \sin x\,\mathrm{d}x > 0$ 　　　　(D) $\displaystyle\int_{-2}^{-1} x^2\,\mathrm{d}x > 0$

(2)如题图 8-1 所示,曲线 $y=f(x)$ 与直线 $x=a$、$x=b$ 及 $y=0$ 所围成的三块曲边梯形面积分别为 A_1、A_2、A_3,则 $\displaystyle\int_a^b f(x)\,\mathrm{d}x =$ (　　　).

(A) $A_1 + A_2 + A_3$ 　　　(B) $A_1 - A_2 + A_3$

(C) $-A_1 + A_2 - A_3$ 　　(D) $|-A_1 + A_2 - A_3|$

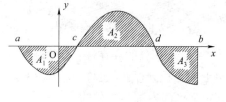

题图　8-1

2. 根据定积分的几何意义求下列值.

(1) $\displaystyle\int_{-1}^{2} x\,\mathrm{d}x$; 　　　　　　(2) $\displaystyle\int_{-R}^{R} \sqrt{R^2 - x^2}\,\mathrm{d}x$;

(3) $\displaystyle\int_0^{\pi} \cos x\,\mathrm{d}x$; 　　　　　(4) $\displaystyle\int_{-1}^{1} |x|\,\mathrm{d}x$.

8.2　定积分的性质和基本公式

8.2.1　定积分的性质

为了理论和计算的需要,我们介绍定积分的基本性质,在下面的论述中,假定函数 $f(x)$ 和 $g(x)$ 在 $[a,b]$ 上都是连续的.

性质 1　函数的代数和的积分可以化成函数积分的代数和,即

$$\int_a^b [f(x) \pm g(x)]\,\mathrm{d}x_1 = \int_a^b f(x)\,\mathrm{d}x \pm \int_a^b g(x)\,\mathrm{d}x .$$

性质 2　被积函数中的常数因子可以提到定积分符号外面,即

$$\int_a^b k f(x)\,\mathrm{d}x = k \int_a^b f(x)\,\mathrm{d}x , \text{(k 为常数)}$$

性质 3　可将积分区间按秩序分割后,分段积分,即

$$\int_a^b f(x)\,\mathrm{d}x = \int_a^b f(x)\,\mathrm{d}x + \int_a^b f(x)\,\mathrm{d}x.$$

(不论是 $a<b<c$、$a<c<b$、$c<a<b$ 中的哪一种,性质 3 都成立. 例如:对 $c<a<b$,$\int_c^b f(x)\,\mathrm{d}x$

$= \int_c^a f(x)\,\mathrm{d}x + \int_a^b f(x)\,\mathrm{d}x = -\int_a^c f(x)\,\mathrm{d}x + \int_a^b f(x)\,\mathrm{d}x$,移项便知.)

性质 4 可按函数的大小关系得出定积分的大小关系 ,即

如果在 $[a,b]$ 上都有 $f(x) \leqslant g(x)$,那么就有

$$\int_a^b f(x)\,\mathrm{d}x \leqslant \int_a^b g(x)\,\mathrm{d}x.$$

以上四条性质均可由定积分的定义证明,这里从略.

如果必要,可以估计定积分所在的取值范围,即

性质 5 如果 M 与 m 是连续函数 $f(x)$ 在 $[a,b]$ 上的最大值和最小值,那么

$$m(b-a) \leqslant \int_a^b f(x)\,\mathrm{d}x \leqslant M(b-a).$$

证明 因为 $m \leqslant f(x) \leqslant M$(题设),由性质 4 可得 $\int_a^b m\,\mathrm{d}x \leqslant \int_a^b f(x)\,\mathrm{d}x \leqslant \int_a^b M\,\mathrm{d}x$,由性质 2

(提出常数因子)以及 $\int_a^b \mathrm{d}x = b-a$,该性质得证.

性质 6(积分中值定理) 如果 $f(x)$ 在 $[a,b]$ 上连续,那么至少存在一点 $\xi \in [a,b]$,使得

$$\int_a^b f(x)\,\mathrm{d}x = f(\xi)(b-a).$$

证明 将性质 5 中不等式除以 $b-a$,得 $m \leqslant \dfrac{1}{b-a}\int_a^b f(x)\,\mathrm{d}x \leqslant M$,

设数值 $\dfrac{1}{b-a}\int_a^b f(x)\,\mathrm{d}x = p$,有不等式 $m \leqslant p \leqslant M$,

由于 $f(x)$ 在 $[a,b]$ 上连续,所以根据连续函数的介值定理,它能取到 $[m,M]$ 内的任何一个值,即在 $[a,b]$ 上至少存在一点 ξ,使得 $f(\xi) = p$,从而有

$$\frac{1}{b-a}\int_a^b f(x)\,\mathrm{d}x = f(\xi)$$

将上式两边同乘以 $b-a$,则性质 6 得证.

性质 6 有明显的几何意义:曲边 $f(x)$ 在底边 $[a,b]$ 上所围成的曲边梯形的面积,等于同一底边而高为 $f(\xi)$ 的一个矩形的面积(如图 8-6),并且 $f(\xi)$ 明显具有 $f(x)$ 在底边 $[a,b]$ 上的平均高度的几何意义.

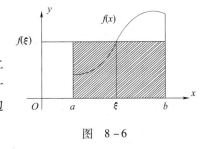

图 8-6

例1 已知 $\int_0^2 x^2\,\mathrm{d}x = \dfrac{8}{3}$,求 $\int_0^2 4(x^2+1)\,\mathrm{d}x$.

解 $\int_0^2 4(x^2+1)\,\mathrm{d}x = 4\int_0^2 (x^2+1)\,\mathrm{d}x = 4\left(\int_0^2 x^2\,\mathrm{d}x + \int_0^2 \mathrm{d}x\right) = 4\left(\dfrac{8}{3}+2\right) = \dfrac{56}{3}.$

例2 已知 $\int_0^1 x^2\,\mathrm{d}x = \dfrac{1}{3}$,$\int_0^3 x^2\,\mathrm{d}x = 9$,求 $\int_1^3 x^2\,\mathrm{d}x$.

解 $\int_1^3 x^2\,\mathrm{d}x = \int_1^0 x^2\,\mathrm{d}x + \int_0^3 x^2\,\mathrm{d}x = -\int_0^1 x^2\,\mathrm{d}x + \int_0^3 x^2\,\mathrm{d}x = -\dfrac{1}{3}+9 = \dfrac{26}{3}.$

例3　估计定积分 $\int_{-1}^{1} e^{-x^2} dx$ 的值.

解　因为 $f(x) = e^{-x^2}$, $f'(x) = -2xe^{-x^2}$, 令 $f'(x) = 0$, 得驻点 $x = 0$, 比较 $f(x)$ 在驻点 $x = 0$ 和端点 $x = 1$、$x = -1$ 处的函数值: $f(0) = 1$, $f(1) = f(-1) = \dfrac{1}{e}$, 所以 $f(x)$ 在区间 $[-1, 1]$ 上的最大值是 1, 最小值是 $\dfrac{1}{e}$.

根据定积分的性质5, 知: $\dfrac{2}{e} \leqslant \int_{-1}^{1} e^{-x^2} dx \leqslant 2$.

8.2.2　定积分的基本公式

定积分作为一种特定和式的极限, 直接按定义来计算是一件十分复杂和困难的事. 其实在前一节直线运动的路程问题中, 已经蕴含了定积分计算的简洁算法.

一方面: 设物体以速度 $v = v(t)$ 作直线运动, 在 $[T_1, T_2]$ 时间段内的路程 s 是速度函数在 $[T_1, T_2]$ 上的定积分 $s = \int_{T_2}^{T_1} v(t) dt$.

另一方面: 这段路程又可以表示为位移函数 $s(t)$ 在 $[T_1, T_2]$ 上的增量 $s = s(T_2) - s(T_1)$.

综合以上两个方面, 得到 $\int_{T_1}^{T_2} v(t) dt = s(T_2) - s(T_1)$. 这个等式表明: 速度函数 $v(t)$ 在区间 $[T_1, T_2]$ 上的定积分, 等于其原函数 $s(t)$ 在区间 $[T_1, T_2]$ 上的改变量.

这一结论具有普遍意义, 即有下面的定理.

1. 牛顿/莱布尼茨公式

定理1(牛顿/莱布尼茨公式)　设函数 $f(x)$ 在闭区间 $[a, b]$ 上连续, 且 $F(x)$ 是 $f(x)$ 的任一原函数, 则有

$$\int_a^b f(x) dx = F(b) - F(a) \tag{8-1}$$

式(8-1)称为牛顿/莱布尼茨公式, 也称为定积分基本公式. 它是整个积分学最重要的公式.

由于该公式在定积分与原函数这两个本来似乎不相干的概念之间建立起了定量关系, 因此它为定积分计算找到了一条简捷的途径.

为使用方便起见, 公式还可记作: $\int_a^b f(x) dx = F(x) \Big|_a^b = F(b) - F(a)$.

公式表明求定积分 $\int_a^b f(x) dx$ 分两步:

(1)先求 $f(x)$ 的一个原函数 $F(x)$, 这就是求不定积分问题.

(2)求这个原函数在积分区间上的增量 $F(b) - F(a)$.

例5　求定积分

(1) $\int_0^1 (x^2 + e^x) dx$;　　　　　　　　　(2) $\int_{-1}^1 \sqrt{x^2} dx$.

解(1) $\int_0^1 (x^2 + e^x) dx = \int_0^1 x^2 dx + \int_0^1 e^x dx = \dfrac{1}{3} x^3 \Big|_0^1 + e^x \Big|_0^1 = \dfrac{1}{3} + e - 1 = e - \dfrac{2}{3}$;

(2) $\int_{-1}^1 \sqrt{x^2} dx = \int_{-1}^1 |x| dx = \int_{-1}^0 (-x) dx + \int_{-1}^0 x dx = -\dfrac{1}{2} x^2 \Big|_{-1}^0 + \dfrac{1}{2} x^2 \Big|_0^1 = 1$.

习题 8.2

1. 计算下列各题.

(1) $\int_0^2 |1-x| \, dx$; ;   (2) $\int_{-2}^1 x^2 |x| \, dx$;   (3) $\int_0^{2\pi} |\sin x| \, dx$.

2. 计算下列各题.

(1) $\int_0^1 x^{99} dx$;   (2) $\int_1^4 \sqrt{x} \, dx$;   (3) $\int_0^1 2^x dx$;

(4) $\int_{-1}^1 \dfrac{dx}{1+x^2}$;   (5) $\int_1^e \dfrac{1}{x} dx$;   (6) $\int_0^\pi \cos x \, dx$;

(7) $\int_0^{\frac{\pi}{3}} \sec^2 x \, dx$;   (8) $\int_{-\frac{\pi}{6}}^{\frac{\pi}{3}} \tan x \, dx$.

3. 利用定积分的估值公式, 估计定积分 $\int_{-1}^1 (x^2 + 2x + 1) dx$ 的值.

4. 求函数 $f(x) = x^3 + 1$ 在闭区间 $[-1,1]$ 上的平均值.

8.3　定积分的换元法与分部积分法

与不定积分的基本积分方法相对应, 定积分也有换元法和分部积分法. 重提这两个方法, 目的在于简化定积分的计算, 但最终的计算总是离不开牛顿/莱布尼茨公式.

8.3.1　定积分的换元法

一般地, 定积分的换元法可叙述如下:

定理 2　设函数 $f(x)$ 在 $[a,b]$ 上连续, 且函数 $x = \varphi(t)$ 满足下列条件:

(1) 函数 $x = \varphi(t)$ 在 $[\alpha,\beta]$ 上单调, 且具有连续导数 $\varphi'(t)$;

(2) $\varphi(\alpha) = a, \varphi(\beta) = b$, 且当 t 在闭区间 $[\alpha,\beta]$ 内变化时, $x = \varphi(t)$ 在闭区间 $[a,b]$ 内变化, 则有下列换元公式

$$\int_a^b f(x) \, dx = \int_\alpha^\beta f[\varphi(t)] \varphi'(t) \, dt.$$

定理 2 的两个条件是为了保证换元公式两端的被积函数在相应区间上连续, 从而可积. 在公式应用中我们强调: 换元必换限! 原下限对新下限, 原上限对新上限.

例 1　计算 $\int_0^3 \dfrac{x \, dx}{\sqrt{1+x}}$.

解　设 $\sqrt{1+x} = t$, 则 $x = t^2 - 1, dx = 2t \, dt$;

当 $x = 0$ 时, $t = 1$; 当 $x = 3$ 时, $t = 2$, 于是, 由定理 2 得

$$\int_0^3 \frac{x \, dx}{\sqrt{1+x}} = \int_1^2 \frac{(t^2-1)2t \, dt}{t} = 2\int_1^2 (t^2-1) \, dt = 2\left[\frac{t^3}{3} - t\right]_1^2 = \frac{8}{3}.$$

例 2　计算 $\int_0^{\frac{\pi}{2}} \cos^3 x \sin x \, dx$.

解　设 $\cos x = t$, 则 $-\sin x \, dx = dt$,

当 $x=0$ 时，$t=1$；当 $x=\dfrac{\pi}{2}$ 时，$t=0$，于是，由定理 2 得

$$\int_0^{\frac{\pi}{2}}\cos^3 x\sin x\,\mathrm{d}x = -\int_1^0 u^3\,\mathrm{d}u = \int_0^1 u^3\,\mathrm{d}u = \left[\frac{1}{4}u\right]_0^1 = \frac{1}{4}.$$

例 3 设函数 $f(x)$ 在对称区间 $[-a,a]$ 上连续，试证明：

$$\int_{-a}^a f(x)\,\mathrm{d}x = \begin{cases} 2\displaystyle\int_0^a f(x)\,\mathrm{d}x, & \text{当 } f(x) \text{ 为偶函数时}\\[2mm] 0, & \text{当 } f(x) \text{ 为奇函数时}. \end{cases}$$

证 因为 $\displaystyle\int_{-a}^a f(x)\,\mathrm{d}x = \int_{-a}^0 f(x)\,\mathrm{d}x + \int_0^a f(x)\,\mathrm{d}x$.

对积分 $\displaystyle\int_{-a}^0 f(x)\,\mathrm{d}x$ 作变量代换 $x=-t$，由定积分换元法，得

$$\int_{-a}^0 f(x)\,\mathrm{d}x = -\int_a^0 f(-t)\,\mathrm{d}t = \int_0^a f(-t)\,\mathrm{d}t = \int_0^a f(-x)\,\mathrm{d}x$$

于是 $\displaystyle\int_0^a f(-x)\,\mathrm{d}x + \int_0^a f(x)\,\mathrm{d}x = \int_0^a [f(-x)+f(x)]\,\mathrm{d}x$.

(1) 若 $f(x)$ 为偶函数，即 $f(-x)=f(x)$，那么由上式得

$$\int_{-a}^a f(x)\,\mathrm{d}x = 2\int_0^a f(x)\,\mathrm{d}x.$$

(2) 若 $f(x)$ 为奇函数，即 $f(-x)=-f(x)$，那么 $f(-x)+f(x)=0$，故仍由上式得

$$\int_{-a}^a f(x)\,\mathrm{d}x = 0.$$

利用例 3 的这个结果，奇、偶函数在对称区间上的计算可以得到简化，甚至不经计算即得到结果.

例 4 利用奇、偶函数在对称区间 $[-a,a]$ 上的计算公式，求定积分：

$$(1)\ \int_{-\frac{\pi}{4}}^{\frac{\pi}{4}} \frac{x}{1+\cos x}\,\mathrm{d}x; \qquad (2)\ \int_{-2}^2 x^2\,\mathrm{d}x.$$

解 很明显，定积分 (1) 中的被积函数为奇函数，且积分区间对称，故它的值为零.

定积分 (2) 中的被积函数为偶函数，故 $\displaystyle\int_{-2}^2 x^2\,\mathrm{d}x = 2\int_0^2 x^2\,\mathrm{d}x = 2\times\left[\frac{x^3}{3}\right]_0^2 = \frac{16}{3}$.

例 5 证明 $\displaystyle\int_0^{\frac{\pi}{2}} f(\sin x)\,\mathrm{d}x = \int_0^{\frac{\pi}{2}} f(\cos x)\,\mathrm{d}x$.

证明 令 $x=\dfrac{\pi}{2}-t$，则当 $x=0$ 时，$t=\dfrac{\pi}{2}$；当 $x=\dfrac{\pi}{2}$ 时，$t=0$，于是由定理 2 得

$$\int_0^{\frac{\pi}{2}} f(\sin x)\,\mathrm{d}x = -\int_{\frac{\pi}{2}}^0 f\left[\sin\left(\frac{\pi}{2}-t\right)\right]\mathrm{d}t = \int_0^{\frac{\pi}{2}} f(\cos t)\,\mathrm{d}t = \int_0^{\frac{\pi}{2}} f(\cos x)\,\mathrm{d}x.$$

8.3.2　定积分的分部积分法

将不定积分的分部积分公式带上积分限，即得如下定积分的分部积分公式：

定理 3 设 $u(x)$、$v(x)$、在 $[a,b]$ 上具有连续导数，则有

$$\int_a^b u(x)\,\mathrm{d}v(x) = [u(x)v(x)]_a^b - \int_a^b v(x)\,\mathrm{d}u(x).$$

一般简记为 $\int_a^b u\mathrm{d}v = [uv]_a^b - \int_a^b v\mathrm{d}u$.

使用定理 3 中分部积分公式时,通常是把代入上下限计算与积分运算同步进行.

例 6　计算 $\int_0^\pi x\cos x\mathrm{d}x$.

解　$\int_0^\pi x\cos x\mathrm{d}x = \int_0^\pi x\mathrm{d}\sin x = [x\sin x]_0^\pi - \int_0^\pi \sin x\mathrm{d}x = 0 - [-\cos x]_0^\pi = -2$.

例 7　求定积分 $\int_1^e \ln x\mathrm{d}x$.

解　$\int_1^e \ln x\mathrm{d}x = [x\ln x]_1^e - \int_1^e x\mathrm{d}\ln x = e - \int_1^e \mathrm{d}x = e - (e-1) = 1$.

此外,由例 5 可知: $I_n = \int_0^{\frac{\pi}{2}} \sin^n x\mathrm{d}x = \int_0^{\frac{\pi}{2}} \cos^n x\mathrm{d}x$,

$$I_0 = \int_0^{\frac{\pi}{2}} \mathrm{d}x = \frac{\pi}{2}, I_1 = \int_0^{\frac{\pi}{2}} \sin x\mathrm{d}x = [-\cos x]_0^{\frac{\pi}{2}} = 1,$$

当 $n \geq 2$ 时,由定积分的分部积分法可以得到:

(1) 当 n 为偶数时, $I_n = \dfrac{n-1}{n} \cdot \dfrac{n-3}{n-2} \cdots \dfrac{3}{4} \cdot \dfrac{1}{2} \cdot \dfrac{\pi}{2}$;

(2) 当 n 为奇数时, $I_n = \dfrac{n-1}{n} \cdot \dfrac{n-3}{n-2} \cdots \dfrac{4}{5} \cdot \dfrac{2}{3} \cdot 1$.

习题 8.3

1. 计算下列定积分.

(1) $\int_1^2 \dfrac{e^{\frac{1}{x}}}{x^2}\mathrm{d}x$;

(2) $\int_1^{e^2} \dfrac{1}{\sqrt{1+\ln x}}\mathrm{d}x$;

(3) $\int_0^1 te^t\mathrm{d}t$;

(4) $\int_0^{\pi^2} \cos\sqrt{x}\mathrm{d}x$;

(5) $\int_0^3 x\sqrt{x+1}\mathrm{d}x$;

(6) $\int_1^e x\ln x\mathrm{d}x$.

2. 计算下列定积分.

(1) $\int_{-\frac{\sqrt{3}}{2}}^{\frac{\sqrt{3}}{2}} \dfrac{1}{\sqrt{1-x^2}}\mathrm{d}x$;

(2) $\int_{-e-2}^{-3} \dfrac{1}{2+x}\mathrm{d}x$;

(3) $\int_0^{\frac{\pi}{2}} \sin^5 x\mathrm{d}x$;

(4) $\int_0^{\frac{\pi}{2}} \cos^6 x\mathrm{d}x$.

8.4　用定积分求平面图形的面积和旋转体的体积

当实际问题中的所求量 F 与一个函数 $f(x)$ 和一个区间 $[a,b]$ 有关时,通常需要用定积分来求解.

本节将通过平面图形的面积和旋转体的体积的计算,介绍如何将所求量表达为定积分的方法.

8.4.1　定积分的微元法

首先让我们按定义分析曲边梯形的面积 A 的计算.

设 $f(x)$ 在闭区间 $[a,b]$ 上连续,且 $f(x) \geqslant 0$,那么对以曲线 $y = f(x)$、直线 $x = a$、$x = b$、$y = 0$ 所围成的曲边梯形的面积 A 可按定义分析如下:

（一）分割　将所求量 A 分成部分量之和,即 $A = \sum\limits_{i=1}^{n} \Delta A_i$.

（二）取近似　求出每个部分量的近似值:$\Delta A_i \approx f(\xi_i) \Delta x_i$.

（三）求和　写出整体量 A 的近似值:$A = \sum\limits_{i=1}^{n} \Delta A_i \approx \sum\limits_{i=1}^{n} f(\xi_i) \Delta x_i$.

（四）取极限　当 $\lambda = \|\Delta x_i\| \to 0$ 时, $A = \lim\limits_{\lambda \to 0} \sum\limits_{i=1}^{n} f(\xi_i) \Delta x_i = \int_a^b f(x)\mathrm{d}x$.

观察上述四个步骤我们发现,第二步确定 $\Delta A_i \approx f(\xi_i) \Delta x_i$ 是关键. 因为最后的被积表达式 $f(x)\mathrm{d}x$ 就是在这一步被确定的. 这只要把近似值 $f(\xi_i) \Delta x_i$ 中的变量记号改变一下即可 $\left(将 \xi_i 换为 x, 将 \Delta x_i 换为 \mathrm{d}x;即视 [x_{i-1}, x_i] 为 [x, x+\mathrm{d}x]\right)$.

上述第一步只是指明量 A 具有可加性,这是可用定积分计算的前提. 具体操作中通常忽略该步. 第三、第四两步可以合并成:在区间 $[a,b]$ 上无限累加,即在 $[a,b]$ 上积分. 于是,上述四步就简化成了实用的两步:(以下面积量 A 改为一般量 F)

(1) 在区间 $[a,b]$ 上任取一个微小区间 $[x, x+\mathrm{d}x]$,然后写出在这个小区间上的部分量 ΔF 的近似值,记为 $\mathrm{d}F = f(x)\mathrm{d}x$(称为量 F 的微元).

(2) 将微元 $\mathrm{d}F$ 在 $[a,b]$ 上积分(无限累加),即得 $F = \int_a^b f(x)\mathrm{d}x$.

上述两步解决问题的方法称为微元法.

8.4.2　用定积分求平面图形的面积

用微元法不难将下列图形面积表示为定积分:

（1）由曲线 $y = f(x)$, $(f(x) \geqslant 0)$, $x = a$, $x = b (a < b)$, 及 Ox 轴所围成的平面图形(如图 8-7)的面积微元为 $\mathrm{d}A = f(x)\mathrm{d}x$, 面积为 $A = \int_a^b f(x)\mathrm{d}x$.

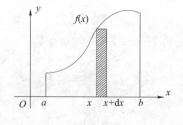

图 8-7

（2）由上、下两条曲线 $y = f(x)$、$y = g(x)$ $\left(f(x) > g(x)\right)$ 及 $x = a$、$x = b (a < b)$ 所围成的平面图形(如图 8-8)的面积微元为 $\mathrm{d}A = [f(x) - g(x)]\mathrm{d}x$, 面积为

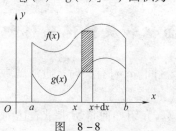

图 8-8

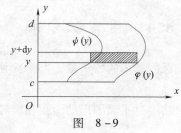

图 8-9

$$A = \int_a^b [f(x) - g(x)]\,\mathrm{d}x.$$

（3）由左、右两条曲线 $x = \varphi(y), x = \Psi(y)(\varphi(y) > \Psi(y))$，及 $y = c, y = d(c < d)$ 所围成的平面图形（如图 8-9）面积微元 $\mathrm{d}A = [\varphi(y) - \Psi(y)]\,\mathrm{d}y$，面积为

$$A = \int_c^d [\varphi(y) - \Psi(y)]\,\mathrm{d}y.$$

例1 求由两条抛物线 $y^2 = x$ 和 $y = x^2$ 所围成图形的面积.

解 画出图形简图（如图 8-10），并求出曲线交点以确定积分区间：

解方程组 $\begin{cases} y = x^2 \\ y^2 = x \end{cases}$，得交点 $(0,0)$ 及 $(1,1)$，

选择积分变量，写出面积微元. 本题取竖条，即取 x 为积分变量，x 的变化范围为 $[0,1]$，于是

$$\mathrm{d}A = (\sqrt{x} - x^2)\,\mathrm{d}x$$

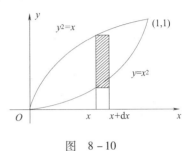

图 8-10

将 A 表示成定积分，并计算 $A = \int_0^1 (\sqrt{x} - x^2)\,\mathrm{d}x = \left(\frac{2}{3}x^{\frac{3}{2}} - \frac{1}{3}x^3\right)\Big|_0^1 = \frac{1}{3}$.

例2 求星形线 $\begin{cases} x = a\cos^3 t \\ y = a\sin^3 t \end{cases} (a > 0, 0 \leq t \leq 2\pi)$ 所围成的图形面积

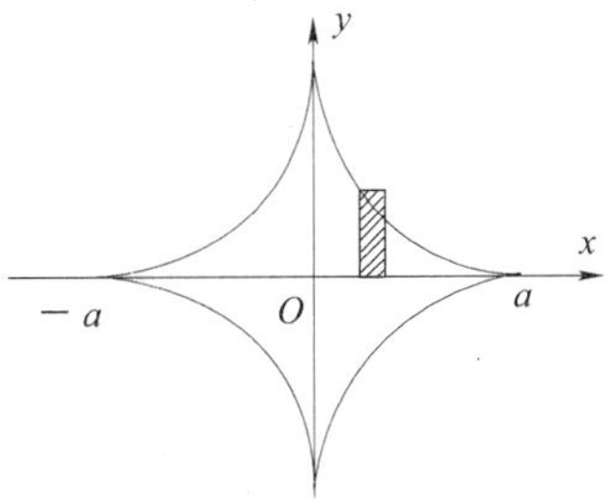

解 如图 8-11 所示，取 x 为积分变量，由图形对称性得

$$A = 4\int_0^a y\,\mathrm{d}x$$

再由定积分的换元法得

$$A_1 = \int_0^a y\,\mathrm{d}x = \int_{\frac{\pi}{2}}^0 a\sin^3 t(-3a\cos^2 t \sin t)\,\mathrm{d}t$$

图 8-11

$$= 3a^2\int_0^{\frac{\pi}{2}} (\sin^4 t - \sin^6 t)\,\mathrm{d}t = 3a^2\left(\frac{3 \cdot 1 \cdot \pi}{4 \cdot 2 \cdot 2} - \frac{5 \cdot 3 \cdot 1 \cdot \pi}{6 \cdot 4 \cdot 2 \cdot 2}\right) = \frac{3\pi a^2}{32}$$

于是

$$A = 4A_1 = \frac{3\pi a^2}{8}.$$

8.4.3 用定积分求旋转体的面积

设旋转体是由连续曲线 $y = f(x)$ 和直线 $x = a, x = b$ 及 x 轴所围成的曲边梯形绕 x 轴旋转而成（如图 8-12），我们来求它的体积 V.

为求体积微元，我们在微元小区间 $[x, x + \mathrm{d}x]$ 上视面积 $A(x)$（指图中阴影部分，半径为 $f(x)$ 的截圆）不变，即把 $[x, x + \mathrm{d}x]$ 上的立体薄片近似地看作以 $A(x) = \pi f^2(x)$ 为底、$\mathrm{d}x$ 为高的柱片，于是小区间 $[x, x + \mathrm{d}x]$ 所对应的体积微元为

$$\mathrm{d}V = A(x)\,\mathrm{d}x = \pi f^2(x)\,\mathrm{d}x.$$

在 x 的变化区间 $[a,b]$ 上积分，得旋转体体积为

$$V = \pi\int_a^b f^2(x)\,\mathrm{d}x.$$

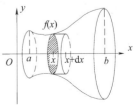

图 8-12

类似地，由曲线 $x = \varphi(y)$，直线 $y = c, y = d$，及 y 轴所围成的曲边

梯形绕 y 轴旋转,所得旋转体体积(如图 8-13)为:

$$V = \pi \int_c^d \varphi^2(y) \, \mathrm{d}y$$

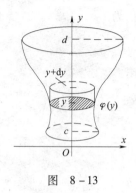

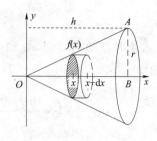

图　8-13　　　　　　　　　　　　图　8-14

例3　证明底面半径为 r,高为 h 的圆锥体积为 $V = \dfrac{1}{3}\pi r^2 h$.

证明　按圆锥顶点在坐标原点,轴线与 x 轴重合,底面在 x 轴正方向,依题设条件建系作图(如图 8-14),按正比关系建立圆锥母线 OA 的函数 $f(x) = \dfrac{r}{h}x$;

(1)取积分变量为 x,积分区间为 $[0, h]$.

(2)在 $[0, h]$ 上任取一个微小区间 $[x, x+\mathrm{d}x]$,与它对应的薄片体积近似于以 $f(x) = \dfrac{r}{h}x$ 为半径、以 $\mathrm{d}x$ 为高的薄柱片体积,从而得体积微元 $\mathrm{d}V = \pi\left(\dfrac{r}{h}x\right)^2 \mathrm{d}x$.

(3)写出定积分表达式,得圆锥体积为 $V = \displaystyle\int_0^h \pi\left(\dfrac{r}{h}x\right)^2 \mathrm{d}x = \dfrac{\pi r^2}{h^2}\left[\dfrac{x^3}{3}\right]_0^h = \dfrac{1}{3}\pi r^2 h$.

例4　求由 $y = x^2$ 与 $y^2 = x$ 所围成图形绕 x 轴旋转成的旋转体体积.

解　选 x 为积分变量,$x \in [0, 1]$(两曲线交点为 $(0,0)$ 和 $(1,1)$),任取子区间 $[x, x+\mathrm{d}x] \in [0, 1]$,其上取的近似的矩形(图 8-10 上画斜线的部分)绕 x 轴的体积为 $\pi y_1^2 \mathrm{d}x - \pi y_2^2 \mathrm{d}x$,即所求旋转体体积 V 的微元为 $\mathrm{d}V = \pi y_1^2 \mathrm{d}x - \pi y_2^2 \mathrm{d}x$,则

$$V = \pi \int_0^1 (y_1^2 - y_2^2) \, \mathrm{d}x = \pi \int_0^1 (x - x^4) \, \mathrm{d}x = \dfrac{3}{10}\pi.$$

例5　求椭圆 $\dfrac{x^2}{b^2} + \dfrac{y^2}{a^2} = 1 (a > b > 0)$ 体积,如图 8-15 所示.

解　因为椭圆是关于 x 轴对称的,故可先求 x 轴下方半个椭圆绕 y 轴旋转所成椭球体的体积.下半椭球是由曲线 $\dfrac{x^2}{b^2} + \dfrac{y^2}{a^2} = 1 (x \geq 0, y \leq 0)$,直线 $x = 0, y = 0$ 所围曲边梯形绕 y 轴旋转而成的.

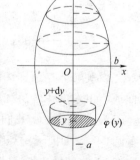

图　8-15

先从方程解出 x,即 $\varphi(y) = \dfrac{b}{a}\sqrt{a^2 - y^2}, (x \geq 0, y \geq 0)$.

(1)取积分变量为 y,积分区间为 $[-a, 0]$.

(2)在区间 $[-a, 0]$ 上任取一个微小区间 $[y, y+\mathrm{d}y]$,与它对应的薄片体积近似于以 $\dfrac{b}{a}\sqrt{a^2 - y^2}$ 为半径,以 $\mathrm{d}y$ 为高的薄柱片的体积,从而得体积微元

$$dV = \pi \left(\frac{b}{a} \sqrt{a^2 - y^2} \right)^2 dy.$$

（3）写出定积分表达式，得下半椭球体的体积为：

$$V_1 = \pi \int_{-a}^{0} \left(\frac{b}{a} \sqrt{a^2 - y^2} \right)^2 dy = \frac{\pi b^2}{a^2} \int_{-a}^{0} (a^2 - y^2) dy$$

$$= \frac{\pi b^2}{a^2} \left[a^2 y - \frac{y^3}{3} \right]_{-a}^{0} = \frac{\pi b^2}{a^2} \left(a^3 - \frac{1}{3} a^3 \right) = \frac{2}{3} \pi a b^2$$

于是整个椭球体的体积为 $V = 2V_1 = 2 \times \frac{2}{3} \pi a b^2 = \frac{4}{3} \pi a b^2.$

习题 8.4

1. 求由抛物线 $y = x^2$ 与直线 $y = x$ 所围图形的面积；

2. 求由抛物线 $y = \sqrt{x}$ 与直线 $x = 1$ 及 $y = 0$ 所围图形的面积；

3. 求由抛物线 $y^2 = 2x$ 与直线 $2x + y - 2 = 0$ 所围图形的面积；

4. 求由抛物线 $y = x^2$ 与直线 $y = x$ 及 $y = 3x$ 所围图形的面积；

5. 求由对数曲线 $y = \ln x$ 与直线 $y = \ln 2$、$y = \ln 7$ 和 $x = 0$ 所围图形的面积；

6. 曲线 $y = 2x^2$ 与直线 $y = 0$ 及 $x = 1$ 所围平面图形绕 x 轴旋转，求此旋转体的体积；

7. 求由曲线 $y = x^2$ 与曲线 $x = y^2$ 所围平面图形绕 y 轴旋转所成旋转体的体积.

本章主要内容是研究定积分的定义及其几何意义，定积分的基本性质，定积分的牛顿/莱布尼兹公式，定积分的换元法和分部积分法，用微元法求平面图形的面积和旋转体的体积.

一、定积分的定义及其几何意义

定义 1　设函数 $y = f(x)$ 在区间 $[a, b]$ 上有定义，任取分点

$$a = x_0 < x_1 < \cdots < x_{i-1} < x_i < \cdots < x_{n-1} < x_n = b$$

分 $[a, b]$ 为 n 个小区间 $[x_{i-1}, x_i]$，$(i = 1, 2, \cdots, n)$，记 $\Delta x_i = x_i - x_{i-1}$，$(i = 1, 2, \cdots, n)$，记各小区间长度中的最大值 $\lambda = \| \Delta x_i \|$.

在每个小区间 $[x_{i-1}, x_i]$ 上任取一点 ξ_i，作乘积 $f(\xi_i) \Delta x_i$ 的和式：$\sum_{i=1}^{n} f(\xi_i) \Delta x_i$.

如果当 $\lambda \to 0$ 时上述和式的极限存在（即这个极限值与 $[a, b]$ 如何分割，以及点 ξ_i 如何取法均无关），则称此极限值为函数 $f(x)$ 在区间 $[a, b]$ 上的定积分，记作：

$$\int_a^b f(x) dx = \lim_{\| \Delta x_i \| \to 0} \sum_{i=1}^{n} f(\xi_i) \Delta x_i$$

其中 $f(x)$ 叫做被积函数，$f(x) dx$ 叫做被积表达式，x 叫做积分变量，$[a, b]$ 叫做积分区间，a 与 b 分别叫做积分的下限和上限.

如图 8-16 所示：

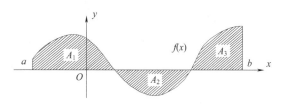

图　8-16

$$\int_a^b f(x)\,\mathrm{d}x = A_1 - A_2 + A_3,$$

即定积分的值在几何上等于曲边梯形面积的代数和. 这就是定积分的几何意义.

二、定积分的基本性质

性质 1　函数的代数和的积分可以化成函数积分的代数和,即

$$\int_a^b [f(x) \pm g(x)]\,\mathrm{d}x = \int_a^b f(x)\,\mathrm{d}x \pm \int_a^b g(x)\,\mathrm{d}x.$$

性质 2　被积函数中的常数因子可以提到定积分符号外面,即

$$\int_a^b kf(x)\,\mathrm{d}x = k\int_a^b f(x)\,\mathrm{d}x,(k\ \text{为常数}).$$

性质 3　可将积分区间按秩序分割后,分段积分,即

$$\int_a^b f(x)\,\mathrm{d}x = \int_a^c f(x)\,\mathrm{d}x + \int_c^b f(x)\,\mathrm{d}x.$$

性质 4　可按函数的大小关系得出定积分的大小关系,即如果在 $[a,b]$ 上都有 $f(x) \leqslant g(x)$,那么就有 $\int_a^b f(x)\,\mathrm{d}x \leqslant \int_a^b g(x)\,\mathrm{d}x$.

性质 5　如果必要,可以估计定积分所在的取值范围,即

如果 M 与 m 是连续函数 $f(x)$ 在 $[a,b]$ 上的最大值和最小值,那么

$$m(b-a) \leqslant \int_a^b f(x)\,\mathrm{d}x \leqslant M(b-a).$$

性质 6(积分中值定理)如果 $f(x)$ 在 $[a,b]$ 上连续,那么至少存在一点 $\xi \in [a,b]$,使得

$$\int_a^b f(x)fx = f(\xi)(b-a).$$

三、各类公式

1. 牛顿/莱布尼兹公式

设函数 $f(x)$ 在闭区间 $[a,b]$ 上连续,且 $F(x)$ 是 $f(x)$ 的任一原函数,则有

$$\int_a^b f(x)\,\mathrm{d}x = F(b) - F(a).$$

2. 定积分的换元积分公式

设函数 $f(x)$ 在 $[a,b]$ 上连续,且函数 $x = \varphi(t)$ 满足下列条件:

(1)函数 $x = \varphi(t)$ 在 $[\alpha,\beta]$ 上单调,且具有连续导数 $\varphi'(t)$

(2)$\varphi(\alpha) = a,\varphi(\beta) = b$,且当 t 在闭区间 $[\alpha,\beta]$ 内变化时,$x = \varphi(t)$ 在闭区间 $[a,b]$ 内变化,则有下列换元公式

$$\int_a^b f(x)\,\mathrm{d}x = \int_\alpha^\beta f[\varphi(t)]\varphi'(t)\,\mathrm{d}t.$$

3. 定积分的分部积分公式

设 $u(x)$、$v(x)$ 在 $[a,b]$ 上具有连续导数,则有分部积分公式

$$\int_a^b u\,\mathrm{d}v = [uv]_a^b - \int_a^b v\,\mathrm{d}u.$$

4. 用定积分求平面图形面积的公式

(1)由上、下两条曲线 $y = f(x)$、$y = g(x)\,\big(f(x) > g(x)\big)$ 及直线 $x = a$、$x = b(a < b)$ 所围成的平面图形的面积微元为 $\mathrm{d}A = [f(x) - g(x)]\,\mathrm{d}x$,面积为:

$$A = \int_a^b [f(x) - g(x)] \mathrm{d}x.$$

（2）由左、右两条曲线 $x = \varphi(y), x = \Psi(y) \left(\varphi(y) > \Psi(y)\right)$ 及直线 $y = c$、$y = d(c < d)$ 所围成的平面图形面积微元 $\mathrm{d}A = [\varphi(y) - \Psi(y)] \mathrm{d}y$，面积为：

$$A = \int_c^d [\varphi(y) - \Psi(y)] \mathrm{d}y.$$

5. 用定积分求旋转体体积的公式

由曲线 $y = f(x) \left(\text{或} x = \varphi(y)\right)$ 与直线 $x = a, x = b$ 及 x 轴（或直线 $y = c, y = d$ 及 y 轴）所围成的曲边梯形绕 x 轴（或绕 y 轴）旋转，所得旋转体体积为 $V = \pi \int_a^b f^2(x) \mathrm{d}x \left(\text{或} V = \pi \int_c^d \varphi^2(y) \mathrm{d}y\right)$.

复习题八

1. 判断题.

（1）由直线 $x = 0$ 与曲线 $y = \sin x$ 及 $y = \cos x$ 在 $\left[0, \dfrac{\pi}{4}\right]$ 内所围面积可用定积分表示为 $A = \int_0^{\frac{\pi}{4}} (\cos x - \sin x) \mathrm{d}x$.　　　（　　）

（2）定积分 $\int_{-\pi}^0 \cos x \mathrm{d}x > 0$，定积分 $\int_1^\pi \ln x \mathrm{d}x < 0$.　　　（　　）

（3）定积分 $\int_2^2 |x| \mathrm{d}x = 0$，$\int_{-2}^2 |x| \mathrm{d}x = 4$.　　　（　　）

（4）定积分 $\int_{-1}^1 \dfrac{x^3}{1 + x^4 + x^6} \mathrm{d}x = 2 \int_0^1 \dfrac{x^3}{1 + x^4 + x^6} \mathrm{d}x$.（　　）

2. 填空题.

（1）已知分段函数 $f(x) = \begin{cases} x^2 & x \leqslant 0 \\ \sin x, & x > 0 \end{cases}$，则 $f(x)$ 在 $[-1, 2]$ 上的定积分的表达式 $\int_{-1}^2 f(x) \mathrm{d}x$ = _____.

（2）已知 $\int_a^b f(x) \mathrm{d}x = p, \int_a^b f^2(x) \mathrm{d}x = q$，则 $\int_a^b [2f(x) - 3]^2 \mathrm{d}x$ = _____.

3. 综合计算.

（1）计算下列定积分.

① $\int_0^1 \sqrt{x} \mathrm{d}x$；

② $\int_{\frac{1}{3}}^{\sqrt{3}} \dfrac{1}{1 + x^2} \mathrm{d}x$；

③ $\int_0^\pi \sqrt{\sin x - \sin^3 x} \mathrm{d}x$

④ $\int_0^{\sqrt{\ln 2}} 2x e^{x^2} \mathrm{d}x$；

⑤ $\int_e^{e^2} \dfrac{\ln^2 x}{x} \mathrm{d}x$；

⑥ $\int_0^{\frac{\pi^2}{4}} \dfrac{\cos \sqrt{x}}{\sqrt{x}} \mathrm{d}x$.

(2)计算下列定积分.

① $\int_0^4 \sqrt{16-x^2}\,\mathrm{d}x$（令 $x=4\sin t$）；　　② $\int_0^1 \dfrac{2}{\sqrt{1+x^2}}\,\mathrm{d}x$（令 $x=\tan t$）；

③ $\int_1^e \ln x\,\mathrm{d}x$；　　　　　　　　　④ $\int_0^{\frac{\pi}{2}} e^x\cos 2x\,\mathrm{d}x$.

(3)求由下列曲线所围成的平面图形的面积.

① $y=2x^2$ 与直线 $y=3$ 及 $y=1$，　　② $xy=1$ 与直线 $y=x$ 及 $y=2x$.

(4)求由下列曲线所围成的平面图形绕指定轴旋转所得旋转体的体积.

① $y=x$ 与 $x=1$ 及 $y=0$，绕 x 轴；　　② $x=\sqrt{y}$ 与 $y=1$ 及 $x=0$，绕 y 轴.

第9章

行列式、矩阵、线性方程组

 学习目标

1. 正确理解二阶、三阶及高阶行列式的概念、意义;熟练掌握行列式的性质及展开后降阶性质;熟练掌握高阶行列式计算的两种常用方法即转化为三角行列式法和降阶法;知道克莱姆法则,并熟练用克莱姆法则求二元和三元线性方程组的解.

2. 正确理解矩阵的概念、意义;掌握矩阵的各种运算,熟练掌握求逆矩阵的方法;了解逆阵的性质,知道求逆阵的作用;掌握矩阵的初等变换及其作用.

3. 熟练掌握用行列式或矩阵的初等变换法判定线性方程组解的情况及如何求线性方程组的一般解.

9.1 二阶、三阶行列式定义、性质及应用

9.1.1 二阶行列式

$$\begin{vmatrix} a_{11} & a_{12} \\ a_{21} & a_{22} \end{vmatrix} = a_{11}a_{22} - a_{12}a_{21} \qquad (9-1)$$

其中记号 $\begin{vmatrix} a_{11} & a_{12} \\ a_{21} & a_{22} \end{vmatrix}$ 称之为二阶行列式, a_{ij} 称为行列式的元素,通常表示数,第一个下标 $i=1$、2,表示行;第二个下标 $j=1$、2,表示列;如 a_{22} 表示它所在位置处于第二行第二列交叉处.

注意 式 $(9-1)$ 告诉了我们计算任何一个二阶行列式的方法,简称**对角线法**.

例如:填空(1) $\begin{vmatrix} 2 & 1 \\ 3 & -2 \end{vmatrix} = \underline{-7}$; (2) $\begin{vmatrix} 2^x & 1 \\ 1 & 2^{-x} \end{vmatrix} = \underline{0}$.

我们知道了二阶行列式的计算自然要问,二阶行列式有何应用,为什么要这样定义它?我们先看一个例子:试解下列二元线性方程组 $\begin{cases} 2x_1 + x_2 = 3 \\ 3x_1 - 2x_2 = 1 \end{cases}$. 先由观察法知它的解是 $x_1 = x_2 = 1$,另一方面我们还可以用下列方法求它的解:

$$x_1 = \frac{\begin{vmatrix} 3 & 1 \\ 1 & -2 \end{vmatrix}}{\begin{vmatrix} 2 & 1 \\ 3 & -2 \end{vmatrix}} = \frac{-7}{-7} = 1, \qquad x_2 = \frac{\begin{vmatrix} 2 & 3 \\ 3 & 1 \end{vmatrix}}{\begin{vmatrix} 2 & 1 \\ 3 & -2 \end{vmatrix}} = \frac{-7}{-7} = 1.$$ 由此我们自然想到,

解任意二元一次线性方程组 $\begin{cases} a_{11}x_1 + a_{12}x_2 = b_1 \\ a_{21}x_1 + a_{22}x_2 = b_2 \end{cases}$ 只要其系数行列式 $D = \begin{vmatrix} a_{11} & a_{12} \\ a_{21} & a_{22} \end{vmatrix} \neq 0$ 时，

有唯一解 $\qquad x_1 = \dfrac{\begin{vmatrix} b_1 & a_{12} \\ b_2 & a_{22} \end{vmatrix}}{\begin{vmatrix} a_{11} & a_{12} \\ a_{21} & a_{22} \end{vmatrix}} = \dfrac{D_1}{D}, x_2 = \dfrac{\begin{vmatrix} a_{11} & b_1 \\ a_{21} & b_2 \end{vmatrix}}{\begin{vmatrix} a_{11} & a_{12} \\ a_{21} & a_{22} \end{vmatrix}} = \dfrac{D_2}{D}.$

这是一个定理,读者可用加减消元法不难证明,但重在记住并使用这个结论,同时产生一些相关联想.

练习:解方程组 $\begin{cases} 2x_1 - x_2 = 2 \\ 3x_1 + 2x_2 = 3 \end{cases}$.

注意　　二阶行列式是由两行两列元素构成,借助于行列式我们很轻松地表达了二元一次方程组的唯一解,那么是不是也有由三行三列元素构成的三阶行列式也类似地表达三元一次方程组的唯一解呢? 下面我们来看三阶行列式.

9.1.2　三阶行列式

$$\begin{vmatrix} a_{11} & a_{12} & a_{13} \\ a_{21} & a_{22} & a_{23} \\ a_{31} & a_{32} & a_{33} \end{vmatrix} = a_{11}a_{22}a_{33} + a_{21}a_{32}a_{13} + a_{31}a_{23}a_{12} - a_{13}a_{22}a_{31} - a_{23}a_{32}a_{11} - a_{33}a_{21}a_{12}$$

$$(9-2)$$

其中,记号 $\begin{vmatrix} a_{11} & a_{12} & a_{13} \\ a_{21} & a_{22} & a_{23} \\ a_{31} & a_{32} & a_{33} \end{vmatrix}$ 称之为三阶行列式, a_{ij} 称为行列

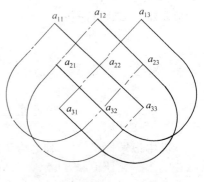

图　9 - 1

式的元素,通常表示数. 式(9-2)的右端称为三阶行列式的展开式,它有如下特点:

一共有六项,每一项都是行列式的不同行、不同列的三个元素之积,其中三项附有" + "号,另三项附有" - "号. 为便于记忆,我们把构成每一项的三个元素分别用实线和虚线按图9-1所示的方式连接起来. 用实线连接的三个元素之积附有" + "号;用虚线连接的三个元素之积附有" - "号. 这种展开三阶行列式的方法称为对角线展开法.

例如:计算(1) $\begin{vmatrix} a_{11} & a_{12} & a_{13} \\ 0 & a_{22} & a_{23} \\ 0 & 0 & a_{33} \end{vmatrix} = a_{11}a_{12}a_{13}.$

(2) $\begin{vmatrix} a_{11} & a_{12} & a_{13} \\ 0 & a_{22} & a_{23} \\ 0 & a_{32} & a_{33} \end{vmatrix} = a_{11}a_{22}a_{33} - a_{11}a_{23}a_{32} = a_{11}(a_{22}a_{33} - a_{23}a_{32}) = a_{11}\begin{vmatrix} a_{22} & a_{23} \\ a_{32} & a_{33} \end{vmatrix}.$

类似地有:

$$(3)\ \begin{vmatrix} a_{11} & 0 & 0 \\ a_{21} & a_{22} & a_{23} \\ a_{31} & a_{32} & a_{33} \end{vmatrix} = a_{11}\begin{vmatrix} a_{22} & a_{23} \\ a_{32} & a_{33} \end{vmatrix}.$$

注意　（1）简称行列式的三角公式.（2）和（3）简称降阶公式. 记住它后面要用.

$$(4)\ \begin{vmatrix} 2 & 1 & 1 \\ 1 & 2 & 1 \\ 1 & 1 & 2 \end{vmatrix} = 8 + 1 + 1 - 2 - 2 - 2 = 4.$$

与二阶行列式类似,三阶行列式也能表示线性方程组的唯一解. 我们容易用加减消元法证明:

定理　对于任意三元一次线性方程组 $\begin{cases} a_{11}x_1 + a_{12}x_2 + a_{13}x_3 = b_1 \\ a_{21}x_1 + a_{22}x_2 + a_{23}x_3 = b_2 \\ a_{31}x_1 + a_{32}x_2 + a_{33}x_3 = b_3 \end{cases}$,若其系数行列式

$$D = \begin{vmatrix} a_{11} & a_{12} & a_{13} \\ a_{21} & a_{22} & a_{23} \\ a_{31} & a_{32} & a_{33} \end{vmatrix} \neq 0\ \text{时有唯一解}.$$

$$x_1 = \frac{\begin{vmatrix} b_1 & a_{12} & a_{13} \\ b_2 & a_{22} & a_{23} \\ b_3 & a_{32} & a_{33} \end{vmatrix}}{\begin{vmatrix} a_{11} & a_{12} & a_{13} \\ a_{21} & a_{22} & a_{23} \\ a_{31} & a_{32} & a_{33} \end{vmatrix}} = \frac{D_1}{D}, x_2 = \frac{\begin{vmatrix} a_{11} & b_1 & a_{13} \\ a_{21} & b_2 & a_{23} \\ a_{31} & b_3 & a_{33} \end{vmatrix}}{\begin{vmatrix} a_{11} & a_{12} & a_{13} \\ a_{21} & a_{22} & a_{23} \\ a_{31} & a_{32} & a_{33} \end{vmatrix}} = \frac{D_2}{D}, x_3 = \frac{\begin{vmatrix} a_{11} & a_{13} & b_1 \\ a_{21} & a_{23} & b_2 \\ a_{31} & a_{33} & b_3 \end{vmatrix}}{\begin{vmatrix} a_{11} & a_{12} & a_{13} \\ a_{21} & a_{22} & a_{23} \\ a_{31} & a_{32} & a_{33} \end{vmatrix}} = \frac{D_3}{D}.$$

例1　解下例三元一次线性方程组 $\begin{cases} x_1 + 2x_2 + x_3 = 4 \\ -x_1 - x_2 - 2x_3 = -4. \\ 2x_1 + 4x_2 + x_3 = 7 \end{cases}$

解　容易解得 $D = \begin{vmatrix} 1 & 2 & 1 \\ -1 & -1 & -2 \\ 2 & 4 & 1 \end{vmatrix} = -1\quad D_1 = -1, D_2 = -1, D_3 = -1$

所以得 $\begin{cases} x_1 = 1 \\ x_2 = 1. \\ x_3 = 1 \end{cases}$

指出:用定义计算行列式要计算6项,有不有简便的方法? 下面介绍性质便知.

由定义很容易得到以下性质:

（1）行列式与其转置行列式的值相等,即 $\begin{vmatrix} a_{11} & a_{12} & a_{13} \\ a_{21} & a_{22} & a_{23} \\ a_{31} & a_{32} & a_{33} \end{vmatrix} = \begin{vmatrix} a_{11} & a_{21} & a_{31} \\ a_{12} & a_{22} & a_{32} \\ a_{13} & a_{23} & a_{33} \end{vmatrix}$,记 $D = D', D'$

称为 D 的转置行列式.

（2）交换行列式的任意两行（列）其值反号.

推论1　两行或两列相同的行列式为零.

（3）行列式中某一行（列）的公因子可以提到行列式前，如 $\begin{vmatrix} a_{11} & a_{12} & a_{13} \\ Ka_{21} & a_{22} & a_{23} \\ a_{31} & a_{32} & a_{33} \end{vmatrix} =$

$K\begin{vmatrix} a_{11} & a_{12} & a_{13} \\ a_{21} & a_{22} & a_{23} \\ a_{31} & a_{32} & a_{33} \end{vmatrix}.$

推论2 有一行或列为零的行列式为零.

推论3 有两行或两列元素对应成比例的行列式为零.

（4）行列式可以按某一行（列）拆成两个行列式之和.

如 $\begin{vmatrix} a+b & c+d & e+f \\ g & h & k \\ x & v & n \end{vmatrix} = \begin{vmatrix} a & c & e \\ g & h & k \\ x & v & n \end{vmatrix} + \begin{vmatrix} b & d & f \\ g & h & k \\ x & v & n \end{vmatrix}.$

（5）行列式的某一行（列）乘以某一个数加到另一行（列）对应的元素上去其值不变.

如 $\begin{vmatrix} a_{11} & a_{12} & a_{13} \\ a_{21} & a_{22} & a_{23} \\ a_{31} & a_{32} & a_{33} \end{vmatrix} = \begin{vmatrix} a_{11} & a_{12} & a_{13} \\ ka_{11}+a_{21} & ka_{12}+a_{22} & ka_{13}+a_{23} \\ a_{31} & a_{32} & a_{33} \end{vmatrix}$

注意 以后用 R_i 表示第 i 行,用 C_j 表示第 j 列.上述变换可简记为 kR_1+R_2 表示将第一行乘 k 后加上第二行对应的元素所得结果.

例2 计算行列式（1）$\begin{vmatrix} 3 & 2 & 1 \\ 2 & 1 & 3 \\ 1 & 3 & 2 \end{vmatrix}$; （2）$\begin{vmatrix} a & b & b \\ b & a & b \\ b & b & a \end{vmatrix}.$

解（1）$\begin{vmatrix} 3 & 2 & 1 \\ 2 & 1 & 3 \\ 1 & 3 & 2 \end{vmatrix} \xlongequal[c_3+c_1]{c_2+c_1} \begin{vmatrix} 6 & 2 & 1 \\ 6 & 1 & 3 \\ 6 & 3 & 2 \end{vmatrix} = 6\begin{vmatrix} 1 & 2 & 1 \\ 1 & 1 & 3 \\ 1 & 3 & 2 \end{vmatrix} \xlongequal[-r_1+r_3]{-r_1+r_2} 6\begin{vmatrix} 1 & 2 & 1 \\ 0 & -1 & 2 \\ 0 & 1 & 1 \end{vmatrix} = -18.$

注意 最后一步是用降阶公式.

（2）可以类似的计算如下

$\begin{vmatrix} a & b & b \\ b & a & b \\ b & b & a \end{vmatrix} = \begin{vmatrix} a+2b & b & b \\ a+2b & a & b \\ a+2b & b & a \end{vmatrix} = (a+2b)\begin{vmatrix} 1 & b & b \\ 1 & a & b \\ 1 & b & a \end{vmatrix} = (a+2b)\begin{vmatrix} 1 & b & b \\ 0 & a-b & 0 \\ 0 & 0 & a-b \end{vmatrix}$

$= (a+2b)(a-b)^2.$

注意 最后一步利用了行列式的三角公式.

由以上两列可知三阶行列式有以下计算方法:

（1）利用定义直接展开计算.

（2）利用性质和降阶公式计算,简称降阶法.

（3）利用性质化为三角行列式计算法.

特别注意:方法（2）和方法（3）将解决更高阶行列式的计算问题.而方法（1）只适用二阶和三阶情况.

习题 9.1

1. 判断.

$(1)\begin{vmatrix} 12 & 6 & 8 \\ 6 & 3 & 4 \\ -\dfrac{6}{11} & -2 & -1 \end{vmatrix}=\dfrac{25}{11}(\quad)$;　　$(2)\begin{vmatrix} 1 & 2 & 3 \\ 3 & 1 & 2 \\ 2 & 4 & x \end{vmatrix}=\begin{vmatrix} 1 & 3 & 2 \\ 2 & 1 & 4 \\ 3 & 2 & x \end{vmatrix}(\quad)$;

$(3)\begin{vmatrix} a & d & f \\ 11 & 12 & 63 \\ 1 & 1 & 6 \end{vmatrix}=\begin{vmatrix} a & d & f \\ 1 & 2 & 3 \\ 3 & 4 & 7 \end{vmatrix}+\begin{vmatrix} a & d & f \\ 10 & 10 & 60 \\ 1 & 1 & 6 \end{vmatrix}(\quad)$;

$(4)\begin{vmatrix} 1 & 2 & 3 \\ a & s & d \\ 3 & -6 & 1 \end{vmatrix}=-\begin{vmatrix} a & s & d \\ 1 & 2 & 3 \\ 3 & -6 & 1 \end{vmatrix}(\quad)$;

$(5)\begin{vmatrix} a & s & d \\ 1 & 2 & 3 \\ 3 & 2 & 1 \end{vmatrix}=\begin{vmatrix} a & s & d \\ 1+2a & 2+2s & 3+2d \\ 3 & 2 & 1 \end{vmatrix}(\quad)$;

$(6)\begin{vmatrix} 0 & a_{12} & 0 \\ a_{21} & a_{22} & a_{23} \\ a_{31} & a_{32} & a_{33} \end{vmatrix}=-a_{12}\begin{vmatrix} a_{21} & a_{23} \\ a_{31} & a_{33} \end{vmatrix}(\quad)$;

$(7)\begin{vmatrix} 0 & 0 & a_{13} \\ a_{21} & a_{22} & a_{23} \\ a_{31} & a_{32} & a_{33} \end{vmatrix}=-a_{13}\begin{vmatrix} a_{21} & a_{22} \\ a_{31} & a_{32} \end{vmatrix}(\quad)$.

2. 填空.

$(1)\begin{vmatrix} 3 & 4 \\ 2 & 5 \end{vmatrix}=(\quad)$;　　$(2)\begin{vmatrix} e^x & \dfrac{1}{2} \\ 2 & e^{-x} \end{vmatrix}=(\quad)$;

$(3)\begin{vmatrix} 2 & 4 & 6 \\ 4 & 6 & 2 \\ 6 & 2 & 4 \end{vmatrix}=(\quad)$;　　$(4)\begin{vmatrix} 3 & 4 & -5 \\ 11 & 6 & -1 \\ 2 & 3 & 6 \end{vmatrix}=(\quad)$.

3. 证明：$\begin{vmatrix} k & 2 & 2 \\ 2 & k & 2 \\ 2 & 2 & k \end{vmatrix}=0$ 时 $k=-4$ 或 $k=2$.

4. 下列方程组.

$(1)\begin{cases} 2x_1-x_2=3 \\ 3x_1+2x_2=8 \end{cases}$;　　$(2)\begin{cases} -2x_1-x_2=-3 \\ x_1+2x_2=3 \end{cases}$;

$(3)\begin{cases} x_1+2x_2+x_3=3 \\ -x_1-x_2-2x_3=-1; \\ 2x_1+4x_2+x_3=7 \end{cases}$ 　　$(4)\begin{cases} x_1+x_2+x_3=0 \\ -2x_1-x_2-3x_3=0. \\ 2x_1+3x_2+x_3=0 \end{cases}$

9.2　三阶行列式的降阶法、高阶行列式的定义及计算法

9.2.1　三阶行列式的降阶法

把三阶行列式按第一行展开后降阶得

$$
\begin{vmatrix} a_{11} & a_{12} & a_{13} \\ a_{21} & a_{22} & a_{23} \\ a_{31} & a_{32} & a_{33} \end{vmatrix} = \begin{vmatrix} a_{11}+0+0 & 0+a_{12}+0 & 0+0+a_{13} \\ a_{21} & a_{22} & a_{23} \\ a_{31} & a_{32} & a_{33} \end{vmatrix}
$$

$$
= \begin{vmatrix} a_{11} & 0 & 0 \\ a_{21} & a_{22} & a_{23} \\ a_{31} & a_{32} & a_{33} \end{vmatrix} + \begin{vmatrix} 0 & a_{12} & 0 \\ a_{21} & a_{22} & a_{23} \\ a_{31} & a_{32} & a_{33} \end{vmatrix} + \begin{vmatrix} 0 & 0 & a_{13} \\ a_{21} & a_{22} & a_{23} \\ a_{31} & a_{32} & a_{33} \end{vmatrix}
$$

$$
= a_{11} \begin{vmatrix} a_{22} & a_{23} \\ a_{32} & a_{33} \end{vmatrix} - a_{12} \begin{vmatrix} a_{21} & a_{23} \\ a_{31} & a_{33} \end{vmatrix} + a_{13} \begin{vmatrix} a_{21} & a_{22} \\ a_{31} & a_{32} \end{vmatrix}
$$

$= a_{11}M_{11} - a_{12}M_{12} + a_{13}M_{13}$　（称 M_{ij} 为 a_{ij} 的余子式 $i=1,2,3;j=1,2,3$）

$= a_{11}A_{11} + a_{12}A_{12} + a_{13}A_{13}$　（称 A_{ij} 为 a_{ij} 的代数余子式 $i=1,2,3;j=1,2,3$）

注意　$M_{11} = \begin{vmatrix} a_{22} & a_{23} \\ a_{32} & a_{33} \end{vmatrix}, M_{12} = \begin{vmatrix} a_{21} & a_{23} \\ a_{31} & a_{33} \end{vmatrix}, M_{13} = \begin{vmatrix} a_{21} & a_{22} \\ a_{31} & a_{32} \end{vmatrix}$ 这些余子式都是在三阶行列

式中划去 a_{ij} 所在行和列上所有元素而得到二阶行列式. 余子式 M_{ij} 乘以 $(-1)^{i+j}$ 称为元素 a_{ij} 的代数余子式. 记作 A_{ij}，即 $A_{ij} = (-1)^{i+j}M_{ij}$.

如：$A_{11} = (-1)^{1+1}M_{11}, A_{12} = (-1)^{1+2}M_{12}, A_{13} = (-1)^{1+3}M_{13}$.

同样地，把三阶行列式按第二行展开后降阶得

$$
\begin{vmatrix} a_{11} & a_{12} & a_{13} \\ a_{21} & a_{22} & a_{23} \\ a_{31} & a_{32} & a_{33} \end{vmatrix} = \begin{vmatrix} a_{11} & a_{12} & a_{13} \\ a_{21}+0+0 & 0+a_{22}+0 & 0+0+a_{23} \\ a_{31} & a_{32} & a_{33} \end{vmatrix}
$$

$$
= -a_{21}M_{21} + a_{22}M_{22} - a_{23}M_{23}
$$

$$
= a_{21}A_{21} + a_{22}A_{22} + a_{23}A_{23},
$$

一般地有三阶行列式按行展开后的降阶计算公式

$$
\begin{vmatrix} a_{11} & a_{12} & a_{13} \\ a_{21} & a_{22} & a_{23} \\ a_{31} & a_{32} & a_{33} \end{vmatrix} = a_{i1}A_{i1} + a_{i2}A_{i2} + a_{i3}A_{i3} \quad i=1,2,3,
$$

又因为行列式与其转置行列式的值相等，可得按列展开后的降阶公式：

$$
\begin{vmatrix} a_{11} & a_{12} & a_{13} \\ a_{21} & a_{22} & a_{23} \\ a_{31} & a_{32} & a_{33} \end{vmatrix} = a_{1j}A_{1j} + a_{2j}A_{2j} + a_{3j}A_{3j} \quad j=1,2,3.
$$

练习：试验证将下列行列式分别按行和列展开后降阶计算的结果相同.

$$
\begin{vmatrix} 0 & 0 & 2 \\ 1 & 2 & 1 \\ -1 & 1 & 3 \end{vmatrix} = 6
$$

下面再看这个降阶公式的一个特殊情况:

令 $D = \begin{vmatrix} a_{11} & a_{12} & a_{13} \\ a_{21} & a_{22} & a_{23} \\ a_{31} & a_{32} & a_{33} \end{vmatrix} = a_{i1}A_{i1} + a_{i2}A_{i2} + a_{i3}A_{i3}$ $i = 1,2,3.$

若 D 中有两行元素相同则 $D = 0$,不妨设第一行和第二行相同,按第二行展开有

$\begin{vmatrix} a_{11} & a_{12} & a_{13} \\ a_{11} & a_{12} & a_{13} \\ a_{31} & a_{32} & a_{33} \end{vmatrix} = a_{11}A_{21} + a_{12}A_{22} + a_{13}A_{23} = 0$,由此可得公式

$$a_{i1}A_{j1} + a_{i2}A_{j2} + a_{i3}A_{j3} = \begin{cases} D & i = j \\ 0 & i \neq j \end{cases}$$

由三阶行列式降阶法我们可以得到启示,从而定义高阶行列式.

9.2.2 高阶行列式的定义

$$D = \begin{vmatrix} a_{11} & a_{12} & \cdots & a_{1n} \\ a_{21} & a_{22} & \cdots & a_{2n} \\ \cdots & \cdots & \cdots & \cdots \\ a_{n1} & a_{n2} & \cdots & a_{nn} \end{vmatrix} = a_{i1}A_{i1} + a_{i2}A_{i2} + \cdots + a_{in}A_{in} \quad i = 1,2,\cdots,n \qquad (9-3)$$

由式(9-3)知 $a_{i1}A_{j1} + a_{i2}A_{j2} + \cdots + a_{in}A_{jn} = \begin{cases} D & i = j \\ 0 & i \neq j \end{cases}$.

注意 按定义计算高阶行列式并无实际意义.因为一般来讲一个不太大的四阶行列式降阶后也要算四个三阶行列式.在实际中我们都是先用性质把某一行或某一列的 $n-1$ 个元素变成零后再降阶,见下例中(2)小题.

9.2.3 高阶行列式的性质(与低阶行列式情况完全相同)

(1)行列式与其转置行列式的值相等.

(2)交换行列式的任意两行(列)其值反号.

推论1 两行或两列相同的行列式为零.

(3)行列式中某一行(列)的公因子可以提到行列式前.

推论2 有一行或列为零的行列式为零.

推论3 有两行或两列元素对应成比例的行列式为零.

(4)行列式可以按某一行(列)拆成两个行列式之和.

(5)行列式的某一行(列)乘以某一个数加到另一行(列)对应的元素上去其值不变.

例 (1) $\begin{vmatrix} a_{11} & a_{12} & \cdots & a_{1n} \\ 0 & a_{22} & \cdots & a_{2n} \\ \cdots & \cdots & \cdots & \cdots \\ 0 & 0 & \cdots & a_{nn} \end{vmatrix} = a_{11}a_{22}\cdots a_{nn};$

$$(2) \begin{vmatrix} a_{11} & a_{12} & \cdots & a_{1n} \\ 0 & a_{22} & \cdots & a_{2n} \\ \cdots & \cdots & \cdots & \cdots \\ 0 & a_{2n} & \cdots & a_{nn} \end{vmatrix} = a_{11} \begin{vmatrix} a_{22} & \cdots & a_{2n} \\ \cdots & \cdots & \cdots \\ a_{2n} & \cdots & a_{nn} \end{vmatrix};$$

$$(3) \begin{vmatrix} 4 & 3 & 2 & 1 \\ 1 & 4 & 3 & 2 \\ 2 & 1 & 4 & 3 \\ 3 & 2 & 1 & 4 \end{vmatrix} = 10 \begin{vmatrix} 1 & 3 & 2 & 1 \\ 1 & 4 & 3 & 2 \\ 1 & 1 & 4 & 3 \\ 1 & 2 & 1 & 4 \end{vmatrix} = 10 \begin{vmatrix} 1 & 3 & 2 & 1 \\ 0 & 1 & 1 & 1 \\ 0 & -2 & 2 & 2 \\ 0 & -1 & -1 & 3 \end{vmatrix}$$

$$= 10 \begin{vmatrix} 1 & 1 & 1 \\ -2 & 2 & 2 \\ -1 & -1 & 3 \end{vmatrix} = 10 \begin{vmatrix} 1 & 1 & 1 \\ 0 & 4 & 4 \\ 0 & 0 & 4 \end{vmatrix} = 160;$$

$$(4) \begin{vmatrix} b & a & \cdots & a \\ a & b & \cdots & a \\ \cdots & \cdots & \cdots & \cdots \\ a & a & \cdots & b \end{vmatrix} = [b + (n-1)a] \begin{vmatrix} 1 & a & \cdots & a \\ 1 & b & \cdots & a \\ \cdots & \cdots & \cdots & \cdots \\ 1 & a & \cdots & b \end{vmatrix}$$

$$= [b + (n-1)a] \begin{vmatrix} 1 & a & \cdots & a \\ 0 & b-a & \cdots & 0 \\ \cdots & \cdots & \cdots & \cdots \\ 0 & 0 & \cdots & b-a \end{vmatrix}$$

$$= [b + (n-1)a](b-a)^{n-1}.$$

注意　　高阶行列式只有二种计算法：
(1)利用性质转化为三角行列式法；　　(2)降阶计算法.

习题9.2

1. 判断.

$$(1) \begin{vmatrix} 2 & 25 & 3 \\ 0 & k & 0 \\ -3 & 31 & 1 \end{vmatrix} = 11k(\quad);\qquad (2) \begin{vmatrix} 0 & 0 & 0 & 1 \\ 0 & 0 & 2 & 5 \\ 0 & 3 & 4 & 4 \\ 4 & 2 & 5 & 8 \end{vmatrix} = 24(\quad);$$

$$(3) \begin{vmatrix} 2 & 5 & 5 & 0 \\ 3 & 11 & 12 & 2 \\ 2 & 0 & 0 & 0 \\ 1 & 1 & 1 & 0 \end{vmatrix} = 2 \begin{vmatrix} 2 & 5 & 5 \\ 2 & 0 & 0 \\ 1 & 1 & 1 \end{vmatrix} = -4 \begin{vmatrix} 5 & 5 \\ 1 & 1 \end{vmatrix} = 0(\quad).$$

2. 填空.

$$(1) \begin{vmatrix} 1 & 1 & 1 & 1 \\ a & b & c & d \\ a^2 & b^2 & c^2 & d^2 \\ a^3 & b^3 & c^3 & c^3 \end{vmatrix} = (\quad);\qquad (2) \begin{vmatrix} 2 & 1 & 4 & -1 \\ 3 & -1 & 2 & -1 \\ 1 & 2 & 3 & 2 \\ 5 & 0 & 6 & -2 \end{vmatrix} = (\quad).$$

3. 解方程 $\begin{vmatrix} x & 1 & 1 & 1 \\ 1 & x & 1 & 1 \\ 1 & 1 & x & 1 \\ 1 & 1 & 1 & x \end{vmatrix} = 0.$

4. 解三元线性方程组 $\begin{cases} x_1 + x_2 + x_3 = 0 \\ -x_1 + x_2 - 2x_3 = -2 \\ 2x_1 + 4x_2 - 7x_3 = -1 \end{cases}.$

5. 证明.

(1) $\begin{vmatrix} x & a & \cdots & a \\ a & x & \cdots & a \\ \vdots & \vdots & & \vdots \\ a & a & \cdots & x \end{vmatrix} = [x + (n-1)a](x-a)^{n-1}.$

(2) $\begin{vmatrix} 1 & 1 & \cdots & 1 \\ x_1 & x_2 & \cdots & x_2 \\ x_1^2 & x_2^2 & \cdots & x_n^2 \\ \vdots & \vdots & & \vdots \\ x_1^{n-1} & x_2^{n-1} & \cdots & x_n^{n-1} \end{vmatrix} = (x_2 - x_1)(x_3 - x_1)\cdots(x_n - x_1) \begin{vmatrix} 1 & 1 & \cdots & 1 \\ x_2 & x_3 & \cdots & x_n \\ \vdots & \vdots & & \vdots \\ x_2^{n-2} & x_3^{n-2} & \cdots & x_n^{n-2} \end{vmatrix}.$

9.3　克莱姆法则

由二阶行列式和三阶行列式的应用我们自然可以想到 n 阶行列式也有同样的应用,即表示 n 元线性方程组的唯一解:

Gramer 法则　如果线性方程组 $\begin{cases} a_{11}x_1 + a_{12}x_2 + \cdots + a_{1n}x_n = b_1 \\ a_{21}x_2 + a_{22}x_2 + \cdots + a_{2n}x_n = b_2 \\ \cdots\cdots\cdots\cdots \\ a_{n1}x_1 + a_{n2}x_2 + \cdots + a_{nn}x_n = b_n \end{cases}$ **(1)** 的系数行列式

$$D = \begin{vmatrix} a_{11} & a_{12} & \cdots & a_{1n} \\ a_{21} & a_{22} & \cdots & a_{2n} \\ \vdots & \vdots & & \vdots \\ a_{n1} & a_{n2} & \cdots & a_{nn} \end{vmatrix} \neq 0,$$ 则该方程组有唯一解. 即

$$x_1 = \frac{D_1}{D}, x_2 = \frac{D_2}{D}, \cdots, x_1 = \frac{D_n}{D},$$

其中, $D_1 = \begin{vmatrix} b_1 & a_{12} & \cdots & a_{1n} \\ b_2 & a_{22} & \cdots & a_{2n} \\ \vdots & \vdots & & \vdots \\ b_n & a_{n2} & \cdots & a_{nn} \end{vmatrix}$ $D_2 = \begin{vmatrix} a_{11} & b_1 & \cdots & a_{1n} \\ a_{21} & b_2 & \cdots & a_{2n} \\ \vdots & \vdots & & \vdots \\ a_{n1} & b_n & \cdots & a_{nn} \end{vmatrix}$ $\cdots D_n = \begin{vmatrix} b_1 & a_{12} & \cdots & a_{1n} \\ b_2 & a_{22} & \cdots & a_{2n} \\ \vdots & \vdots & & \vdots \\ b_n & a_{n2} & \cdots & a_{nn} \end{vmatrix}$

注意　$D_j(j = 1, 2, \cdots, n)$ 是将系数行列式中第 j 列元素 $a_{1j}, a_{2j}, \cdots, a_{nj}$ 对应地换为方程组常数项 $b_1, b_2, \cdots, b_n$ 后得到的行列式.

推论1　设齐次线性方程组 $\begin{cases} a_{11}x_1 + a_{12}x_2 + \cdots + a_{1n}x_n = 0 \\ a_{21}x_2 + a_{22}x_2 + \cdots + a_{2n}x_n = 0 \\ \cdots\cdots\cdots\cdots \\ a_{n1}x_1 + a_{n2}x_2 + \cdots + a_{nn}x_n = 0 \end{cases}$ （2）的系数行列式

$$D = \begin{vmatrix} a_{11} & a_{12} & \cdots & a_{1n} \\ a_{21} & a_{22} & \cdots & a_{2n} \\ \vdots & \vdots & & \vdots \\ a_{n1} & a_{n2} & \cdots & a_{nn} \end{vmatrix} \neq 0$$ 则该方程组只有唯一零解，即 $x_1 = x_2 = \cdots = x_n = 0$.

推论2　设齐次线性方程组（2）有非零解，则该方程的系数行列式 $D = 0$，反之也成立.

例1　证明4元齐次线性方程组 $\begin{cases} x_1 + x_2 + x_3 + x_4 = 0 \\ x_1 + 2x_2 + 3x_3 + 4x_4 = 0 \\ x_1 + x_2 + 2x_3 + 3x_4 = 0 \\ x_1 + x_2 + 2x_3 + 5x_4 = 0 \end{cases}$ 有唯一零解.

证明　因为 $\begin{vmatrix} 1 & 1 & 1 & 1 \\ 1 & 2 & 3 & 4 \\ 1 & 1 & 2 & 3 \\ 1 & 1 & 2 & 5 \end{vmatrix} = \begin{vmatrix} 1 & 1 & 1 & 1 \\ 0 & 1 & 2 & 3 \\ 0 & 0 & 1 & 2 \\ 0 & 0 & 1 & 4 \end{vmatrix} = 2 \neq 0$ 所以该方程组只有零解.

例2　当 k 为何值时，4元齐次线性方程组 $\begin{cases} x_1 + x_2 + x_3 + x_4 = 0 \\ x_1 + 2x_2 + 3x_3 + 4x_4 = 0 \\ x_1 + x_2 + 2x_3 + 3x_4 = 0 \\ x_1 + x_2 + 2x_3 + kx_4 = 0 \end{cases}$ 有非零解？

解　令 $\begin{vmatrix} 1 & 1 & 1 & 1 \\ 1 & 2 & 3 & 4 \\ 1 & 1 & 2 & 3 \\ 1 & 1 & 2 & k \end{vmatrix} = \begin{vmatrix} 1 & 1 & 1 & 1 \\ 0 & 1 & 2 & 3 \\ 0 & 0 & 1 & 2 \\ 0 & 0 & 1 & k-1 \end{vmatrix} = \begin{vmatrix} 1 & 1 & 1 & 1 \\ 0 & 1 & 2 & 3 \\ 0 & 0 & 1 & 2 \\ 0 & 0 & 0 & k-3 \end{vmatrix} = k - 3 = 0$

所以 $k = 3$ 时方程组有非零解.

习题9.3

1. 判断.

（1）非齐次线性方程组的系数行列式不为零时有唯一解.（　　）

（2）非齐次线性方程组的系数行列式等于零时方程组有无穷多解.（　　）

（3）齐次线性方程组的系数行列式不为零时有唯一零解.（　　）

（4）齐次线性方程组的系数行列式等于零时无解.（　　）

2. 解方程组 $\begin{cases} x_1 - x_2 \qquad\quad + 2x_4 = -5 \\ 3x_1 + 2x_2 - x_3 - 2x_4 = 6 \\ 4x_1 + 3x_2 - x_3 - x_4 = 0 \\ 2x_1 \qquad\qquad\quad - x_4 = 0 \end{cases}$.

3. k 为何值时齐次线性方程组有非零解. 设方程为 $\begin{cases} x_1 + x_2 + kx_3 = 0 \\ x_1 + kx_2 + x_3 = 1. \\ kx_1 + x_2 + x_3 = 0 \end{cases}$

4. 证明非齐次线性方程组 $\begin{cases} x_1 + x_2 + x_3 = 0 \\ 2x_1 + x_2 - x_3 = 1 \\ x_1 + 2x_2 - 3x_3 = 2/3 \end{cases}$ 有唯一解.

9.4 矩阵的定义、意义及矩阵运算

9.4.1 矩　阵

1. 定义

由 m 行 n 列个数排成的一张数表称之为矩阵,用 A、B、C 等表示,即

$$A = \begin{pmatrix} a_{11} & a_{12} & \cdots & a_{1n} \\ a_{21} & a_{22} & \cdots & a_{2n} \\ \vdots & \vdots & & \vdots \\ a_{m1} & a_{m2} & \cdots & a_{m3} \end{pmatrix}_{mn} \begin{array}{c} \text{记为} \\ = \end{array} (a_{ij}) \quad i = 1, 2, \cdots, m; j = 1, 2, \cdots, n.$$

注意　矩阵 A 可以表示一个线性方程组 $\begin{cases} a_{11}x_1 + a_{12}x_2 + \cdots + a_{1n}x_n = b_1 \\ a_{21}x_2 + a_{22}x_2 + \cdots + a_{2n}x_n = b_2 \\ \cdots\cdots\cdots\cdots \\ a_{m1}x_1 + a_{m2}x_2 + \cdots + a_{mn}x_n = b_m \end{cases}$

我们想通过矩阵研究线性方程组,达到方便、快捷、易懂.

2. 特殊矩阵

只有一行元素的矩阵称为**行矩阵**,只有一列元素的矩阵称为**列矩阵**,行数和列数相同的矩阵称为**方阵**. **阶梯形矩阵**即从第一行开始依次每一行的首非零元下方元素全为零.

如 $A = \begin{pmatrix} 2 & 2 & 3 & 4 \\ 0 & 3 & 4 & 5 \\ 0 & 0 & 0 & 2 \\ 0 & 0 & 0 & 0 \end{pmatrix}$ 是阶梯形矩阵,而 $B = \begin{pmatrix} 2 & 2 & 4 & 5 \\ 0 & 5 & 4 & 4 \\ 0 & 2 & 2 & 2 \\ 0 & 0 & 0 & 0 \end{pmatrix}$ 不是.

$\begin{pmatrix} 3 & 2 & 2 \\ 0 & 2 & 3 \\ 0 & 0 & 6 \end{pmatrix}$ 是阶梯形矩阵而且还是**三角矩阵**, $\begin{pmatrix} a & 0 & 0 \\ 0 & s & 0 \\ 0 & 0 & d \end{pmatrix}$ 称为**三阶对角矩阵**,

$\begin{pmatrix} 1 & 0 & \cdots & 0 \\ 0 & 1 & \cdots & 0 \\ \vdots & \vdots & \ddots & \vdots \\ 0 & 0 & \cdots & 1 \end{pmatrix}$ 称之为 n 阶**单位矩阵**记为 E. 又例:三阶单位阵 $E = \begin{pmatrix} 1 & 0 & 0 \\ 0 & 1 & 0 \\ 0 & 0 & 1 \end{pmatrix}$.

元素全为零的矩阵叫做**零矩阵**,记为 **0**. 如 $\begin{pmatrix} 0 & 0 \\ 0 & 0 \end{pmatrix} = 0$.

矩阵相等的规定:$A = B \Leftrightarrow (a_{ij}) = (b_{ij}) \Leftrightarrow a_{ij} = b_{ij}$.

例 1　填空：若 $\begin{pmatrix} 0 & 2 & x-2 \\ u & 2 & y+3 \end{pmatrix} = \begin{pmatrix} 0 & 2 & 0 \\ 3 & 2 & 6 \end{pmatrix}$，则 $x = \underline{\ 2\ }$　$u = \underline{\ 3\ }$　$y = \underline{\ 3\ }$.

9.4.2　矩阵的运算

加减法的规定：$A \pm B = (a_{ij})_{mn} \pm (b_{ij})_{mn} = \begin{pmatrix} a_{11} \pm b_{11} & a_{12} \pm b_{12} & \cdots & a_{1n} \pm b_{1n} \\ & \cdots & \cdots & \cdots \\ a_{m1} \pm b_{m1} & a_{m2} \pm b_{m2} & \cdots & a_{mn} \pm b_{mn} \end{pmatrix}$

加法满足以下规律：（1）$A + B = B + A$.

（2）$(A + B) + C = A + (B + C)$.

（3）$A + 0 = A$.

（4）$A - A = 0$.

数乘矩阵的规定：$\lambda A = \begin{pmatrix} \lambda a_{11} & \lambda a_{12} & \cdots & \lambda a_{1n} \\ \lambda a_{21} & \lambda a_{22} & \cdots & \lambda a_{2n} \\ \vdots & \vdots & & \vdots \\ \lambda a_{m1} & \lambda a_{m2} & \cdots & \lambda a_{mn} \end{pmatrix}$.

显然有（1）$\lambda A = A\lambda$　　　　　（2）$(kl)A = k(lA)$　　　（3）$k(A + B) = kA + kB$

（4）$(k+l)A = kA + lA$　　（5）$1A = A$　　　　　　（6）$0A = 0$

矩阵的乘法：设 $A = (a_{ij})_{mk}$，$B = (b_{ij})_{kn}$，则 $AB = C$，其中 $C = (c_{ij})_{mn}$，$c_{ij} = a_{i1}b_{1j} + a_{i2}b_{2j} + \cdots + a_{is}b_{sj}$ $(i = 1, 2, \cdots m; j = 1, 2, \cdots n)$.

我们通过例题掌握矩阵的乘法.

例 2　设 $A = \begin{pmatrix} a_{11} & a_{12} & a_{13} \\ a_{21} & a_{22} & a_{23} \end{pmatrix}_{23}$，$B = \begin{pmatrix} b_{11} & b_{12} \\ b_{21} & b_{22} \\ b_{31} & b_{32} \end{pmatrix}_{32}$ 求 AB.

解　$AB = \begin{pmatrix} a_{11}b_{11} + a_{12}b_{21} + a_{13}b_{31} & a_{11}b_{12} + a_{12}b_{22} + a_{13}b_{32} \\ a_{21}b_{11} + a_{22}b_{21} + a_{23}b_{31} & a_{21}b_{12} + a_{22}b_{22} + a_{23}b_{32} \end{pmatrix}$.

例 3　用矩阵的运算表示线性方程组 $\begin{cases} a_{11}x_1 + a_{12}x_2 + \cdots + a_{1n}x_n = b_1 \\ a_{21}x_2 + a_{22}x_2 + \cdots + a_{2n}x_n = b_2 \\ \cdots\cdots\cdots\cdots \\ a_{n1}x_1 + a_{n2}x_2 + \cdots + a_{nn}x_n = b_n \end{cases}$.

解　设 $A = \begin{pmatrix} a_{11} & a_{12} & \cdots & a_{1n} \\ a_{21} & a_{22} & \cdots & a_{2n} \\ \vdots & \vdots & & \vdots \\ a_{m1} & a_{m2} & \cdots & a_{mn} \end{pmatrix}$ 称之为方程组系数矩阵，$X = \begin{pmatrix} x_1 \\ x_2 \\ \vdots \\ x_n \end{pmatrix}$，$B = \begin{pmatrix} b_1 \\ b_2 \\ \vdots \\ b_m \end{pmatrix}$，

所以 $\begin{pmatrix} a_{11}x_1 + a_{12}x_2 + \cdots + a_{1n}x_n \\ a_{21}x_2 + a_{22}x_2 + \cdots + a_{2n}x_n \\ \cdots\cdots\cdots\cdots \\ a_{n1}x_1 + a_{n2}x_2 + \cdots + a_{nn}x_n \end{pmatrix} = \begin{pmatrix} a_{11} & a_{12} & \cdots & a_{1n} \\ a_{21} & a_{22} & \cdots & a_{2n} \\ \vdots & \vdots & & \vdots \\ a_{m1} & a_{m2} & \cdots & a_{mn} \end{pmatrix} \begin{pmatrix} x_1 \\ x_2 \\ \vdots \\ x_n \end{pmatrix} = \begin{pmatrix} b_1 \\ b_2 \\ \vdots \\ b_m \end{pmatrix}$，即 $AX = B$.

例4 设 $A = \begin{pmatrix} 1 & 2 & 1 \\ -2 & 1 & 1 \\ 1 & -2 & 1 \end{pmatrix}_{33}, B = \begin{pmatrix} 1 & 2 \\ -2 & 3 \\ 2 & -2 \end{pmatrix}_{32}$，求 AB.

解 $AB = \begin{pmatrix} 1 \times 1 + 2 \times (-2) + 1 \times 2 & 1 \times 2 + 2 \times 3 + 1 \times (-2) \\ -2 \times 1 + 1 \times (-2) + 1 \times 2 & -2 \times 2 + 1 \times 3 + 1 \times (-2) \\ 1 \times 1 + (-2) \times (-2) + 1 \times 2 & 1 \times 2 + (-2) \times 3 + 1 \times (-2) \end{pmatrix} = \begin{pmatrix} -1 & 6 \\ -2 & -3 \\ 7 & -6 \end{pmatrix}$

注意 （1）BA 无意义. （2）$AB \neq BA$.

运算法则：（1）$(AB)C = A(BC)$.

（2）$A(B + C) = AB + AC, (B + A)C = BC + AC$.

（3）$k(AB) = (kA)B = A(kB)$.

矩阵的转置 如 $A = \begin{pmatrix} 12 & 2 & 1 & 2 \\ 3 & 1 & 1 & 6 \end{pmatrix}$，则 $\begin{pmatrix} 12 & 3 \\ 2 & 1 \\ 1 & 1 \\ 2 & 6 \end{pmatrix} = A', A'$ 叫做 A 的转置矩阵.

显然有 $(A')' = A, (A + B)' = A' + B', (AB)' = B'A'$.

方阵行列式 如 $A = \begin{pmatrix} 2 & 5 & 8 \\ 0 & 3 & 7 \\ 0 & 0 & 1 \end{pmatrix}$ 则 $|A| = \begin{vmatrix} 2 & 5 & 8 \\ 0 & 3 & 7 \\ 0 & 0 & 1 \end{vmatrix} = 6, |2A| = 2^3 \begin{vmatrix} 2 & 5 & 8 \\ 0 & 3 & 7 \\ 0 & 0 & 1 \end{vmatrix} = 48$.

一般地，A 为 n 阶方阵，则 $|\lambda A| = \lambda^n |A|; A, B$ 为方阵，有 $|AB| = |A||B|$.

又 A 为 n 阶方阵，E 为 n 阶单位矩阵，容易验证 $AE = EA = A$，且 $|AE| = |EA| = |A|$，$(|E| = 1)$.

习题9.4

1. 判断.

(1) 不同行但列相同的两个矩阵可以相加.（　　）

(2) 所有零矩阵都相等.（　　）

(3) A 为 5 阶方阵，E 为 4 阶单位阵，则 $AE = EA = A$.（　　）

(4) A 为 6 阶方阵，则 $|2A| = 2^6 |A|$.（　　）

(5) $AX = B$ 可以表一个线性方程组.（　　）

(6) 两个相同的矩阵相减为零.（　　）

2. 填空.

(1) $\begin{pmatrix} 2 & x-1 \\ 2 & y \end{pmatrix} = 2 \begin{pmatrix} 1 & 4 \\ 1 & 2 \end{pmatrix}$，则 $x = \underline{\hspace{1.5cm}}, y = \underline{\hspace{1.5cm}}$.

(2) $\begin{pmatrix} 1 & 2 & -8 \\ 0 & 3 & 1 \end{pmatrix} + 3 \begin{pmatrix} 0 & 2 & 3 \\ 0 & -1 & -2 \end{pmatrix} = \begin{pmatrix} & & \\ & & \end{pmatrix}$.

(3) $(2 \quad 3 \quad 1) \begin{pmatrix} 2 \\ -1 \\ -1 \end{pmatrix} = \underline{\hspace{1.5cm}}$.

(4) $\begin{pmatrix} 1 \\ 2 \\ 3 \end{pmatrix}(-3 \quad -1 \quad 1) = \begin{pmatrix} & & \\ & & \\ & & \end{pmatrix}_{33}$.

3. 计算.

(1) $\begin{pmatrix} 2 & 2 & 2 \\ 1 & 1 & 1 \\ 2 & 1 & 3 \end{pmatrix}\begin{pmatrix} 1 & 0 & 0 \\ 0 & 1 & 0 \\ 0 & 0 & 1 \end{pmatrix}$.

(2) $\begin{pmatrix} 1 & 0 & 0 \\ 0 & 1 & 0 \\ 0 & 0 & 1 \end{pmatrix}\begin{pmatrix} 2 & 2 & 2 \\ 1 & 1 & 1 \\ 2 & 1 & 3 \end{pmatrix}$.

(3) $\begin{pmatrix} 1 & 3 \\ -5 & 4 \\ 3 & 6 \end{pmatrix}\begin{pmatrix} 3 & 2 & -1 \\ 2 & -3 & 5 \end{pmatrix}$.

(4) $A = \begin{pmatrix} 2 & 3 & 4 & 2 \\ 3 & 4 & 2 & 0 \\ 2 & 0 & 5 & 0 \\ 1 & 0 & 3 & 0 \end{pmatrix}$, 求 $|A|$.

(5) $\begin{pmatrix} a_1 & b_1 & c_1 \\ a_2 & b_2 & c_2 \\ a_3 & b_3 & c_3 \end{pmatrix}\begin{pmatrix} x_1 \\ x_2 \\ x_3 \end{pmatrix}$

4. 求下列方程中的 X.

(1) 设 $\begin{pmatrix} 1 & 1 \\ 3 & 1 \\ 1 & 2 \\ -3 & 1 \end{pmatrix} + 2\begin{pmatrix} 1 & 1 \\ 3 & 1 \\ 1 & 2 \\ -3 & 1 \end{pmatrix} = X + \begin{pmatrix} 1 & 1 \\ 3 & 1 \\ 1 & 2 \\ -3 & 1 \end{pmatrix}$.

(2) 设 $2X = \begin{pmatrix} 1 & 1 & 3 \\ 1 & 3 & 1 \\ 3 & 1 & 1 \end{pmatrix}\begin{pmatrix} 3 & 1 & 1 \\ 1 & 3 & 1 \\ 1 & 1 & 3 \end{pmatrix}$.

5. 设 $A = \begin{pmatrix} -1 & 2 & 1 \\ 2 & 0 & 6 \\ 1 & 3 & 1 \end{pmatrix}$, 求 A' 和 $|A|$.

9.5　逆　矩　阵

我们已经知道线性方程组的矩阵形式是 $AX = B$, 这很像代数方程 $ax = b$, 由此我们自然会想到, 求线性方程组的解是否也像解代数方程一样呢? 也有 $X = A^{-1}B$, 从而求出线性方程组的解. 下面我们来研究它的存在性、可求性及如何求 A^{-1}, 并用它来解方程组

9.5.1　逆矩阵的定义

设 A 为 n 阶方阵, E 为 n 阶单位矩阵, 如果存在 n 阶方阵 B 使得

$$AB = BA = E$$

则称 A 为可**逆矩阵**. 简称 A 可逆. 并称 B 为 A 的**逆矩阵**, 记 $A^{-1} = B$.

由此可见: $A^{-1}A = AA^{-1} = E$. 这样我们可以方便地求出线性方程组的解 $X = A^{-1}B$.

但是我们还得考虑一些相关问题: A 的逆矩阵是否存在? 如果存在 A 的逆矩阵, 它是不是唯一? A 的逆矩阵还有何性质? 给一个矩阵 A, 如何求它的逆矩阵?

9.5.2　逆矩阵的存在性

举例即知,因为 $\begin{pmatrix} 1 & 2 \\ 1 & 3 \end{pmatrix}\begin{pmatrix} 3 & -2 \\ -1 & 1 \end{pmatrix} = \begin{pmatrix} 3 & -2 \\ -1 & 1 \end{pmatrix}\begin{pmatrix} 1 & 2 \\ 1 & 3 \end{pmatrix} = \begin{pmatrix} 1 & 0 \\ 0 & 1 \end{pmatrix}$,

$\begin{pmatrix} 2 & & \\ & 3 & \\ & & 7 \end{pmatrix}\begin{pmatrix} \frac{1}{2} & & \\ & \frac{1}{3} & \\ & & \frac{1}{7} \end{pmatrix} = \begin{pmatrix} \frac{1}{2} & & \\ & \frac{1}{3} & \\ & & \frac{1}{7} \end{pmatrix}\begin{pmatrix} 2 & & \\ & 3 & \\ & & 7 \end{pmatrix} = \begin{pmatrix} 1 & & \\ & 1 & \\ & & 1 \end{pmatrix}$,可见逆矩阵的存在性

不是问题.

注意　但由 $\begin{pmatrix} 1 & 1 \\ 0 & 0 \end{pmatrix}\begin{pmatrix} 1 & 2 \\ 2 & 3 \end{pmatrix} = \begin{pmatrix} 3 & 5 \\ 0 & 0 \end{pmatrix}$ 知 $\begin{pmatrix} 1 & 1 \\ 0 & 0 \end{pmatrix}$ 没有逆矩阵,即并不是任何一个矩阵都有逆矩阵.

9.5.3　逆矩阵的性质

(1)一个可逆矩阵的逆阵是唯一的.

设 B、C 为 A 的逆矩阵,因为 $BA = AB = E$ 且 $CA = AC = E$,

那么 $B = BE = BAC = (BA)C = EC = C$.

(2)$(A^{-1})^{-1} = A$,因为 $A(A^{-1}) = (A^{-1})A = E$.

(3)若方阵 A 可逆,则 $|A| \neq 0$,因为 $A(A^{-1}) = (A^{-1})A = E$,

所以 $|AA^{-1}| = |A||A^{-1}| = |E| = 1$.

(4)$(AB)^{-1} = B^{-1}A^{-1}$,因为 $(AB)(B^{-1}A^{-1}) = E$.

(5)$(\lambda A)^{-1} = \frac{1}{\lambda}A^{-1}$,因为 $(\lambda A)\left(\frac{1}{\lambda}A^{-1}\right) = E$.

9.5.4　逆矩阵的求法

定理　$A = \begin{pmatrix} a_{11} & a_{12} & \cdots & a_{1n} \\ a_{21} & a_{22} & \cdots & a_{2n} \\ \vdots & \vdots & & \vdots \\ a_{n1} & a_{n2} & \cdots & a_{n3} \end{pmatrix}_{nn}$,若 $|A| \neq 0$ 时,A 可逆,则 $A^{-1} = \frac{1}{|A|}A^*$.

$A^* = \begin{pmatrix} A_{11} & A_{21} & \cdots & A_{n1} \\ A_{12} & A_{22} & \cdots & A_{n2} \\ \vdots & \vdots & & \vdots \\ A_{1n} & A_{2n} & \cdots & A_{nn} \end{pmatrix}$ 称为矩阵 A 的伴随矩阵,其中 A_{ij} 是行列式 $|A|$ 中元素 $a_{ij}(i = 1,$

$2,\cdots,n;j = 1,2,\cdots,n)$ 的代数余子式.

只需证明等式:$A\left(\frac{1}{|A|}A^*\right) = E$ 或者 $AA^* = |A|E$,利用公式

$$a_{i1}A_{j1} + a_{i2}A_{j2} + \cdots + a_{in}A_{jn} = \begin{cases} |A| & i = j \\ 0 & i \neq j \end{cases}$$

可得 $AA* = \begin{pmatrix} a_{11} & a_{12} & \cdots & a_{1n} \\ a_{21} & a_{22} & \cdots & a_{2n} \\ \vdots & \vdots & & \vdots \\ a_{n1} & a_{n2} & \cdots & a_{n3} \end{pmatrix} \begin{pmatrix} A_{11} & A_{21} & \cdots & A_{n1} \\ A_{12} & A_{22} & \cdots & A_{n2} \\ \vdots & \vdots & & \vdots \\ A_{1n} & A_{2n} & \cdots & A_{nn} \end{pmatrix}$

$= \begin{pmatrix} |A| & 0 & \cdots & 0 \\ 0 & |A| & \cdots & 0 \\ \vdots & \vdots & \ddots & \vdots \\ 0 & 0 & \cdots & |A| \end{pmatrix} = |A|E.$

例1 求所给矩阵的逆阵.

$(1)A = \begin{pmatrix} 2 & 4 \\ 1 & 3 \end{pmatrix}$　　$(2)A = \begin{pmatrix} 5 & 2 \\ 8 & 2 \end{pmatrix}$　　$(3)A = \begin{pmatrix} 1 & 0 & 2 \\ 2 & 2 & 3 \\ 2 & 1 & 1 \end{pmatrix}$

解　(1)因为$|A| = \begin{vmatrix} 2 & 4 \\ 1 & 3 \end{vmatrix} = 2, A_{11} = 3, A_{12} = -1, A_{21} = -4, A_{22} = 2,$所以$A^{-1} = \frac{1}{|A|}A^* =$

$\frac{1}{2}\begin{pmatrix} 3 & -4 \\ -1 & 2 \end{pmatrix} = \begin{pmatrix} \frac{3}{2} & -2 \\ \frac{-1}{2} & 1 \end{pmatrix}.$ 同理得$(2)A^{-1} = \frac{1}{2}\begin{pmatrix} 2 & -2 \\ -8 & 5 \end{pmatrix}.$

(3)因为$|A| = \begin{vmatrix} 1 & 0 & 1 \\ 2 & 2 & 3 \\ 2 & 1 & 1 \end{vmatrix} = \begin{vmatrix} 1 & 0 & 0 \\ 2 & 2 & 1 \\ 2 & 1 & -1 \end{vmatrix} = -3,$

$A_{11} = \begin{vmatrix} 2 & 3 \\ 1 & 1 \end{vmatrix} = -1$　　$A_{12} = -\begin{vmatrix} 2 & 3 \\ 2 & 1 \end{vmatrix} = 4$　　$A_{13} = \begin{vmatrix} 2 & 2 \\ 2 & 1 \end{vmatrix} = -2$

$A_{21} = -\begin{vmatrix} 0 & 1 \\ 1 & 1 \end{vmatrix} = 1$　　$A_{22} = \begin{vmatrix} 1 & 1 \\ 2 & 1 \end{vmatrix} = -1$　　$A_{23} = -\begin{vmatrix} 1 & 0 \\ 2 & 1 \end{vmatrix} = -1$

$A_{31} = \begin{vmatrix} 0 & 1 \\ 2 & 3 \end{vmatrix} = -2$　　$A_{32} = -\begin{vmatrix} 1 & 1 \\ 2 & 3 \end{vmatrix} = -1$　　$A_{33} = \begin{vmatrix} 1 & 0 \\ 2 & 2 \end{vmatrix} = 2$

$A^* = \begin{pmatrix} -1 & 1 & -2 \\ 4 & -1 & -1 \\ -2 & -1 & 2 \end{pmatrix},$所以$A^{-1} = \frac{1}{|A|}A^* = \frac{-1}{3}\begin{pmatrix} -1 & 1 & -2 \\ 4 & -1 & -1 \\ -2 & -1 & 2 \end{pmatrix} = \begin{pmatrix} \frac{1}{3} & \frac{-1}{3} & \frac{2}{3} \\ \frac{-4}{3} & \frac{1}{3} & \frac{1}{3} \\ \frac{2}{3} & \frac{1}{3} & \frac{-2}{3} \end{pmatrix}.$

例2 试解矩阵方程$\begin{pmatrix} 2 & 5 \\ 1 & 3 \end{pmatrix}X = \begin{pmatrix} 2 & 2 \\ 2 & 3 \end{pmatrix}.$

解　因为$\begin{pmatrix} 2 & 5 \\ 1 & 3 \end{pmatrix}^{-1} = \begin{pmatrix} 3 & -5 \\ -1 & 2 \end{pmatrix},$所以$X = \begin{pmatrix} 3 & -5 \\ -1 & 2 \end{pmatrix}\begin{pmatrix} 2 & 2 \\ 2 & 3 \end{pmatrix} = \begin{pmatrix} -4 & -9 \\ 2 & 4 \end{pmatrix}.$

例3 试解方程组$\begin{pmatrix} 1 & 0 & 1 \\ 2 & 2 & 3 \\ 2 & 1 & 1 \end{pmatrix}\begin{pmatrix} x_1 \\ x_2 \\ x_3 \end{pmatrix} = \begin{pmatrix} 2 \\ 7 \\ 4 \end{pmatrix},$求$\begin{pmatrix} x_1 \\ x_2 \\ x_3 \end{pmatrix}.$

解　$\begin{pmatrix} x_1 \\ x_2 \\ x_3 \end{pmatrix} = \begin{pmatrix} 1 & 0 & 1 \\ 2 & 2 & 3 \\ 2 & 1 & 1 \end{pmatrix}^{-1} \begin{pmatrix} 2 \\ 7 \\ 4 \end{pmatrix} = \begin{pmatrix} \dfrac{1}{3} & -\dfrac{1}{3} & \dfrac{2}{3} \\ -\dfrac{4}{3} & \dfrac{1}{3} & \dfrac{1}{3} \\ \dfrac{2}{3} & \dfrac{1}{3} & -\dfrac{2}{3} \end{pmatrix} \begin{pmatrix} 2 \\ 7 \\ 4 \end{pmatrix} = \begin{pmatrix} 1 \\ 1 \\ 1 \end{pmatrix}.$

习题 9.5

1. 判断.

(1) 对任意矩阵 A, 则 $A^{-1} = \dfrac{1}{|A|} A^*$. (　　)

(2) 若方阵 A 可逆, 则 $|A| \neq 0$. (　　)

(3) 一个任意矩阵的逆阵是唯一的. (　　)

(4) $(\lambda A)^{-1} = \lambda A^{-1}$. (　　)

(5) $(AB)^{-1} = B^{-1} A^{-1}$. 这是因为 $(AB)(B^{-1}A^{-1}) = E$. (　　)

2. 填空.

(1) $A = \begin{pmatrix} 5 & 2 \\ 3 & 1 \end{pmatrix}$, 则 $|A| = $ _____ , $A^* = $ _____ , $A^{-1} = \begin{pmatrix} & \\ & \end{pmatrix}$.

(2) $A = \begin{pmatrix} 2 & 0 & 1 \\ 2 & 1 & 2 \\ -2 & 1 & 3 \end{pmatrix}$, 则 $|A| = $ _____ , $A^* = $ _____ , $A^{-1} = \begin{pmatrix} & \\ & \end{pmatrix}$.

3. 指出下列哪些矩阵可逆.

(1) $\begin{pmatrix} 2 & 3 \\ 4 & 6 \end{pmatrix}$;　(2) $\begin{pmatrix} 5 & 7 \\ 2 & 3 \end{pmatrix}$;　(3) $\begin{pmatrix} 2 & 5 & 9 \\ 0 & 0 & 0 \\ 2 & 3 & 2 \end{pmatrix}$;　(4) $\begin{pmatrix} 2 & 2 & 3 \\ 1 & 3 & 0 \\ 2 & 6 & 1 \end{pmatrix}$.

4. 解矩阵方程.

(1) $X \begin{pmatrix} 2 & 1 \\ 5 & 3 \end{pmatrix} = 2\begin{pmatrix} 1 & 0 \\ 0 & 1 \end{pmatrix} - \begin{pmatrix} 1 & 3 \\ 2 & 0 \end{pmatrix}$;　(2) $\begin{pmatrix} 2 & 2 & 3 \\ 1 & 3 & 0 \\ 2 & 6 & 1 \end{pmatrix} X = \begin{pmatrix} 7 \\ 4 \\ 9 \end{pmatrix}$.

5. 利用逆阵解下方程组 $\begin{cases} x_1 + 2x_2 + x_3 = 3 \\ -x_1 - x_2 - 2x_3 = -1. \\ 2x_1 + 4x_2 + x_3 = 7 \end{cases}$

注意　解线性方程组我们已经学会了两种方法:

(1) 根据克莱姆法则用行列式解 (只适用三元以下线性方程组).

(2) 利用逆矩阵解 (三阶以上也很麻烦).

(3) 用加减消元法. 我们将在下节讨论更高元线性方程组的情况.

9.6　矩阵的初等变换及矩阵的秩和意义

什么叫矩阵的初等变换? 什么叫秩? 它们有何作用? 我们通过解一个线性方程组便可知

道.

引例　试解三元线性方程组 $\begin{cases} 2x_1 + x_2 + 2x_3 = 5 \\ x_1 + x_2 + x_3 = 3 \\ -2x_1 - 2x_2 + x_1 = -3 \end{cases}$.

解　这个方程组的系数矩阵是 $A = \begin{pmatrix} 2 & 1 & 2 \\ 1 & 1 & 1 \\ -2 & -2 & 1 \end{pmatrix}$,

增广矩阵是 $\overline{A} = \begin{pmatrix} 2 & 1 & 2 & 5 \\ 1 & 1 & 1 & 3 \\ -2 & -2 & 1 & -3 \end{pmatrix}$.

我们用加减消元法在这个矩阵上施行变换,最后求得方程组的解。

$$\overline{A} = \begin{pmatrix} 2 & 1 & 2 & 5 \\ 1 & 1 & 1 & 3 \\ -2 & -2 & 1 & -3 \end{pmatrix} \xrightarrow{r_1 \leftrightarrow r_2} \begin{pmatrix} 1 & 1 & 1 & 3 \\ 2 & 1 & 2 & 5 \\ -2 & -2 & 1 & -3 \end{pmatrix} \xrightarrow[2r_1 + r_3]{-2r_1 + r_2} \begin{pmatrix} 1 & 1 & 1 & 3 \\ 0 & -1 & 0 & -1 \\ 0 & 0 & 3 & 3 \end{pmatrix}$$

$$\xrightarrow{\frac{1}{3}r_3, -r_2} \begin{pmatrix} 2 & 1 & 2 & 5 \\ 0 & 1 & 0 & 1 \\ 0 & 0 & 1 & 1 \end{pmatrix} \xrightarrow[-r_2 + r_1]{-2r_3 + r_1} \begin{pmatrix} 2 & 0 & 0 & 2 \\ 0 & 1 & 0 & 1 \\ 0 & 0 & 1 & 1 \end{pmatrix} \xrightarrow{\frac{1}{2}r_1} \begin{pmatrix} 1 & 0 & 0 & 1 \\ 0 & 1 & 0 & 1 \\ 0 & 0 & 1 & 1 \end{pmatrix}$$

所以方程组的唯一解是 $\begin{cases} x_1 = 1 \\ x_2 = 1. \\ x_3 = 1 \end{cases}$

由此可知:用矩阵的变换解方程组的过程用到了三种变换,(1)交换两行,(2)某一行乘以数 k,(3)把某一行乘以数 k 加到另一行对应的元素上去. 它们分别对应于中学曾学过的解方程组的三种同解变换,我们称用矩阵解方程组的这三种变换为矩阵的初等变换即简记为

$$(1)\, r_i \leftrightarrow r_j, \qquad (2)\, kr_i, \qquad (3)\, kr_i + r_j.$$

注意　矩阵的初等变换有以下作用:

①解方程组 $AX = B$. 其解答过程可简记为 $\xrightarrow{(AB)初等变换} (EC)$,则 $X = C = (x_1, \cdots, x_n)'$. 特别注意:$A$ 为方阵且当 $|A| \neq 0$ 则方程组 $AX = B$ 有唯一解. 所以 A 必可化为单位矩阵.

②将矩阵 A 化为阶梯形. 见解方程组的过程即知. 注意:用初等变换把一个矩阵化成了阶梯形,那么这个阶梯形矩阵的非零行数是确定的一个数,这是一个非常重要的事实,我们称这个确定的数为矩阵的秩,记为 R 或 r. 它表示去掉多余方程留下来的有效方程组的个数. 引例中没有多余的方程,矩阵 A 称为满秩矩阵(即对方阵施行初等变换化为阶梯形不出现零行,称此矩阵为满秩矩阵). 引例中的 A 就是一个满秩矩阵. 且 $r(A) = r(\overline{A}) = 3 = $ 变量的个数,(显然还有系数行列式 $|A| \neq 0$)方程组有唯一解.

③求矩阵的秩:用矩阵的初等变换把所给矩阵化成阶梯形,则秩 $R(A)$ 等于这个阶梯形矩阵的非零行数.

例如　方程组 $\begin{cases} x_1 + x_2 - 2x_3 = 0 \\ 2x_1 + x_2 - x_3 = 0 \\ -2x_1 - 2x_2 + 4x_3 = 0 \end{cases}$.

$$A = \begin{pmatrix} 1 & 1 & -2 \\ 2 & 1 & -1 \\ -2 & -2 & 4 \end{pmatrix} \xrightarrow[2r_1+r_3]{-2r_1+r_2} \begin{pmatrix} 1 & 1 & -2 \\ 0 & -1 & 3 \\ 0 & 0 & 0 \end{pmatrix}$$ 这个矩阵的秩等于 2，表示三个方程只有

二个有效(有效方程组的个数小于未知数的个数).中学称它是不定方程组,有无穷多解.用
矩阵的秩来讲就是 $R(A) = 2 < 3$,方程组有无穷多解.

通过这个例子我们知道了矩阵的秩及实际意义.本节必须掌握如何求一个矩阵的秩,下
面再通过例子进一步熟悉如何求秩.

例1 求下列矩阵的秩

$$(1)A = \begin{pmatrix} 1 & 0 & 3 \\ 2 & 1 & 7 \\ 3 & 1 & 7 \end{pmatrix}; \qquad (2)A = \begin{pmatrix} 1 & 2 & 2 & 2 \\ 5 & 9 & 8 & 11 \\ -2 & -4 & -4 & -4 \\ 3 & 6 & 6 & 6 \end{pmatrix}; \qquad (3)A = \begin{pmatrix} 1 & 1 \\ 2 & 3 \\ 5 & 6 \\ 6 & 5 \end{pmatrix}.$$

解 $(1)A = \begin{pmatrix} 1 & 0 & 3 \\ 2 & 1 & 7 \\ 3 & 1 & 7 \end{pmatrix} \xrightarrow[-3r_1+r_3]{-2r_1+r_2} \begin{pmatrix} 1 & 0 & 3 \\ 0 & 1 & 1 \\ 0 & 1 & -2 \end{pmatrix} \xrightarrow{-r_1+r_3} \begin{pmatrix} 1 & 0 & 3 \\ 0 & 1 & 1 \\ 0 & 0 & -3 \end{pmatrix}, R(A) = 3.$

$(2)R(A) = 2.$ $(3)R(A) = 2.$

习题9.6

1. 判断.

(1)矩阵的初等变换实际上相当于方程组的同解变换. （　　）

(2)交换矩阵的两行、某一行乘以某一个数、某一行乘以某一个数加到另一行对应的元素
上去,这三个变换称为矩阵的初等变换 （　　）

(3)矩阵 A 的行列式不为零时,对 A 施行初等变换一定可以将它化为单位矩阵. （　　）

(4)用矩阵的初等变换可将任何矩阵化为阶梯形且它的非零行数是唯一确定的. （　　）

(5)矩阵的秩表示阶梯形矩阵的非零行数,它还表示方程组中有效方程组的个数.

（　　）

(6)设有线性方程组 $AX = B$,若系数矩阵的秩 $r(A) =$ 未知数的个数时,方程组有唯一解.

（　　）

(7)设有齐线性方程组 $AX = 0$,若系数矩阵的秩 $r(A) <$ 未知数的个数时,方程组无穷多
解. （　　）

2. 求下列矩阵的秩.

$(1)\begin{pmatrix} 2 & 3 & 1 \\ 4 & 5 & 2 \\ -4 & -6 & -2 \end{pmatrix}; \qquad (2)\begin{pmatrix} 1 & 2 & 1 & 2 \\ 2 & 5 & 3 & 3 \\ 4 & 6 & 2 & 6 \end{pmatrix}; \qquad (3)\begin{pmatrix} 1 & 2 \\ 3 & 6 \\ 2 & 3 \end{pmatrix}.$

3. 解下列方程组 $\begin{cases} 3x_1 + x_2 - 3x_3 = 1 \\ x_1 - x_2 + 2x_3 = 2 \\ 2x_1 + 3x_2 - 2x_3 = 3 \end{cases}$.

4. 求齐次线性方程组系数矩阵的秩说明它有非零解 $\begin{cases} x_1 + x_2 - x_3 = 0 \\ 2x_1 + 6x_2 - x_3 = 0 \\ -4x_1 - 4x_2 + 4x_3 = 0 \end{cases}$.

9.7　齐次线性方程组解的判定和解的结构

9.7.1　齐次线性方程组解的判定

设齐次线性方程组 $\begin{cases} a_{11}x_1 + a_{12}x_2 + \cdots + a_{1n}x_n = 0 \\ a_{21}x_1 + a_{22}x_2 + \cdots + a_{2n}x_n = 0 \\ \cdots\cdots\cdots\cdots \\ a_{n1}x_1 + a_{n2}x_2 + \cdots + a_{nn}x_n = 0 \end{cases}$,

其中 $A = \begin{pmatrix} a_{11} & a_{12} & \cdots & a_{1n} \\ a_{21} & a_{22} & \cdots & a_{2n} \\ \vdots & \vdots & & \vdots \\ a_{m1} & a_{m2} & \cdots & a_{mn} \end{pmatrix}$ 称之为方程组系数矩阵. $X = \begin{pmatrix} x_1 \\ x_2 \\ \vdots \\ x_n \end{pmatrix}$, $0 = \begin{pmatrix} 0 \\ 0 \\ \vdots \\ 0 \end{pmatrix}$.

其矩阵形式为: $AX = 0$. 我们已经知道:

(1) $|A| \neq 0$ 时 $\Leftrightarrow$ 方程组 $AX = 0$ 只有零解 $\Leftrightarrow$ 秩 $R(A) = r = n$.

(2) $|A| = 0$ 时 $\Leftrightarrow$ 方程组 $AX = 0$ 有非零解 $\Leftrightarrow$ 秩 $R(A) = r < n$.

例 1　试证齐次线性方程组 $\begin{cases} x_1 + 2x_2 + x_3 - x_4 = 0 \\ 3x_1 + 6x_2 - x_3 + x_4 = 0 \\ 5x_1 + 10x_2 + 4x_3 - 4x_4 = 0 \end{cases}$　有非零解.

证明　方法 1: 因其系数行列式 $\begin{vmatrix} 1 & 2 & 1 & -1 \\ 3 & 6 & -1 & 1 \\ 5 & 10 & 4 & -4 \\ 0 & 0 & 0 & 0 \end{vmatrix} = 0$, 故方程组有非零解.

方法 2: 因为其系数矩阵 $A = \begin{pmatrix} 1 & 2 & 1 & -1 \\ 3 & 6 & -1 & 1 \\ 5 & 10 & 4 & -4 \end{pmatrix} \xrightarrow[-5r_1 + r_3]{-3r_1 + r_2} \begin{pmatrix} 1 & 2 & 1 & -1 \\ 0 & 0 & -4 & 4 \\ 0 & 0 & -1 & 1 \end{pmatrix}$

$\xrightarrow{\text{显然}} \begin{pmatrix} 1 & 2 & 1 & -1 \\ 0 & 0 & 1 & 1 \\ 0 & 0 & 0 & 0 \end{pmatrix}$, 即矩阵 A 的秩为 $2 < 3$, 所以方程组有非零解.

9.7.2　齐次线性方程组解的结构

定理 1　若 ξ_1 和 ξ_2 是 $AX = 0$ 的两个特解, 则 $\xi_1 + \xi_2$ 和 $k\xi_1$ 也是 $AX = 0$ 的解.

定理 2　若 $\xi_1, \xi_2, \cdots \xi_r$ 是 $AX = 0$ 的 r 个解, 则 $k_1\xi_1 + k_2\xi_2 + \cdots + k_r\xi_r$ 为 $AX = 0$ 的解.

这两个定理证明很容易, 请读者自证.

下面我们通过例题可以看到齐次线性方程组的通解具有 $k_1\xi_1 + k_2\xi_2 + \cdots + k_r\xi_r$ 的形式.

例 2　试求下列齐次线性方程组的通解

$$(1)\begin{cases}x_1+2x_2+x_3-x_4=0\\3x_1+7x_2-x_3+x_4=0\\5x_1+11x_2+4x_3-4x_4=0\end{cases};\quad(2)\begin{cases}x_1-x_2-x_3+x_4+x_5=0\\x_1-x_2+x_3-3x_4+5x_5=0.\\x_1-x_2-2x_3+3x_4-x_5=0\end{cases}$$

解（1）$A=\begin{pmatrix}1&2&1&-1\\3&7&-1&1\\5&11&4&-4\end{pmatrix}\xrightarrow[-5r_1+r_3]{-3r_1+r_2}\begin{pmatrix}1&2&1&-1\\0&1&-4&4\\0&1&-1&1\end{pmatrix}\xrightarrow{-r_2+r_3}\begin{pmatrix}1&2&1&-1\\0&0&-4&4\\0&0&3&-3\end{pmatrix}$

$\xrightarrow{\frac{1}{3}r_3}\begin{pmatrix}1&2&1&-1\\0&1&-4&4\\0&0&1&-1\end{pmatrix}\xrightarrow[-r_3+r_1]{4r_3+r_2}\begin{pmatrix}1&0&0&0\\0&1&0&0\\0&0&1&-1\end{pmatrix}$,

所以 $\begin{cases}x_1=0\\x_2=0\\x_3=x_4\end{cases}$，其中 x_4 称为自由未知数，令 $x_4=c$，即 $\begin{cases}x_1=0\\x_2=0\\x_3=c\\x_4=c\end{cases}$ 写成 $X=\begin{pmatrix}x_1\\x_2\\x_3\\x_4\end{pmatrix}=\begin{pmatrix}0\\0\\1\\1\end{pmatrix}c$. 也就是

$X=c\xi$，其中 $\xi=\begin{pmatrix}0\\0\\1\\1\end{pmatrix}$. 当 c 取遍所有实数时表示该方程组的全部解. 注意到 ξ 是该方程组的一个

特解，符合解的结构定理.

（2）$A=\begin{pmatrix}1&-1&-1&1&1\\1&-1&1&-3&5\\1&-1&-2&3&-1\end{pmatrix}\xrightarrow[-r_1+r_3]{-r_1+r_2}\begin{pmatrix}1&-1&-1&1&1\\0&0&2&-4&4\\0&0&-1&2&-2\end{pmatrix}\xrightarrow{\frac{1}{2}r_2+r_3}$

$\begin{pmatrix}1&-1&-1&1&1\\0&0&1&-2&2\\0&0&0&0&0\end{pmatrix}\xrightarrow{r_2+r_1}\begin{pmatrix}1&-1&0&-1&3\\0&0&1&-2&2\\0&0&0&0&0\end{pmatrix}$,

所以 $\begin{cases}x_1=x_2+x_4-3x_5\\x_3=2x_4-2x_5\end{cases}$，这里有 3 个自由未知数，令 $\begin{cases}x_2=c_1\\x_4=c_2\\x_5=c_3\end{cases}$ 得所求通解：

$$\begin{cases}x_1=c_1+c_2-3c_3\\x_2=c_1\\x_3=2c_2-2c_3\\x_4=c_2\\x_5=c_3\end{cases}\Rightarrow\begin{pmatrix}x_1\\x_2\\x_3\\x_4\\x_5\end{pmatrix}=c_1\begin{pmatrix}1\\1\\0\\0\\0\end{pmatrix}+c_2\begin{pmatrix}1\\0\\2\\1\\0\end{pmatrix}+c_3\begin{pmatrix}-3\\0\\-2\\0\\1\end{pmatrix}.$$

即 $X=c_1\xi_1+c_2\xi_2+c_3\xi_3$ 此形式与上面结构定理论述相符.

其中，$\xi_1=\begin{pmatrix}1\\1\\0\\0\\0\end{pmatrix}$，$\xi_2=\begin{pmatrix}1\\0\\2\\1\\0\end{pmatrix}$，$\xi_3=\begin{pmatrix}-3\\0\\-2\\0\\1\end{pmatrix}$.

习题 9.7

1. 判断题.

(1) $|A| \neq 0$ 时 $\Leftrightarrow$ 方程组 $AX=0$ 只有零解 $\Leftrightarrow R(A)=r=n$. (　　)

(2) $|A|=0$ 时 $\Leftrightarrow$ 方程组 $AX=0$ 有非零解 $\Leftrightarrow R(A)=r<n$. (　　)

(3) 齐次线性方程组 $\begin{cases} x_1+2x_2+x_3-x_4=0 \\ 3x_1+6x_2-x_3+x_4=0 \\ 5x_1+10x_2+4x_3-4x_4=0 \end{cases}$ 只有零解. (　　)

(4) 方程组所含方程的个数小于未知数的个数时这个方程组有无穷多解. (　　)

(5) 若 ξ_1 和 ξ_2 是 $AX=0$ 的两个特解,则 $k\xi_1+b\xi_2$ 也是 $AX=0$ 的解. k 和 b 是两个常数. (　　)

2. 求所给齐次线性方程组系数矩阵的秩并判断解的情况 $\begin{cases} 2x_1+x_2+x_3+x_4=0 \\ x_1+2x_2+x_3+x_4=0. \\ x_1+x_2+2x_3+x_4=0 \end{cases}$

3. 解方程组 (1) $\begin{cases} 2x_1+x_2+x_3+x_4=0 \\ x_1+2x_2+x_3+x_4=0; \\ x_1+x_2+2x_3+x_4=0 \end{cases}$　(2) $\begin{cases} 2x_1-2x_2-2x_3+2x_4+2x_5=0 \\ x_1-x_2+x_3-3x_4+5x_5=0 \\ x_1-x_2-2x_3+3x_4-x_5=0 \end{cases}$.

4. 试证 ξ_1 和 ξ_2 是 $AX=0$ 的两个特解,则 $\xi_1+\xi_2$ 和 $k\xi_1$ 也是 $AX=0$ 的解.

9.8　非齐次线性方程组解的判定和解的结构

9.8.1　非齐次线性方程组解的判定

设齐次线性方程组 $\begin{cases} a_{11}x_1+a_{12}x_2+\cdots+a_{1n}x_n=b_1 \\ a_{21}x_2+a_{22}x_2+\cdots+a_{2n}x_n=b_2 \\ \cdots\cdots\cdots\cdots \\ a_{n1}x_1+a_{n2}x_2+\cdots+a_{mn}x_n=b_m \end{cases}$,

其中 $A=\begin{pmatrix} a_{11} & a_{12} & \cdots & a_{1n} \\ a_{21} & a_{22} & \cdots & a_{2n} \\ \vdots & \vdots & & \vdots \\ a_{m1} & a_{m2} & \cdots & a_{mn} \end{pmatrix}$ 称之为方程组系数矩阵. $X=\begin{pmatrix} x_1 \\ x_2 \\ \vdots \\ x_n \end{pmatrix}$ $B=\begin{pmatrix} b_1 \\ b_2 \\ \vdots \\ b_n \end{pmatrix}$,

其矩阵形式为: $AX=B$.

我们已经知道下面 1),下面 2) 我们举例即明:

(1) $|A| \neq 0$ 时 $\Leftrightarrow$ 方程组 $AX=B$ 有唯一解 $X=A^{-1}B \Leftrightarrow$ 秩 $R(A)=r=n$.

(2) $|A|=0$ 时 $\Leftrightarrow \begin{cases} (1) 方程组 AX=B 有无穷多解 \Leftrightarrow R(A)=R(\overline{A})=r<n. \\ (2) 方程组 AX=B 无解 \Leftrightarrow R(A)=r<R(\overline{A})(\overline{A} 是方程组的增广矩阵). \end{cases}$

例1　试讨论非齐次线性方程组 $\begin{cases} -2x_1+x_2+x_3=1 \\ x_1-2x_2+x_3=-2 \\ x_1+x_2-2x_3=\lambda \end{cases}$ 解的情况.

解 $\bar{A} = \begin{pmatrix} -2 & 1 & 1 & 1 \\ 1 & -2 & 1 & -2 \\ 1 & 1 & -2 & \lambda \end{pmatrix} \xrightarrow[-r_3+r_2]{2r_3+r_1} \begin{pmatrix} 0 & 3 & -3 & 2\lambda+1 \\ 0 & -3 & 3 & -2-\lambda \\ 1 & 1 & -2 & \lambda \end{pmatrix} \xrightarrow{r_1 \leftrightarrow r_3}$

$\begin{pmatrix} 1 & 1 & -2 & \lambda \\ 0 & -3 & 3 & -2-\lambda \\ 0 & 3 & -3 & 2\lambda+1 \end{pmatrix} \xrightarrow{r_2+r_3} \begin{pmatrix} 1 & 1 & -2 & \lambda \\ 0 & -3 & 3 & -2-\lambda \\ 0 & 0 & 0 & \lambda-1 \end{pmatrix}$

讨论:(1)当 $\lambda \neq 1$ 时,从最后一行可知:出现矛盾方程 $0 = \lambda - 1$,此时方程组无解. 这时方程组的系数矩阵 A 的秩等于 2 小于增广矩阵 $\bar{A}$ 的秩等于 3.

(2)当 $\lambda = 1$ 时,$\bar{A} = \begin{pmatrix} -2 & 1 & 1 & 1 \\ 1 & -2 & 1 & -2 \\ 1 & 1 & -2 & \lambda \end{pmatrix} \longrightarrow \begin{pmatrix} 1 & 1 & -2 & \lambda \\ 0 & -3 & 3 & -2-\lambda \\ 0 & 0 & 0 & \lambda-1 \end{pmatrix} \xrightarrow{\lambda=1}$

$\begin{pmatrix} 1 & 1 & -2 & 1 \\ 0 & -3 & 3 & -3 \\ 0 & 0 & 0 & 0 \end{pmatrix} \xrightarrow{\frac{-1}{3}r_2} \begin{pmatrix} 1 & 1 & -2 & 1 \\ 0 & 1 & -1 & 1 \\ 0 & 0 & 0 & 0 \end{pmatrix} \xrightarrow{-r_2+r_1} \begin{pmatrix} 1 & 0 & -1 & 0 \\ 0 & 1 & -1 & 1 \\ 0 & 0 & 0 & 0 \end{pmatrix}$

$$\begin{cases} x_1 = x_3 \\ x_2 = x_3 + 1 \end{cases}$$

X_3 可任意取值(为自由未知数)此时方程组有无穷多解,系数矩阵的秩 $R(A) = 2 = R(\bar{A}) < 3$.

9.8.2 非齐次线性方程组解的结构

定理 3 (1)设 ξ_1 和 ξ_2 是非齐次方程组的 $AX = B$ 的两个解,则 $\xi_1 - \xi_2$ 是对应的齐次方程组 $AX = 0$ 的解.

(2)设 $\bar{\xi}$ 是 $AX = 0$ 的通解,ξ^* 是 $AX = B$ 的特解,则 $X = \bar{\xi} + \xi^*$ 是 $AX = B$ 的通解. 这个定理证明很容易,留给读者自证.

我们通过举例阐明非齐次方程组的解法,同时我们也会明了非齐次线性方程组解的结构.

例 2 试解非齐次线性方程组 $\begin{cases} x_1 - x_2 + x_3 + x_4 = 3 \\ x_1 - x_2 + x_3 - 3x_4 = 1 \\ x_1 - x_2 - 2x_3 + 3x_4 = 4 \end{cases}$.

解 $\bar{A} = \begin{pmatrix} 1 & -1 & -1 & 1 & 3 \\ 1 & -1 & 1 & -3 & 1 \\ 1 & -1 & -2 & 3 & 4 \end{pmatrix} \xrightarrow[-r_1+r_3]{-r_1+r_2} \begin{pmatrix} 1 & -1 & -1 & 1 & 3 \\ 0 & 0 & 2 & -4 & -2 \\ 0 & 0 & -1 & 2 & 1 \end{pmatrix} \xrightarrow{\frac{1}{2}r_2, r_2+r_3}$

$\begin{pmatrix} 1 & -1 & -1 & 1 & 3 \\ 0 & 0 & 1 & -2 & -1 \\ 0 & 0 & 0 & 0 & 0 \end{pmatrix} \xrightarrow{-r_2+r_1} \begin{pmatrix} 1 & -1 & 0 & -1 & 2 \\ 0 & 0 & 1 & -2 & -1 \\ 0 & 0 & 0 & 0 & 0 \end{pmatrix}$

所以 $\begin{cases} x_1 = x_2 + x_4 + 2 \\ x_3 = \quad\quad 2x_4 - 1 \end{cases}$.

令 $\begin{cases} x_2 = c_1 \\ x_4 = c_2 \end{cases}$ 可得该方程组的通解 $\begin{cases} x_1 = c_1 + c_2 + 2 \\ x_2 = c_1 \\ x_3 = \qquad 2c_2 - 1 \\ x_4 = \qquad\quad c_2 \end{cases}$

即

$$\begin{pmatrix} x_1 \\ x_2 \\ x_3 \\ x_4 \end{pmatrix} = \begin{pmatrix} 1 \\ 1 \\ 0 \\ 0 \end{pmatrix} c_1 + \begin{pmatrix} 1 \\ 0 \\ 2 \\ 1 \end{pmatrix} c_2 + \begin{pmatrix} 2 \\ 0 \\ -1 \\ 0 \end{pmatrix}$$

写成 $X = c_1 \boldsymbol{\xi}_1 + c_2 \boldsymbol{\xi}_2 + \boldsymbol{\xi}^* = \bar{\boldsymbol{\xi}} + \boldsymbol{\xi}^*$ 正好是 $X = $ 通解 + 特解 的形式.

例3　试解非齐次线性方程组 $\begin{cases} x_1 + 2x_2 + x_3 - x_4 = -1 \\ 3x_1 + 6x_2 - x_3 - 3x_4 = -4 \\ 5x_1 + 10x_2 + x_3 - 5x_4 = -6 \end{cases}$.

解　$\bar{A} = \begin{pmatrix} 1 & 2 & 1 & -1 & -1 \\ 3 & 6 & -1 & -3 & -4 \\ 5 & 10 & 1 & -5 & -6 \end{pmatrix} \xrightarrow[-5r_1+r_3]{-3r_1+r_2} \begin{pmatrix} 1 & 2 & 1 & -1 & -1 \\ 0 & 0 & -4 & 0 & -1 \\ 0 & 0 & -4 & 0 & -1 \end{pmatrix} \xrightarrow{-\frac{1}{4}r_2, -r_2+r_3}$

$\begin{pmatrix} 1 & 2 & 1 & -1 & -1 \\ 0 & 0 & 1 & 0 & \dfrac{1}{4} \\ 0 & 0 & 0 & 0 & 0 \end{pmatrix} \xrightarrow{-r_2+r_1} \begin{pmatrix} 1 & 2 & 0 & -1 & \dfrac{-5}{4} \\ 0 & 0 & 1 & 0 & \dfrac{1}{4} \\ 0 & 0 & 0 & 0 & 0 \end{pmatrix}$

所以 $\begin{cases} x_1 = -2x_2 + x_4 - \dfrac{5}{4} \\ x_3 = \dfrac{1}{4} \end{cases}$, 令 $x_2 = c_1 \quad x_4 = c_2$,

$\begin{cases} x_1 = -c_1 + c_2 - \dfrac{5}{4} \\ x_2 = c_1 \\ x_3 = \qquad\qquad \dfrac{1}{4} \\ x_4 = \qquad\quad c_2 \end{cases}$, $\begin{pmatrix} x_1 \\ x_2 \\ x_3 \\ x_4 \end{pmatrix} = \begin{pmatrix} -1 \\ 1 \\ 0 \\ 0 \end{pmatrix} c_1 + \begin{pmatrix} 1 \\ 0 \\ 0 \\ 1 \end{pmatrix} c_2 + \begin{pmatrix} -\dfrac{5}{4} \\ 0 \\ \dfrac{1}{4} \\ 0 \end{pmatrix}$, 即 $X = c_1 \boldsymbol{\xi}_1 + c_2 \boldsymbol{\xi}_2 + \boldsymbol{\xi}^*$.

其中 $\bar{\boldsymbol{\xi}} = c_1 \boldsymbol{\xi}_1 + c_2 \boldsymbol{\xi}_2$ 是 $AX = 0$ 的解而 $\boldsymbol{\xi}^*$ 是 $AX = B$ 的特解,这又验证了以上解的结构定理3.

习题9.8

1. 判断.

(1)若非齐次线性方程组 $AX = B$ 其系数矩阵的秩等于未知数的个数时方程组有唯一解.

（　　）

(2)设 $AX = B$,当 $R(A) = r$ 小于增广矩阵的秩时,方程组有无穷多解.（　　）

(3)设 $AX = B$,当 $R(A) = r$ 小于增广矩阵的秩时,方程组无解.（　　）

(4)设 n 元线性方程组 $AX = B$,当 $R(A) = r < n$ 时,方程组有无穷多解.（　　）

(5) $|A| \neq 0$ 时 $\Leftrightarrow AX = B$ 有唯一解 $X = A^{-1}B \Leftrightarrow R(A) = r < n.$ (　　　)

2. 试求非齐次线性方程组系数矩阵和增广矩阵的秩 $\begin{cases} x_1 + 2x_2 + x_3 - x_4 = -1 \\ 3x_1 + 6x_2 - x_3 - 3x_4 = -4 \\ 5x_1 + 10x_2 + x_3 - 5x_4 = -6 \end{cases}$.

3. 解下列方程组.

$(1) \begin{cases} x_1 + x_2 + x_3 = 3 \\ x_1 - x_2 + x_3 = 1 \\ 2x_1 + 2x_2 + x_3 = 5 \end{cases}$ $(2) \begin{cases} x_1 + x_2 + x_3 + x_4 + x_5 = 5 \\ 3x_1 + 2x_2 + x_3 + x_4 - 3x_5 = 4 \\ x_2 + 2x_3 + 2x_4 + 6x_5 = 11 \\ 5x_1 + 4x_2 + 3x_3 + 3x_4 - x_5 = 14 \end{cases}$

$(3) \begin{cases} -2x_1 + 2x_2 + 3x_3 = 3 \\ 3x_1 - 3x_2 - \dfrac{9}{2}x_3 = -\dfrac{9}{2} \end{cases}$

4. k 为何值时非齐次线性方程组 $\begin{cases} kx_1 + x_2 + x_3 = 1 \\ x_1 + kx_2 + x_3 = k \\ x_1 + x_2 + kx_3 = k^2 \end{cases}$

(1) 有唯一解；(2) 无穷解；(3) 无解.

本章以行列式、矩阵为工具研究了 n 元线性方程组及各种解法.

一、行 列 式

本节讲述了二阶、三阶行列式的定义、意义、性质及降阶法，并紧密和它的应用——解方程组相结合，以此为基础推出了 n 阶行列式的定义、性质和克莱姆法则.

本节重点掌握高阶行列式的两种计算法.

方法(1)化为三角行列式法.

方法(2)降阶计算法.

掌握以下两个公式和典型例的解法

公式1：$\begin{vmatrix} a_{11} & a_{12} & \cdots & a_{1n} \\ 0 & a_{22} & \cdots & a_{2n} \\ \cdots & \cdots & \cdots & \cdots \\ 0 & 0 & \cdots & a_{nn} \end{vmatrix} = a_{11}a_{22}\cdots a_{nn}$

公式2：$\begin{vmatrix} a_{11} & a_{12} & \cdots & a_{1n} \\ 0 & a_{22} & \cdots & a_{2n} \\ \cdots & \cdots & \cdots & \cdots \\ 0 & a_{2n} & \cdots & a_{nn} \end{vmatrix} = a_{11} \begin{vmatrix} a_{22} & \cdots & a_{2n} \\ \cdots & \cdots & \cdots \\ a_{2n} & \cdots & a_{nn} \end{vmatrix}$

$$\begin{vmatrix} a & b & b \\ b & a & b \\ b & b & a \end{vmatrix} = \begin{vmatrix} a+2b & b & b \\ a+2b & a & b \\ a+2b & b & a \end{vmatrix} = (a+2b)\begin{vmatrix} 1 & b & b \\ 1 & a & b \\ 1 & b & a \end{vmatrix} = (a+2b)\begin{vmatrix} 1 & b & b \\ 0 & a-b & 0 \\ 0 & 0 & a-b \end{vmatrix}$$

$= (a+2b)(a-b)^2.$ 设想更高阶行列式也有类似的题目,解答方法完全相同.

例 $\begin{vmatrix} b & a & \cdots & a \\ a & b & \cdots & a \\ \cdots & \cdots & \cdots & \cdots \\ a & a & \cdots & b \end{vmatrix} = ?$ 其中元素也可变成其他数或符号.

二、矩　阵

本节讲述了矩阵及其运算,可逆阵及其应用,矩阵的初等变换及其作用.重点是矩阵的运算,如何求逆阵及如何用矩阵的初等变换求矩阵的秩和解方程组.

1. 矩阵的运算重点掌握矩阵的乘法.注意特色性质:A 为 n 阶方阵则 $|\lambda A| = \lambda^n |A|$,矩阵的乘法一般不满足交换律:$AB \neq BA$.

2. 求逆阵的方法

伴随矩阵法　若 $|A| \neq 0$ 时,A 可逆且 $A^{-1} = \dfrac{1}{|A|}A^*$.

注意特色性质 $(AB)^{-1} = B^{-1}A^{-1}$.

3. 矩阵的初等变换可以表示线性方程组的同解变换并有以下作用:

作用1　把矩阵 A 化为阶梯形,并求出这个矩阵的秩.

作用2　解线性方程组 $AX = B$,$(AB) \xrightarrow{\text{初等变换}} (EC)$ 则 $X = C = (x_1 \cdots x_n)'$.

几个重要结论:(1)初等变换一定可以把一个可逆阵化为单位矩阵.

　　　　　　(2)初等变换一定可以把一个矩阵化为阶梯形.

　　　　　　(3)阶梯形矩阵的非零行数是一个确定的数.它的实际意义是可以表示有效方程组所含方程的个数.

三、线性方程组

本节讲述了如何利用矩阵的秩来判定线性方程组解的情况、如何解线性方程组及其通解的结构.

本节务必掌握以下结论:

1. 对于 n 元齐次线性方程组 $AX = 0$ 有

(1)$|A| \neq 0$ 时⟺方程组 $AX = 0$ 只有零解⟺$R(A) = r = n$.

(2)$|A| = 0$ 时⟺方程组 $AX = 0$ 有非零解⟺$R(A) = r < n$.

2. 对于 n 元非齐次线性方程组 $AX = B$ 有

(1)$|A| \neq 0$ 时⟺方程组 $AX = B$ 有唯一解 $X = A^{-1}B$⟺$R(A) = r = n$.

(2)$|A| = 0$ 时⟺$\begin{cases} \text{方程组有无穷多解} \Leftrightarrow R(A) = R(\overline{A}) = r < n \\ \text{方程组无解} \Leftrightarrow R(A) = r < R(\overline{A}) \end{cases}$.

其中 $\overline{A}$ 为方程组的增广矩阵.

3. 齐次线性方程组 $AX = 0$ 的通解具有结构 $X = k_1\boldsymbol{\xi}_1 + k_2\boldsymbol{\xi}_2 + \cdots + k_r\boldsymbol{\xi}_r$

其中 $\xi_1, \xi_2, \cdots, \xi_r$ 是 $AX = 0$ 的 r 个特解.

4. 非齐次线性方程组 $AX = B$ 的通解具有结构: $X = X = \bar{\xi} + \xi^*$.

其中 $\bar{\xi}$ 为 $AX = 0$ 的通解, ξ^* 为 $AX = B$ 的一个特解.

复习题九

1. 判断.

(1) n 阶行列式与三阶行列式的性质完全相同. (　　　)

(2) 数的乘法满足交换律, 矩阵的乘法也满足交换律. (　　　)

(3) $(1 \quad 2 \quad 1)\begin{pmatrix} 2 \\ 1 \\ 2 \end{pmatrix} = 6.$ (　　　)

(4) $A = \begin{pmatrix} 1 & 2 & 3 \\ 0 & 1 & 2 \\ 0 & 1 & 2 \end{pmatrix}$, 则秩 $R(A) = 3.$ (　　　)

(5) 一个数乘以矩阵 A 等于这个数乘以这个矩阵的某一行的每一个元素. (　　　)

(6) 线性方程组 $AX = B$ 系数矩阵的秩不等于增广矩阵的秩, 这个方程无解. (　　　)

2. 填空.

(1) $\begin{vmatrix} 3 & 3 & 2a \\ 3 & 2a & 3 \\ 2a & 3 & 3 \end{vmatrix} = 0$, 则 $a = \underline{\qquad}$.

(2) 设 $A = \begin{pmatrix} 1 & 0 & -1 \\ 2 & 1 & -1 \\ 1 & 1 & -2 \end{pmatrix}$ $B = \begin{pmatrix} 1 & 0 & 0 \\ 0 & 1 & 0 \\ 1 & 0 & 0 \end{pmatrix}$. ① $|2A| = \underline{\qquad}$. ② $A + 4B = \underline{\qquad}$.

③ $AB = \underline{\qquad}$. ④ $A^{-1} = \underline{\qquad}$. ⑤ 秩 $R(A) = \underline{\qquad}$. 秩 $R(B) = \underline{\qquad}$.

(3) $|A| \neq 0$ 时 $\Leftrightarrow n$ 元线性方程组 $AX = B$ 有唯一解 $X = \underline{\qquad} \Leftrightarrow R(A) = \underline{\qquad}$.

(4) 设齐次线性方程组 $AX = 0$ 有非零解, 则该方程组的系数行列式 $= \underline{\qquad}$.

3. 设 $A = \begin{pmatrix} 1 & 0 & -1 \\ 2 & 1 & -1 \\ 1 & 1 & -2 \end{pmatrix}$, $B = \begin{pmatrix} 1 & 0 & 0 \\ 0 & 1 & 0 \\ 1 & 0 & 0 \end{pmatrix}$, 试解矩阵方程 $XA = B$.

4. 求解下列线性方程组.

(1) $\begin{cases} x_1 + x_2 + x_3 + x_4 + x_5 = 0 \\ -2x_1 - 3x_2 - 3x_3 - 4x_4 + x_5 = 0 \\ 2x_2 + 2x_3 + 3x_4 - x_5 = 0 \end{cases}$ 　　(2) $\begin{cases} x_1 + 2x_2 + 2x_3 + x_4 = 6 \\ -3x_1 - 5x_2 - 5x_3 - x_4 = -14 \\ x_2 + 2x_3 + 3x_3 - x_4 = 5 \end{cases}$

5. 证明: 设 ξ_1 和 ξ_2 是非齐次方程组 $AX = B$ 的两个解, 则 $\xi_1 - \xi_2$ 是齐次方程组 $AX = 0$ 的解.

附录　简易积分表

（一）含有 $a+bx$ 的积分

1. $\int \dfrac{\mathrm{d}x}{a+bx} = \dfrac{1}{b}\ln|a+bx| + C$

2. $\int (a+bx)^n \mathrm{d}x = \dfrac{(a+bx)^{n+1}}{b(n+1)} + C(n \neq -1)$

3. $\int \dfrac{x\mathrm{d}x}{a+bx} = \dfrac{1}{b^2}[a+bx-a\ln|a+bx|] + C$

4. $\int \dfrac{x^2\mathrm{d}x}{a+bx} = \dfrac{1}{b^3}\Big[\dfrac{1}{2}(a+bx)^2 - 2a(a+bx) + a^2\ln|a+bx|\Big] + C$

5. $\int \dfrac{\mathrm{d}x}{x(a+bx)} = -\dfrac{1}{a}\ln\left|\dfrac{a+bx}{x}\right| + C$

6. $\int \dfrac{\mathrm{d}x}{x^2(a+bx)} = -\dfrac{1}{ax} + \dfrac{b}{a^2}\ln\left|\dfrac{a+bx}{x}\right| + C$

7. $\int \dfrac{x\mathrm{d}x}{(a+bx)^2} = \dfrac{1}{b^2}\Big[\ln|a+bx| + \dfrac{a}{a+bx}\Big] + C$

8. $\int \dfrac{x^2\mathrm{d}x}{(a+bx)^2} = \dfrac{1}{b^3}\Big[a+bx-2a\ln|a+bx| - \dfrac{a^2}{a+bx}\Big] + C$

9. $\int \dfrac{\mathrm{d}x}{x(a+bx)^2} = \dfrac{1}{a(a+bx)} - \dfrac{1}{a^2}\ln\left|\dfrac{a+bx}{x}\right| + C$

（二）含有 $\sqrt{a+bx}$ 的积分

10. $\int \sqrt{a+bx}\,\mathrm{d}x = \dfrac{2}{3b}\sqrt{(a+bx)^3} + C$

11. $\int x\sqrt{a+bx}\,\mathrm{d}x = -\dfrac{2(2a-3bx)\sqrt{(a+bx)^3}}{15b^2} + C$

12. $\int x^2\sqrt{a+bx}\,\mathrm{d}x = -\dfrac{2(8a^2-12abx+15b^2x^2)\sqrt{(a+bx)^3}}{105b^3} + C$

13. $\int \dfrac{x\mathrm{d}x}{\sqrt{a+bx}} = -\dfrac{2(2a-bx)}{3b^2}\sqrt{a+bx} + C$

14. $\int \dfrac{x^2\mathrm{d}x}{\sqrt{a+bx}} = \dfrac{2(8a^2-4abx+3b^2x^2)}{15b^3}\sqrt{a+bx} + C$

15. $\int \dfrac{\mathrm{d}x}{x\sqrt{a+bx}} = \begin{cases} \dfrac{1}{\sqrt{a}}\ln\dfrac{|\sqrt{a+bx}-\sqrt{a}|}{\sqrt{a+bx}+\sqrt{a}} + C(a>0) \\[3mm] \dfrac{2}{\sqrt{-a}}\arctan\sqrt{\dfrac{a+bx}{-a}} + C(a<0) \end{cases}$

16. $\int \dfrac{\mathrm{d}x}{x^2\sqrt{a+bx}} = -\dfrac{\sqrt{a+bx}}{ax} - \dfrac{b}{2a}\int \dfrac{\mathrm{d}x}{x\sqrt{a+bx}}$

17. $\displaystyle\int \frac{\sqrt{a+bx}\,\mathrm{d}x}{x} = 2\sqrt{a+bx} + a\int \frac{\mathrm{d}x}{x\sqrt{a+bx}}$

（三）含有 $a^2 \pm x^2$ 的积分

18. $\displaystyle\int \frac{\mathrm{d}x}{a^2+x^2} = \frac{1}{a}\arctan\frac{x}{a} + C$

19. $\displaystyle\int \frac{\mathrm{d}x}{(x^2+a^2)^n} = \frac{x}{2(n-1)a^2(x^2+a^2)^{n-1}} + \frac{2n-3}{2(n-1)a^2}\int \frac{\mathrm{d}x}{(x^2+a^2)^{n-1}}$

20. $\displaystyle\int \frac{\mathrm{d}x}{a^2-x^2} = \frac{1}{2a}\ln\left|\frac{a+x}{a-x}\right| + C$

21. $\displaystyle\int \frac{\mathrm{d}x}{x^2-a^2} = \frac{1}{2a}\ln\left|\frac{x-a}{x+a}\right| + C$

（四）含有 $a \pm bx^2$ 的积分

22. $\displaystyle\int \frac{\mathrm{d}x}{a+bx^2} = \frac{1}{\sqrt{ab}}\arctan\sqrt{\frac{b}{a}}x + C\ (a>0,b>0)$

23. $\displaystyle\int \frac{\mathrm{d}x}{a-bx^2} = \frac{1}{2\sqrt{ab}}\ln\left|\frac{\sqrt{a}+\sqrt{b}x}{\sqrt{a}-\sqrt{b}x}\right| + C$

24. $\displaystyle\int \frac{x\mathrm{d}x}{a+bx^2} = \frac{1}{2b}\ln|a+bx^2| + C$

25. $\displaystyle\int \frac{x^2\mathrm{d}x}{a+bx^2} = \frac{x}{b} - \frac{a}{b}\int \frac{\mathrm{d}x}{a+bx^2}$

26. $\displaystyle\int \frac{\mathrm{d}x}{x(a+bx^2)} = \frac{1}{2a}\ln\left|\frac{x^2}{a+bx^2}\right| + C$

27. $\displaystyle\int \frac{\mathrm{d}x}{x^2(a+bx^2)} = -\frac{1}{ax} - \frac{b}{a}\int \frac{\mathrm{d}x}{a+bx^2}$

28. $\displaystyle\int \frac{\mathrm{d}x}{(a+bx^2)^2} = \frac{x}{2a(a+bx^2)} + \frac{1}{2a}\int \frac{\mathrm{d}x}{a+bx^2}$

（五）含有 $\sqrt{x^2+a^2}$ 的积分

29. $\displaystyle\int \sqrt{x^2+a^2}\,\mathrm{d}x = \frac{x}{2}\sqrt{x^2+a^2} + \frac{a^2}{2}\ln(x+\sqrt{x^2+a^2}) + C$

30. $\displaystyle\int \sqrt{(x^2+a^2)^3}\,\mathrm{d}x = \frac{x}{8}(2x^2+5a^2)\sqrt{x^2+a^2} + \frac{3a^4}{8}\ln(x+\sqrt{x^2+a^2}) + C$

31. $\displaystyle\int x\sqrt{x^2+a^2}\,\mathrm{d}x = \frac{\sqrt{(x^2+a^2)^3}}{3} + C$

32. $\displaystyle\int x^2\sqrt{x^2+a^2}\,\mathrm{d}x = \frac{x}{8}(2x^2+a^2)\sqrt{x^2+a^2} - \frac{a^4}{8}\ln(x+\sqrt{x^2+a^2}) + C$

33. $\displaystyle\int \frac{\mathrm{d}x}{\sqrt{x^2+a^2}} = \ln(x+\sqrt{x^2+a^2}) + C$

34. $\displaystyle\int \frac{\mathrm{d}x}{\sqrt{(x^2+a^2)^3}} = \frac{x}{a^2\sqrt{x^2+a^2}} + C$

35. $\displaystyle\int \frac{x\,\mathrm{d}x}{\sqrt{x^2+a^2}} = \sqrt{x^2+a^2} + C$

36. $\displaystyle\int \frac{x^2\,\mathrm{d}x}{\sqrt{x^2+a^2}} = \frac{x}{2}\sqrt{x^2+a^2} - \frac{a^2}{2}\ln(x+\sqrt{x^2+a^2}) + C$

37. $\displaystyle\int \frac{x^2\,\mathrm{d}x}{\sqrt{(x^2+a^2)^3}} = -\frac{x}{\sqrt{x^2+a^2}} + \ln(x+\sqrt{x^2+a^2}) + C$

38. $\displaystyle\int \frac{\mathrm{d}x}{x\sqrt{x^2+a^2}} = \frac{1}{a}\ln\frac{|x|}{a+\sqrt{x^2+a^2}} + C$

39. $\displaystyle\int \frac{\mathrm{d}x}{x^2\sqrt{x^2+a^2}} = -\frac{\sqrt{x^2+a^2}}{a^2 x} + C$

40. $\displaystyle\int \frac{\sqrt{x^2+a^2}}{x}\mathrm{d}x = \sqrt{x^2+a^2} - a\ln\frac{a+\sqrt{x^2+a^2}}{|x|} + C$

41. $\displaystyle\int \frac{\sqrt{x^2+a^2}}{x^2}\mathrm{d}x = -\frac{\sqrt{x^2+a^2}}{x} + \ln(x+\sqrt{x^2+a^2}) + C$

（六）含有 $\sqrt{x^2-a^2}$ 的积分

42. $\displaystyle\int \frac{\mathrm{d}x}{\sqrt{x^2-a^2}} = \ln|x+\sqrt{x^2-a^2}| + C$

43. $\displaystyle\int \frac{\mathrm{d}x}{\sqrt{(x^2-a^2)^3}} = -\frac{x}{a^2\sqrt{x^2-a^2}} + C$

44. $\displaystyle\int \frac{x\,\mathrm{d}x}{\sqrt{x^2-a^2}} = \sqrt{x^2-a^2} + C$

45. $\displaystyle\int \sqrt{x^2-a^2}\,\mathrm{d}x = \frac{x}{2}\sqrt{x^2-a^2} - \frac{a^2}{2}\ln|x+\sqrt{x^2-a^2}| + C$

46. $\displaystyle\int \sqrt{(x^2-a^2)^3}\,\mathrm{d}x = \frac{x}{8}(2x^2-5a^2)\sqrt{x^2-a^2} + \frac{3a^4}{8}\ln|x+\sqrt{x^2-a^2}| + C$

47. $\displaystyle\int x\sqrt{x^2-a^2}\,\mathrm{d}x = \frac{\sqrt{(x^2-a^2)^3}}{3} + C$

48. $\displaystyle\int x\sqrt{(x^2-a^2)^3}\,\mathrm{d}x = \frac{\sqrt{(x^2-a^2)^5}}{5} + C$

49. $\displaystyle\int x^2\sqrt{x^2-a^2}\,\mathrm{d}x = \frac{x}{8}(2x^2-a^2)\sqrt{x^2-a^2} - \frac{a^4}{8}\ln|x+\sqrt{x^2-a^2}| + C$

50. $\displaystyle\int \frac{x^2}{\sqrt{x^2-a^2}}\mathrm{d}x = \frac{x}{2}\sqrt{x^2-a^2} + \frac{a^2}{2}\ln|x+\sqrt{x^2-a^2}| + C$

51. $\displaystyle\int \frac{x^2\,\mathrm{d}x}{\sqrt{(x^2-a^2)^3}} = -\frac{x}{\sqrt{x^2-a^2}} + \ln|x+\sqrt{x^2-a^2}| + C$

52. $\displaystyle\int \frac{\mathrm{d}x}{x\sqrt{x^2-a^2}} = \frac{1}{a}\arccos\frac{a}{x} + C$

53. $\displaystyle\int \frac{\mathrm{d}x}{x^2\sqrt{x^2-a^2}} = \frac{\sqrt{x^2-a^2}}{a^2 x} + C$

54. $\displaystyle\int \frac{\sqrt{x^2 - a^2}}{x}\mathrm{d}x = \sqrt{x^2 - a^2} - a\arccos \frac{a}{x} + C$

55. $\displaystyle\int \frac{\sqrt{x^2 - a^2}}{x^2}\mathrm{d}x = -\frac{\sqrt{x^2 - a^2}}{x} + \ln \mid x + \sqrt{x^2 - a^2} \mid + C$

（七）含有 $\sqrt{a^2 - x^2}$ 的积分

56. $\displaystyle\int \frac{\mathrm{d}x}{\sqrt{a^2 - x^2}} = \arcsin \frac{x}{a} + C$

57. $\displaystyle\int \frac{\mathrm{d}x}{\sqrt{(a^2 - x^2)^3}} = \frac{x}{a^2 \sqrt{a^2 - x^2}} + C$

58. $\displaystyle\int \frac{x\mathrm{d}x}{\sqrt{a^2 - x^2}} = -\sqrt{a^2 - x^2} + C$

59. $\displaystyle\int \frac{x\mathrm{d}x}{\sqrt{(a^2 - x^2)^3}} = \frac{1}{\sqrt{a^2 - x^2}} + C$

60. $\displaystyle\int \frac{x^2\mathrm{d}x}{\sqrt{a^2 - x^2}} = -\frac{x}{2}\sqrt{a^2 - x^2} + \frac{a^2}{2}\arcsin \frac{x}{a} + C$

61. $\displaystyle\int \sqrt{a^2 - x^2}\,\mathrm{d}x = \frac{x}{2}\sqrt{a^2 - x^2} + \frac{a^2}{2}\arcsin \frac{x}{a} + C$

62. $\displaystyle\int \sqrt{(a^2 - x^2)^3}\,\mathrm{d}x = \frac{x}{8}(5a^2 - 2x^2)\sqrt{a^2 - x^2} + \frac{3a^4}{8}\arcsin \frac{x}{a} + C$

63. $\displaystyle\int x \sqrt{a^2 - x^2}\,\mathrm{d}x = -\frac{\sqrt{(a^2 - x^2)^3}}{3} + C$

64. $\displaystyle\int x \sqrt{(a^2 - x^2)^3}\,\mathrm{d}x = -\frac{\sqrt{(a^2 - x^2)^5}}{5} + C$

65. $\displaystyle\int x^2 \sqrt{a^2 - x^2}\,\mathrm{d}x = \frac{x}{8}(2x^2 - a^2)\sqrt{a^2 - x^2} + \frac{a^4}{8}\arcsin \frac{x}{a} + C$

66. $\displaystyle\int \frac{x^2\mathrm{d}x}{\sqrt{(a^2 - x^2)^3}} = \frac{x}{\sqrt{a^2 - x^2}} - \arcsin \frac{x}{a} + C$

67. $\displaystyle\int \frac{\mathrm{d}x}{x \sqrt{a^2 - x^2}} = \frac{1}{a}\ln \left| \frac{x}{a + \sqrt{a^2 - x^2}} \right| + C$

68. $\displaystyle\int \frac{\mathrm{d}x}{x^2 \sqrt{a^2 - x^2}} = -\frac{\sqrt{a^2 - x^2}}{a^2 x} + C$

69. $\displaystyle\int \frac{\sqrt{a^2 - x^2}}{x}\mathrm{d}x = \sqrt{a^2 - x^2} - a\ln \left| \frac{a + \sqrt{a^2 - x^2}}{x} \right| + C$

70. $\displaystyle\int \frac{\sqrt{a^2 - x^2}}{x^2}\mathrm{d}x = -\frac{\sqrt{a^2 - x^2}}{x} - \arcsin \frac{x}{a} + C$

（八）含有 $a + bx \pm cx^2 (c > 0)$ 的积分

71. $\displaystyle\int \frac{\mathrm{d}x}{a + bx - cx^2} = \frac{1}{\sqrt{b^2 + 4ac}}\ln \left| \frac{\sqrt{b^2 + 4ac} + 2cx - b}{\sqrt{b^2 + 4ac} - 2cx + b} \right| + C$

72. $\displaystyle\int \frac{\mathrm{d}x}{a + bx + cx^2} = \begin{cases} \dfrac{2}{\sqrt{4ac - b^2}}\arctan\dfrac{2cx + b}{\sqrt{4ac - b^2}} + C & (b^2 < 4ac) \\[4mm] \dfrac{1}{\sqrt{b^2 - 4ac}}\ln\left|\dfrac{2cx + b - \sqrt{b^2 - 4ac}}{2cx + b + \sqrt{b^2 - 4ac}}\right| + C & (b^2 > 4ac) \end{cases}$

（九）含有 $\sqrt{a + bx \pm cx^2}\,(c > 0)$ 的积分

73. $\displaystyle\int \frac{\mathrm{d}x}{\sqrt{a + bx + cx^2}} = \frac{1}{\sqrt{c}}\ln\left|2cx + b + 2\sqrt{c}\;\sqrt{a + bx + cx^2}\right| + C$

74. $\displaystyle\int \sqrt{a + bx + cx^2}\,\mathrm{d}x = \frac{2cx + b}{4c}\sqrt{a + bx + cx^2}$

$\displaystyle\qquad - \frac{b^2 - 4ac}{8\sqrt{c^3}}\ln\left|2cx + b + 2\sqrt{c}\;\sqrt{a + bx + cx^2}\right| + C$

75. $\displaystyle\int \frac{x\mathrm{d}x}{\sqrt{a + bx + cx^2}} = \frac{\sqrt{a + bx + cx^2}}{c} - \frac{b}{2\sqrt{c^3}}\ln\left|2cx + b + 2\sqrt{c}\;\sqrt{a + bx + cx^2}\right| + C$

76. $\displaystyle\int \frac{\mathrm{d}x}{\sqrt{a + bx - cx^2}} = \frac{1}{\sqrt{c}}\arcsin\frac{2cx - b}{\sqrt{b^2 + 4ac}} + C$

77. $\displaystyle\int \sqrt{a + bx - cx^2}\,\mathrm{d}x = \frac{2cx - b}{4c}\sqrt{a + bx - cx^2} + \frac{b^2 + 4ac}{8\sqrt{c^3}}\arcsin\frac{2cx - b}{\sqrt{b^2 + 4ac}} + C$

78. $\displaystyle\int \frac{x\mathrm{d}x}{\sqrt{a + bx - cx^2}} = -\frac{\sqrt{a + bx - cx^2}}{c} + \frac{b}{2\sqrt{c^3}}\arcsin\frac{2cx - b}{\sqrt{b^2 + 4ac}} + C$

（十）含有 $\sqrt{\dfrac{a \pm x}{b \pm x}}$ 的积分和含有 $\sqrt{(x - a)(b - x)}$ 的积分

79. $\displaystyle\int \sqrt{\frac{a + x}{b + x}}\,\mathrm{d}x = \sqrt{(a + x)(b + x)} + (a - b)\ln\left(\sqrt{a + x} + \sqrt{b + x}\right) + C$

80. $\displaystyle\int \sqrt{\frac{a - x}{b + x}}\,\mathrm{d}x = \sqrt{(a - x)(b + x)} + (a + b)\arcsin\sqrt{\frac{x + b}{a + b}} + C$

81. $\displaystyle\int \sqrt{\frac{a + x}{b - x}}\,\mathrm{d}x = -\sqrt{(a + x)(b - x)} - (a + b)\arcsin\sqrt{\frac{b - x}{a + b}} + C$

82. $\displaystyle\int \frac{\mathrm{d}x}{\sqrt{(x - a)(b - x)}} = 2\arcsin\sqrt{\frac{x - a}{b - a}} + C$

（十一）含有三角函数的积分

83. $\displaystyle\int \sin x\mathrm{d}x = -\cos x + C$

84. $\displaystyle\int \cos x\mathrm{d}x = \sin x + C$

85. $\displaystyle\int \tan x\mathrm{d}x = -\ln|\cos x| + C$

86. $\displaystyle\int \cot x\mathrm{d}x = \ln|\sin x| + C$

87. $\int \sec x dx = \ln |\sec x + \tan x| + C = \ln \left| \tan \left(\dfrac{\pi}{4} + \dfrac{x}{2} \right) \right| + C$

88. $\int \csc x dx = \ln |\csc x - \cot x| + C = \ln \left| \tan \dfrac{x}{2} \right| + C$

89. $\int \sec^2 x dx = \tan x + C$

90. $\int \csc^2 x dx = -\cot x + C$

91. $\int \sec x \tan x dx = \sec x + C$

92. $\int \csc x \cot x dx = -\csc x + C$

93. $\int \sin^2 x dx = \dfrac{x}{2} - \dfrac{1}{4} \sin 2x + C$

94. $\int \cos^2 x dx = \dfrac{x}{2} + \dfrac{1}{4} \sin 2x + C$

95. $\int \sin^n x dx = -\dfrac{\sin^{n-1} x \cos x}{n} + \dfrac{n-1}{n} \int \sin^{n-2} x dx$

96. $\int \cos^n x dx = \dfrac{\cos^{n-1} x \sin x}{n} + \dfrac{n-1}{n} \int \cos^{n-2} x dx$

97. $\int \dfrac{dx}{\sin^n x} = -\dfrac{1}{n-1} \dfrac{\cos x}{\sin^{n-1} x} + \dfrac{n-2}{n-1} \int \dfrac{dx}{\sin^{n-2} x}$

98. $\int \dfrac{dx}{\cos^n x} = \dfrac{1}{n-1} \dfrac{\sin x}{\cos^{n-1} x} + \dfrac{n-2}{n-1} \int \dfrac{dx}{\cos^{n-2} x}$

99. $\int \cos^m x \sin^n x dx = \dfrac{\cos^{m-1} x \sin^n x}{m+n} + \dfrac{m-1}{m+n} \int \cos^{m-2} x \sin^n x dx$

$$= -\dfrac{\sin^{n-1} x \cos^{m+1} x}{m+n} + \dfrac{n-1}{m+n} \int \cos^m x \sin^{n-2} x dx$$

100. $\int \sin mx \cos nx dx = -\dfrac{\cos(m+n)x}{2(m+n)} - \dfrac{\cos(m-n)x}{2(m-n)} + C$

101. $\int \sin mx \sin nx dx = -\dfrac{\sin(m+n)x}{2(m+n)} + \dfrac{\sin(m-n)x}{2(m-n)} + C$

102. $\int \cos mx \cos nx dx = \dfrac{\sin(m+n)x}{2(m+n)} + \dfrac{\sin(m-n)x}{2(m-n)} + C$

103. $\int \dfrac{dx}{a + b\sin x} = \dfrac{2}{\sqrt{a^2 - b^2}} \arctan \dfrac{a\tan \dfrac{x}{2} + b}{\sqrt{a^2 - b^2}} + C \ (a^2 > b^2)$

104. $\int \dfrac{dx}{a + b\sin x} = \dfrac{1}{\sqrt{b^2 - a^2}} \ln \left| \dfrac{a\tan \dfrac{x}{2} + b - \sqrt{b^2 - a^2}}{a\tan \dfrac{x}{2} + b + \sqrt{b^2 - a^2}} \right| + C \ (a^2 < b^2)$

105. $\int \dfrac{dx}{a + b\cos x} = \dfrac{2}{\sqrt{a^2 - b^2}} \arctan \left(\sqrt{\dfrac{a-b}{a+b}} \tan \dfrac{x}{2} \right) + C \ (a^2 > b^2)$

106. $\int \dfrac{\mathrm{d}x}{a + b\cos x} = \dfrac{1}{\sqrt{b^2 - a^2}}\ln\left|\dfrac{\tan\dfrac{x}{2} + \sqrt{\dfrac{b + a}{b - a}}}{\tan\dfrac{x}{2} - \sqrt{\dfrac{b + a}{b - a}}}\right| + C\,(a^2 < b^2)$

107. $\int \dfrac{\mathrm{d}x}{a^2\cos^2 x + b^2\sin^2 x} = \dfrac{1}{ab}\arctan\left(\dfrac{b\tan x}{a}\right) + C$

108. $\int \dfrac{\mathrm{d}x}{a^2\cos^2 x - b^2\sin^2 x} = \dfrac{1}{2ab}\ln\left|\dfrac{b\tan x + a}{b\tan x - a}\right| + C$

109. $\int x\sin ax\,\mathrm{d}x = \dfrac{1}{a^2}\sin ax - \dfrac{1}{a}x\cos ax + C$

110. $\int x^2\sin ax\,\mathrm{d}x = -\dfrac{1}{a}x^2\cos ax + \dfrac{2}{a^2}x\sin ax + \dfrac{2}{a^3}\cos ax + C$

111. $\int x\cos ax\,\mathrm{d}x = \dfrac{1}{a^2}\cos ax + \dfrac{1}{a}x\sin ax + C$

112. $\int x^2\cos ax\,\mathrm{d}x = \dfrac{1}{a}x^2\sin ax + \dfrac{2}{a^2}x\cos ax - \dfrac{2}{a^3}\sin ax + C$

（十二）含有反三角函数的积分

113. $\int \arcsin\dfrac{x}{a}\,\mathrm{d}x = x\arcsin\dfrac{x}{a} + \sqrt{a^2 - x^2} + C$

114. $\int x\arcsin\dfrac{x}{a}\,\mathrm{d}x = \left(\dfrac{x^2}{2} - \dfrac{a^2}{4}\right)\arcsin\dfrac{x}{a} + \dfrac{x}{4}\sqrt{a^2 - x^2} + C$

115. $\int x^2\arcsin\dfrac{x}{a}\,\mathrm{d}x = \dfrac{x^3}{3}\arcsin\dfrac{x}{a} + \dfrac{1}{9}(x^2 + 2a^2)\sqrt{a^2 - x^2} + C$

116. $\int \arccos\dfrac{x}{a}\,\mathrm{d}x = x\arccos\dfrac{x}{a} - \sqrt{a^2 - x^2} + C$

117. $\int x\arccos\dfrac{x}{a}\,\mathrm{d}x = \left(\dfrac{x^2}{2} - \dfrac{a^2}{4}\right)\arccos\dfrac{x}{a} - \dfrac{x}{4}\sqrt{a^2 - x^2} + C$

118. $\int x^2\arccos\dfrac{x}{a}\,\mathrm{d}x = \dfrac{x^3}{3}\arccos\dfrac{x}{a} - \dfrac{1}{9}(x^2 + 2a^2)\sqrt{a^2 - x^2} + C$

119. $\int \arctan\dfrac{x}{a}\,\mathrm{d}x = x\arctan\dfrac{x}{a} - \dfrac{a}{2}\ln(a^2 + x^2) + C$

120. $\int x\arctan\dfrac{x}{a}\,\mathrm{d}x = \dfrac{1}{2}(x^2 + a^2)\arctan\dfrac{x}{a} - \dfrac{ax}{2} + C$

121. $\int x^2\arctan\dfrac{x}{a}\,\mathrm{d}x = \dfrac{x^3}{3}\arctan\dfrac{x}{a} - \dfrac{ax^2}{6} + \dfrac{a^3}{6}\ln(a^2 + x^2) + C$

（十三）含有指数函数的积分

122. $\int a^x\,\mathrm{d}x = \dfrac{a^x}{\ln a} + C$

123. $\int \mathrm{e}^{ax}\,\mathrm{d}x = \dfrac{\mathrm{e}^{ax}}{a} + C$

124. $\int \mathrm{e}^{ax}\sin bx\,\mathrm{d}x = \dfrac{\mathrm{e}^{ax}(a\sin bx - b\cos bx)}{a^2 + b^2} + C$